Hoimar v. Ditfurth
Das Erbe des Neandertalers

Hoimar v. Ditfurth

Das Erbe des Neandertalers

Weltbild zwischen Wissenschaft und Glaube

Kiepenheuer & Witsch

Umschlag: Kalle Giese, Overath
Umschlagfoto: Falk
Satz: Fotosatz Froitzheim, Bonn
Druck und Bindearbeiten: Mohndruck, Gütersloh
ISBN 3-462-02230-X

Inhalt

Glaube, Liebe und Kritik
Ein Vorwort XI

ERDE UND KOSMOS

Das Erbe des Neandertalers
Über die Erkennbarkeit der Welt 3

Reise zu den Sternen
Sinn und Unsinn der Science-fiction 14

Wenn die Welt untergeht
Über das Ende des Lebens 19

Der Kosmos erhält uns am Leben
Naturwissenschaft und menschliches Bewußtsein 26

Als Modell wird sein Beweisstil gefährlich
Däniken und seine Bücher – ein Symptom 36

Ein Renegat rechnet ab
Besprechung des Buches »Warnungstafeln« von
Erwin Chargaff 42

LICHT UND LEBEN

Scheintod im Salz
Bakterien werden wieder zum Leben erweckt 51

Risiko und Intelligenz
Die Bedeutung der Verhaltensforschung 58

Nur vierzig Moleküle
Die Wirklichkeit der Insekten 67

Die Chemie unserer Existenz
Grundvoraussetzungen des Lebens 74

Abwehr und Aberglaube
Über menschliche und maschinelle Intelligenz 81

Leben ohne Sauerstoff
Die Geschichte der Erdatmosphäre 88

Programme aus der Steinzeit
Ist Aggression angeboren? 95

Der Mensch – Krone der Schöpfung?
Über die Evolution des Lebens 103

Blick durch die Röhre
Besprechung des Buches »Zwischenstufe Leben« von Carsten Bresch 109

Wie die Erde Falten bekam
Entdeckungen der modernen Geologie 113

Das magische Fenster
Was wir beim Sehen übersehen 128

Das Spukschloß des Aberglaubens
Besprechung des Buches »Kabinett der Täuschungen« von Martin Gardner 138

GOTT UND DIE WISSENSCHAFT

Zwischen Wissen und Erleben
Sterben aus Mangel an Phantasie 143

Wissenschaft als Symbol
Versuch einer kosmischen Teleologie 150

Waffenlos dem Leben ausgeliefert
Von der Notwendigkeit eines Glaubens 172

Ein gespenstisches Rezept
Besprechung des Buches »Jenseits von Freiheit und Würde« von B. F. Skinner 179

Schöpfung oder Naturgeschichte?
Der vermeintliche Gegensatz zwischen Glaube und Wissenschaft 184

KÖRPER UND GEIST

Der Mensch in der Retorte
Wie die Krankenversicherung Kranke produziert 193

Ein Meer von Schweigen
Das Euthanasieproblem 204

Die Planwirtschaft der Seele
Besprechung des Buches »Leben und Wirken von Sigmund Freud« von Ernest Jones 213

Eine neue Epoche in der Psychiatrie
Die erstaunliche Wirkung der Neuroleptika 218

Der Sinn der Sterblichkeit
Über den Ursprung von Alterung und Tod 224

Die Idee des Dr. Fuchs
Wie ein Arzneimittel entsteht 230

ÖKOLOGIE UND POLITIK

Noch einmal das Problem Ernst Jünger
Über das Manuskript »Der Friede« 239

Europa und der Sozialismus
Ein Ausweg aus der Krise unseres Kontinents 247

Und das am grünen Holze ...
Analyse unseres politischen Bewußtseins anhand einer Nummer der »Zeit« 253

Nur noch Stehplätze frei
Über die »Bevölkerungsexplosion« 260

»Global 2000« und die Politik
Eine Wahlkampfrede 267

Verteidigung bis zum letzten Europäer?
Anmerkungen zur Realpolitik 281

Zur Wahl gestellt
Maximen für ein hypothetisches Umweltministerium 286

Der Kurs der Lemminge
Warum ich die Grünen unterstütze 288

Die Kosten des wirtschaftlichen Erfolgs
Eine Ansprache vor Industriemanagern 299

Zeigen, wer Herr im Hause ist
Brief an die Volkszählungsstelle Staufen 317

Warum ich nicht gezählt zu werden wünsche
Plädoyer wider die Volkszählung 321

Was ist ein Fluß?
Uns droht eine Wüste neuer Art 329

Quellennachweis 335

Glaube, Liebe und Kritik

Ein Vorwort

»Ich wüßte gern, was der liebe Gott sich eigentlich dabei gedacht hat, als er die Welt erschaffen hat. Und was mich sehr zornig macht, ist, daß mir zwar genug Gehirn in meinen Schädel gestopft worden ist, um zu entdecken, daß da ein unglaubliches Geheimnis die Grundlage unserer Existenz ist, aber dieses Stückchen reicht eben mit Gewißheit nicht aus, um mir die Antwort darauf zu geben, worin dieses Geheimnis besteht (...) Daß ich die Antwort nie kennen werde, das ist etwas, was ich wirklich (...) als Zumutung empfinde. Vielleicht bekomme ich sie ja nach meinem Tode.«

So lauten Hoimar v. Ditfurths letzte publizierten Worte, wie sie der Reporter Dieter Zilligen im September 1989 aufgenommen und wiedergegeben hat (»Das Gespräch«). Kurze Zeit später, am 1. November desselben Jahres, ist Hoimar v. Ditfurth gestorben. Da er fest davon überzeugt war, daß wir nicht nur von dieser Welt sind, machte ihm die Nähe des Todes keine Angst. Sie machte ihn statt dessen wütend. Es ärgerte ihn, daß man das Geheimnis unserer Existenz zwar klar erkennen und formulieren kann – er selbst hat es in seinen Büchern unnachahmlich unternommen –, daß man aber trotzdem keine Chance besitzt, es zu lüften. Die Aussicht, möglicherweise nach dem Tode einen Einblick gewährt zu bekommen, bietet zwar eine Hoffnung, aber diese äußert sich nur schwach, denn auf der Erde ändert sich dadurch nichts. Die Überlebenden bleiben ausgeschlossen, und die ersehnten Antworten auf die großen Fragen (Woher kommen wir? Wohin gehen wir?) haben wir bislang nicht übermittelt bekommen.

Hoimar v. Ditfurth hat – so zeigen es einige der hier versammelten Texte – sein ganzes wissenschaftliches Leben lang versucht, für sich selbst das Geheimnis unserer Existenz, unsere Stellung im Ganzen der Natur, das Selbstverständnis des Men-

schen zu begreifen, und er hat sein zweites Leben damit verbracht, für andere begreifbar zu machen, wo Antworten zu erwarten sind. Dieses zweite Leben – »mein eigentliches Leben«, wie er es in seiner Autobiographie »Innenansichten eines Artgenossen« genannt hat – beginnt mit dem Entschluß am Ende der sechziger Jahre, eine führende Position in der pharmazeutischen Industrie aufzugeben, um als freier Autor sein ganzes Wissen und Geschick der Aufgabe widmen zu können, das Abenteuer Wissenschaft zu beschreiben, auf das sich die Menschen unseres Kulturkreises eingelassen haben. Hoimar v. Ditfurths erstes Buch – die »Kinder des Weltalls« von 1970 – verspricht im Untertitel den »Roman unserer Existenz«, und sein lebenslanges Thema klingt unüberhörbar an.
Vor allem die Bücher (»Im Anfang war der Wasserstoff«, »Der Geist fiel nicht vom Himmel«) und Texte, die in den siebziger Jahren entstanden sind, zeigen einen Autor, der sich begeistert über die Qualität der rationalen Wissenschaft äußert und seinem großen Publikum beibringt, daß es dumm ist, wenn es auf die Einsichten und Errungenschaften der Naturwissenschaften verzichtet. Zudem drehte Hoimar v. Ditfurth damals den Spieß der gelehrten deutschen Bildungsbürgerlichkeit um und nannte jeden geistig tot, der einen Planeten nicht von einem Fixstern unterscheiden konnte, der den Zweiten Hauptsatz der Thermodynamik ignorierte, der Homologien mit Analogien verwechselte oder die Beschäftigung mit Fragen der biologischen Evolution für überflüssig hielt.
Als dann zu Beginn der achtziger Jahre seine Auseinandersetzung mit der Religion erschien (»Wir sind nicht nur von dieser Welt«), hatte man den Eindruck, hier versucht einer von seinem experimentell abgesteckten und rational gesicherten Terrain aus Neuland zu erobern und die »Wohnungsnot Gottes« weiter zu erhöhen, die man zu Beginn dieses Jahrhunderts eher höhnisch und weniger ironisch konstatiert hatte, als die Fortschritte der Forschung mit immer mehr Erklärungen für die Erscheinungen der Wirklichkeit immer weniger Platz für Wunder übrigließen.
Die hier vorliegende Sammlung von Texten zeigt nun aber einen überraschenden neuen Aspekt. Mit der Hinwendung zu religiösen Themen betrat Hoimar v. Ditfurth kein unbekanntes

Gebiet, er kehrte – im Gegenteil – vielmehr zu seinen Anfängen zurück. Denn als der 25jährige Student der Medizin, Psychologie und Philosophie im Jahr 1946 seine ersten (sicher noch privaten) schriftstellerischen Versuche unternimmt – so können wir es zum Beispiel unter den Überschriften »Wissenschaft als Symbol« und »Waffenlos dem Leben ausgeliefert« in diesem Band nachlesen –, geht es ihm mehr um die Notwendigkeit des Glaubens als um die Überzeugungskraft der Wissenschaft. Kurz nach dem Zweiten Weltkrieg, als viele Menschen nahe daran gewesen waren, sowohl geistig als auch körperlich zu verhungern, zeigte sich der junge Hoimar v. Ditfurth von der Wissenschaft enttäuscht, die er als »nur *eine* Möglichkeit der Erkenntnis« zunächst eher abschätzig beurteilte und der er vorwarf, die Dinge zu entwerten, die sie erklärt: »Der Geist entzaubert die Welt, und ihre heutige Armut an Wundern ist kennzeichnend für den Erfolg des Kampfes, den der menschliche Geist führt.«

Ein Vierteljahrhundert später, zu Beginn der siebziger Jahre, hat sich seine Auffassung zu diesem Thema so vollständig gewandelt, daß man sich fragt, ob hier tatsächlich derselbe Autor am Werk war. In seinem Beitrag »Erbe des Neandertalers« aus dem Jahr 1972 heißt es ausdrücklich: »Die Wissenschaft entzaubert die Welt keineswegs, wie manche es ihr vorwerfen.« Sie ersetzt bestenfalls ein Wunder – das der Erscheinung – durch ein anderes – das der Erklärung nämlich.

Hoimar v. Ditfurth hatte in den sechziger Jahren begonnen, Wissenschaft als den grandiosen Versuch zu begreifen, bei der Erklärung der Welt ohne Wunder auszukommen (und dabei selbst eines zu bewirken), und er lernte rasch, diese neue Liebe einem Publikum zu erläutern, das seine Einschätzung teilte und über den Reichtum der Rationalität informiert werden wollte, der sich durch die Forschung entfaltete. Wenn wir die zitierte Kehrtwendung in seiner Bewertung der Wissenschaft verstehen wollen, müssen wir auf die faszinierenden Ideen hinweisen, die dieses menschliche Unternehmen damals hervorbrachte, das für den Außenstehenden oft nur den Eindruck neutraler Sachlichkeit und kühler Präzision macht. Der wissenschaftliche Alltag läuft zumeist nüchtern ab, und für die Beteiligten wirkt er

durch scheinbar endlose Wiederholungen eher langweilig. Aber dabei wurde und wird ein Gedankengebäude errichtet, dessen raffinierte Konstruktion keinen Vergleich zu scheuen hat, wie es vor allen Dingen die Leser Hoimar v. Ditfurths erfahren und schätzengelernt haben.
Die moderne Wissenschaft, wie wir sie heute kennen und wie sie Hoimar v. Ditfurth damals beeindruckte, beginnt tatsächlich erst in und nach dem Zweiten Weltkrieg. Wir können dies nur mit wenigen Beispielen in Erinnerung rufen: Erst nach 1945 entwickelt sich die Molekularbiologie, die die Gene entdeckt, wird die Biochemie tragfähig, die die Entfaltung der Erbanlagen versteht, entsteht eine Kybernetik, die von Information redet und Steuerprozesse erklärt, und erst jetzt beginnt eine Physiologie des Verhaltens, die neue Einblicke in das komplexe Organ Gehirn ermöglicht. Erst nach 1945 wird der Transistor erfunden, der unter anderem die ersten Rechenmaschinen ermöglicht, die ihrerseits zur Voraussetzung der Weltraumfahrt werden. Erst nach 1945 kommt es zu einem grundlegenden Verständnis der Evolution (die »Neue Synthese«), gelingen erste experimentelle Ansätze, die Ursprünge des Lebens zu verstehen und wird eine Theorie entworfen, die wenigstens einige Chancen hat, den Anfang des Kosmos (»Urknall«) zu begreifen. Und erst die Zeit nach 1945 bringt wirksame Antibiotika wie Penicillin auf den Markt und erlaubt weitreichende Einsichten (und entsprechende Eingriffe) in die Krankheiten des Nervensystems.
In dieses zuletzt genannte Gebiet taucht Hoimar v. Ditfurth professionell ein, und er läßt sich zum Spezialisten ausbilden. Am Ende der fünfziger Jahre wird er Privatdozent für Psychiatrie und Neurologie an der Universität Würzburg. Zu dieser Zeit publiziert er zwar zumeist in Fachzeitschriften, aber immer wieder reizt es ihn zwischendurch, »Zusammenhänge« im Weltbild der wissenschaftlichen Erkenntnis zu suchen und die »Unbegreifliche Realität«, die sich dabei zeigt, auch für ein größeres Publikum zu beschreiben. Was die Rationalität der Wissenschaft hervorbringt, erstaunt ihn über alle Maßen, und er möchte den Lesern dieses Vergnügen nicht vorenthalten. Hoimar v. Ditfurth bedauert die Zeitgenossen, die nicht wenigstens

als Zuschauer am größten Abenteuer ihrer Tage teilnehmen wollen.
Anfang der sechziger Jahre verläßt er die Universität und wechselt vom »Reich des Geistes« zum »Reich des Kommerzes« über, wie er es in seinen Erinnerungen (»Innenansichten eines Artgenossen«) genannt hat. Hoimar v. Ditfurth tritt in die Forschungsabteilung des Pharmaunternehmens Boehringer Mannheim ein und leitet einige Jahre lang ein Labor, dessen Aufgabe darin bestand, Medikamente für Menschen zu entwickeln, die psychisch krank waren und etwa unter Depressionen oder Schizophrenie litten. Zwei Beiträge dieses Bandes – »Eine neue Epoche der Psychiatrie« und »Die Idee des Dr. Fuchs« – gehen unmittelbar auf die Erfahrungen zurück, die Hoimar v. Ditfurth in der Pharmaindustrie sammeln konnte. Und es sind Erfahrungen, die zu lesen und merken sich lohnen.
So sehr ihn seine Aufgabe als Arzt und Forscher auch faszinierte, so sehr litt er darunter, in verantwortungsvoller Position immer weniger Zeit für eine umfassende Beschäftigung mit der Wissenschaft zu haben, die in den sechziger Jahren dabei war, allen anderen menschlichen Tätigkeiten den Rang abzulaufen. Der genetische Code wurde entschlüsselt, und eine Lösung für das Rätsel des Lebens schien greifbar nahe zu sein. Die detaillierte Analyse von biologischen Molekülen ließ auch nicht mehr den geringsten Platz für Zweifel an der Tatsache der Evolution. Dieser Gedanke brach sich zudem philosophisch Bahn und lieferte die Grundlage für eine evolutionäre Erkenntnistheorie, deren großer Popularisator Hoimar v. Ditfurth werden sollte. Seiner Sicht nach konnte hier eine moderne kopernikanische Wende vollzogen werden, die den Menschen erneut aus einem Zentrum entfernte und nach deren Vollzug die Grenzen unseres Erkennens besser zu sehen waren.
Die sechziger Jahre steckten voller wissenschaftlicher Entdekkungen und technischer Errungenschaften, und sie wurden getragen von einem danach nicht mehr übertroffenen Fortschrittsglauben. Die Welt erlebte unter anderem den Höhepunkt der bemannten Raumfahrt, als die Amerikaner – aufgeschreckt vom Sputnik-Schock der späten fünfziger Jahre – 1969 ihr selbstgesetztes Ziel erreichten und auf dem Mond landeten.

Damit wurde dem oben skizzierten neuen Blick auf den Menschen, den die reine Wissenschaft ermöglicht hatte, der atemberaubende Blick auf die Erde an die Seite gestellt, den die angewandte Wissenschaft lieferte. Hoimar v. Ditfurth war – wie die meisten seiner Zeitgenossen – begeistert, und er pries wie kein zweiter die Macht und die Qualität der wissenschaftlichen Rationalität. Ihm schien, daß nur sie wirklich eine Chance bot, das Geheimnis unserer Existenz wenigstens ein klein wenig begreiflich zu machen, und er wollte ihre Botschaft verkünden, so laut und so gut er konnte. Hoimar v. Ditfurth faßte daher den »glücklichsten Entschluß« seines Lebens. Er kündigte seine Stellung in der Industrie und wurde ein freier Schriftsteller.

Wie gut, überzeugend und gedankenreich er die Sache der Wissenschaft bis weit in die siebziger Jahre hinein vertreten konnte, zeigen erneut viele der Aufsätze, die hier aus dieser Zeit vorgestellt werden. Doch was nach den wissenschaftsgläubigen Jahren leicht wirkte – das Publikum für das große Vorhaben Wissenschaft zu begeistern und sein intellektuelles Vergnügen offenzulegen –, wurde danach allmählich immer schwieriger. Während die sechziger Jahre wie ein einziger Siegeszug von Wissenschaft und Technik wirkten und die sich damals gegenseitig große Wissenschaftlichkeit bescheinigende Zunft der Futurologen nur rosige Zeiten für eine die Natur sicher beherrschende Menschheit vorhersagte, begannen die siebziger Jahre mit mehreren ganz und gar unvorhergesehenen Dämpfern. Das Umweltbewußtsein regte sich zum erstenmal – wenn zunächst auch nur schüchtern und mehr von offizieller als von außerparlamentarischer Seite –, plötzlich wurden zur allgemeinen Verblüffung »Grenzen des Wachstums« vorhergesagt, und kurz danach kam es zur sogenannten Energiekrise; immerhin durfte an manchen Sonntagen nicht mehr Auto gefahren werden. Als Folge dieser Entwicklung kippte die öffentliche Stimmung um, und zwar vollständig. Wissenschaftlich-technischer Fortschritt bedeutete auf einmal nicht mehr die früher erwünschte bessere Kontrolle und größere Verfügungsgewalt über die Natur, er wies jetzt nur noch auf eine hemmungsloser werdende Ausnutzung und zunehmende Belastung der Umwelt hin. Statt immer neue Varianten des Energieverbrauchs zu entdecken, mußte nun überlegt werden, wie Einschränkungen möglich werden. Man zeigte sich enttäuscht von der Wissenschaft, die nicht mehr lieferte, was man gewohnt war – nämlich weitere Annehmlichkeiten –, sondern auf einmal mit sich brachte, was man nicht gewohnt war – nämlich immer neue Unannehmlichkeiten. Und bald fand nur noch derjenige sein Publikum, der jeden traditionellen Fortschritt verfluchte und dabei möglichst hemmungslos auf die Wissenschaft schimpfte, auch wenn er sie nicht verstand.

Die angesprochenen gesellschaftlichen und technisch-wissenschaftlichen Fehlentwicklungen – die atomare Hochrüstung zum Beispiel, die zunehmende Umweltbelastung, die exponentielle Vermehrung der Weltbevölkerung – sind Hoimar v. Ditfurth natürlich nicht entgangen. Er hat vielmehr darauf nicht nur literarisch reagiert – »So laßt uns denn ein Apfelbäumchen pflanzen« –, er hat sich auch politisch engagiert und zum Beispiel die »Grünen« im Wahlkampf unterstützt. Seine dazugehörenden Begründungen finden sich im abschließenden Kapitel dieses Buches.

Hoimar v. Ditfurth ist zuletzt also vom Bewunderer zum Kritiker der Wissenschaft geworden, wobei diese Bezeichnung – »Wissenschaftskritiker« – hierzulande erläutert werden muß, bevor sie richtig eingeschätzt werden kann. Als sich in den siebziger und achtziger Jahren zeigte, daß die von den Futurologen der Wissenschaft aufgepfropften und von einigen ihrer Vertreter bereitwillig übernommenen Heilsversprechen nicht nur nicht zutrafen, sondern sich – im Gegenteil – die versprochene Allmacht mehr als Ohnmacht erwies und die überwundene alte Angst vor der Natur als neue Angst vor der Naturwissenschaft zurückkehrte, da gab es auf einmal viele Stimmen, die für sich beanspruchten, als Kritiker der Wissenschaft aufzutreten. Sie taten dies, indem sie sie bespuckten. Dabei unterlagen sie allerdings einem grundlegenden Mißverständnis (und dies tun sie heute noch). Das Schlimmste, was einem Kritiker nämlich passieren kann, besteht darin, seine Sache zu hassen. Ein Literaturkritiker, der die Literatur verachtet, oder ein Theaterkritiker, der das Theater verabscheut, kann möglicherweise gut mit Worten hantieren, aber er hat nichts von Bedeutung über sein

Thema zu sagen. Wir sollten ihm gar nicht erst zuhören. Man muß ein Liebhaber sein, um ein Kritiker werden zu können. Diese Minimalvoraussetzung wird von vielen Wissenschaftskritikern, die bei uns bevorzugt in Talkshows auftreten und das öffentliche Bild beherrschen, nicht erfüllt. Wer den Gegenstand seiner Kritik nur verflucht, beschimpft und von Grund auf haßt, sollte als ernsthafter Kritiker vor sich selbst in Schutz genommen werden. Er zerstört mehr, als er ahnt. Er ruiniert, was er selbst dringend braucht, nämlich die Grundlage unserer Existenz.

Denn ohne Wissenschaft sind wir verloren. Ohne Wissenschaft können wir die vielen Menschen, die heute leben, weder ernähren noch kleiden noch sonst versorgen. Natürlich hat die Forschung nicht die Utopien verwirklicht, die in den sechziger Jahren ausgedacht worden sind, aber wer anders als sie hat denn die Bedingungen dafür geschaffen, daß so viele Menschen nicht nur ohne Hunger und Schmerzen, sondern sogar sehr angenehm leben? Und wer hat die Gesellschaft stärker humanisiert als die Wissenschaft, die den Hexenwahn entlarvt und die Gemütskrankheiten verstanden hat, um nur einige Beispiele zu nennen?

Hoimar v. Ditfurth hat dies natürlich ebenso verstanden wie die Tatsache, daß die gesellschaftliche Umsetzung der wissenschaftlichen Macht vielfach in falsche Richtungen gelaufen ist. Er wurde immer kritischer, aber er hat seine Liebe zur Sache und seine Rolle als Anwalt der Wissenschaft auch nicht aufgegeben, als sich der allgemeine Wind längst gedreht hatte und die öffentliche Bewunderung für die Wissenschaft in Unbehagen und Mißtrauen umgeschlagen war. Und der Grund dafür ist sehr einfach. Wenn es überhaupt eine Institution gibt, von der Lösungen zu erwarten sind, dann sind es die Wissenschaft und der versammelte Sachverstand, der sich in den Universitäten und in der Industrie findet. Das Problem unserer Zeit besteht doch nicht darin, die wissenschaftlichen Experten möglichst geräuschvoll und respektlos zu verdammen. Das Problem besteht darin, die in unserer Gesellschaft vorhandenen wissenschaftlich-technischen Fähigkeiten so einzusetzen, daß sie mehr für die Erhaltung tun und weniger zur Zerstörung beitragen.

Hoimar v. Ditfurth hat vor den plötzlich modisch gewordenen Attacken gegen die Wissenschaft gewarnt und darauf hinzuweisen versucht, daß sie überhaupt keine Perspektive bieten. Er schreibt es in einem Aufsatz von 1982 deutlich (»Ein Renegat rechnet ab«): »Viele Anzeichen sprechen heute dafür, daß wir nicht nur einer Epoche zunehmender Wissenschaftsfeindlichkeit entgegengehen, sondern auch einer Epoche zunehmender Bereitschaft zur Irrationalität. Wenn wir aber aus der Krise jemals lebend wieder herausfinden wollen, in die uns die unkritische Anwendung wissenschaftlicher Erkenntnisse gebracht hat, dann brauchen wir mehr Rationalität als bisher, nicht weniger.« Dazu brauchen wir vor allem mehr Wissenschaftskritiker vom Schlage Hoimar v. Ditfurths. Sie können und müssen uns helfen, dem technisch-wissenschaftlichen Fortschritt der letzten Jahrzehnte und der mit ihm einhergehenden Zunahme von Verfügungsmacht den moralischen Fortschritt und das nötige Orientierungswissen an die Seite zu stellen, die bislang beide fehlen und vermißt werden. Möglich ist ein solcher Fortschritt dann, wenn die Sache der Wissenschaft öffentlich verhandelt und demokratisch verankert wird. Wenn dieser Fortschritt ausbleibt, wenn wir der Wissenschaft darüber hinaus im Haus der Kultur keinen angemessenen Platz zuweisen und sich kein Liebhaber für sie findet wie für die Literatur oder das Theater, dann zerstören wir das Fundament unserer Existenz. Für diesen Fall bleibt uns nur ein winziger Trost. Das Geheimnis, das sich um unsere Existenz rankt und das Hoimar v. Ditfurth bis zuletzt verstehen wollte, wird nämlich nicht mit uns verschwinden. Es wird sich unseren Nachfahren stellen, wenn sie versuchen, das Erbe des Homo sapiens zu beschreiben.

Ernst Peter Fischer — Konstanz, im Juni 1992

ERDE UND KOSMOS

Das Erbe des Neandertalers

Über die Erkennbarkeit der Welt

Im Jahre 1872 hielt der Berliner Physiologe Emil Du Bois-Reymond vor einer Versammlung deutscher Naturforscher und Ärzte in Leipzig einen Vortrag mit dem Titel »Über die Grenzen des Naturerkennens«. Dieser Vortrag wurde zu einem ungeheuren Erfolg für den Redner, und zwar aus einem Grunde, der sehr bemerkenswert ist.

Du Bois-Reymond war damals international bekannt als einer der führenden Vertreter der sogenannten »physikalischen Richtung« in der Physiologie. Sein wissenschaftliches Ansehen verdankte er in erster Linie dem Nachweis und der genaueren Untersuchung der mit der Tätigkeit von Nerven und Muskeln einhergehenden elektrischen Vorgänge, der »Aktionspotentiale«, wie der Physiologe sagt. Er vertrat konsequent die Überzeugung, daß es die Aufgabe der Physiologie sei, auch alle anderen Lebensvorgänge nach dem gleichen Prinzip auf physikalische und chemische Prozesse zurückzuführen und sie damit als rational verständliche Naturvorgänge zu erklären.

Wirkliche Berühmtheit aber, über die Grenzen seiner Fachkollegen hinaus, erlangte Du Bois-Reymond nicht durch seine wissenschaftlichen Leistungen, sondern wegen einer These, die er in dem Leipziger Vortrag des Jahres 1872 vertrat. Diese These lautete etwa folgendermaßen: Die Welt im Ganzen ist rational verständlich. Es ist die legitime Aufgabe der Naturwissenschaft, alle Erfahrungen der uns umgebenden Welt aufzuklären, das heißt, sie auf einsichtige physikalische und chemische Prozesse zurückzuführen (bis dahin befand der Redner sich durchaus im Einklang mit den Tendenzen und Überzeugungen der Wissenschaftler seiner Zeit, der Zeit eines noch ungebrochenen optimistischen Wissenschaftsglaubens). Dann aber fuhr er fort: Während die Wissenschaft auf diese Weise früher oder später alle Rätsel der Natur auflösen werde, gebe es zwei Ausnahmen, zwei elementare Naturerscheinungen, die sich auf keine noch fundamentalere Ursache zurückführen ließen, nämlich einerseits das Wesen der Materie und ferner das Phänomen des menschlichen »Bewußtseins«. Was Materie sei und was Energie und wie diese beiden Phänomene miteinander zusammenhingen, das würden wir daher niemals erklären und verstehen können. Und ebensowenig werde es uns jemals möglich sein, das Zustandekommen und das Wesen des menschlichen Bewußtseins zu begreifen. Und dann folgte das Wort, das durch diesen Vortrag zum geflügelten Wort wurde, zu so etwas wie der Kurzformel eines ideologischen Bekenntnisses: »Ignorabimus, wir werden es niemals erfahren.«

Dieses »Ignorabimus« eines der führenden Gelehrten wurde von der damaligen gebildeten Öffentlichkeit mit geradezu enthusiastischer Zustimmung aufgenommen. Es wurde in den folgenden Jahrzehnten wieder und wieder zitiert und in Bronze, Messing und Marmor an den Wänden unzähliger Vortragssäle angebracht. Nur in einigen Ausnahmen soll auch gewöhnliche Ölfarbe dazu verwendet worden sein.

Wie ist es zu erklären, daß eine solche programmatische Verzichtserklärung eines namhaften Gelehrten in der für ihre Fortschrittsgläubigkeit bekannten Gesellschaft der zweiten Hälfte des vorigen Jahrhunderts auf eine so begeisterte Zustimmung stieß? Was sind die Motive dieser Begeisterung darüber, daß hier ein »Zuständiger« mit Nachdruck und mit einem gewissen Pathos deklariert hatte, daß es gewisse Bereiche der Natur gebe, die sich der Erklärbarkeit durch den menschlichen Verstand grundsätzlich und für alle Zeiten entzögen?

Ernst Haeckel – Zoologe, vor allem aber streitbarer Kämpfer gegen tatsächliche und vermeintliche klerikale und philosophische Bevormundung der Wissenschaft und Verfasser der berühmten »Welträthsel« – hielt folgende bissige Erklärung parat: »Alle Spiritisten und alle gläubigen Gemüther wähnten durch die Ignorabimus-Rede die Unsterblichkeit ihrer theuren Seele für gerettet.« So bissig diese Feststellung auch war, sie trifft das Phänomen, um das es hier geht, in seinem Kern.

Seit der Vorlesung, die Du Bois-Reymond damals in Leipzig hielt, sind fast hundert Jahre vergangen. Die Widersprüche und

Spannungen aber, die sie symptomatisch anzeigte, bestehen bis heute unverändert weiter zwischen den beiden Lagern – hier die Anhänger der geistesgeschichtlichen Tradition, auf der anderen Seite die Vertreter eines naturwissenschaftlichen Weltbildes. Noch heute sind, jedenfalls in unserem abendländischen Kulturkreis, die meisten Menschen (und unter ihnen auch die meisten Wissenschaftler) fest davon überzeugt, daß es zwei alternative Möglichkeiten der Weltdeutung gibt, die sich gegenseitig unerbittlich ausschließen und zwischen denen man sich daher zu entscheiden hat.

Die erste Möglichkeit: Alles Geschehen in der Welt wird ausschließlich von unveränderlich feststehenden Naturgesetzen beherrscht und ist daher grundsätzlich auch verständlich und in seiner Gesamtheit durch wissenschaftliche Untersuchungen erklärbar.

Die zweite Möglichkeit: Zwar haben sich weite Bereiche der Welt und darunter auch solche der belebten Natur als erklärbar und einer wissenschaftlichen Untersuchung zugänglich erwiesen. Zweifellos wird die Erforschung der Natur auch in Zukunft weiter fortschreiten und dabei zu heute möglicherweise noch unvorstellbaren Erkenntnissen führen. Andererseits ist grundsätzlich aber davon auszugehen, daß es ganz bestimmte Bereiche und Phänomene in der Welt gibt, die *nicht* von rational erkennbaren Naturgesetzen gelenkt werden, sondern von Einflüssen, die sich der Erklärbarkeit durch den menschlichen Verstand und damit dem wissenschaftlichen Zugriff grundsätzlich entziehen. Zu diesen Bereichen wurde zu Zeiten Haeckels noch das Wesen des »Lebendigen« gerechnet, und in der Gegenwart etwa die gesamte sogenannte »psychische« Dimension, also auch das in dem gleichen Zusammenhang schon vor hundert Jahren von Du Bois-Reymond erwähnte »Bewußtsein« des Menschen. Es ist schon hier anzumerken, daß sich die Vertreter dieser zweiten Alternative (jedenfalls soweit sie sich auf konkrete Naturerscheinungen festlegen, die der rationalen Erklärbarkeit entzogen sein sollen) historisch auf einem permanenten Rückzug angesichts des Fortschreitens der wissenschaftlichen Erkenntnis befinden.

An dieser Stelle muß sorgfältig beachtet werden, was mit

»grundsätzlicher rationaler Erklärbarkeit« gemeint ist. Der Karlsruher Kybernetiker Karl Steinbuch etwa, bekanntlich ein leidenschaftlicher Verfechter einer vollständigen Erklärbarkeit der Welt, hat kürzlich geschätzt, daß ein Schaltplan des menschlichen Gehirns, wenn es ihn gäbe, mehrere Quadratkilometer groß wäre. Schon ein nicht mehr dem allerletzten Stande entsprechendes Computermodell wie zum Beispiel Univac 490 verfügt über zwei Millionen Speicherzellen und knapp achttausend Stromkreise. Dazu werden schon bei diesem Modell 120 Kilometer Draht zur Herstellung aller für die Funktion notwendigen Verbindungen gebraucht. Unser Gehirn hat aber nicht nur zwei Millionen, sondern schätzungsweise mindestens zehn Milliarden Zellen, deren jede nach neuesten elektronenoptischen Befunden mit mindestens zehntausend anderen Nervenzellen unseres Gehirns in Verbindung steht.
Die Kompliziertheit des sich daraus ergebenden Verbindungsnetzes übersteigt die des augenblicklichen technischen Nachrichtennetzes der ganzen Erde mindestens um das Hundertfache. Ein Schaltplan unseres Gehirns wäre daher, wie gesagt, mehrere Quadratkilometer groß, wenn auf ihm alle existierenden Verbindungen so eingezeichnet wären, daß man sie wenigstens noch mit der Lupe erkennen könnte. Es leuchtet ein, daß uns ein solcher Schaltplan überhaupt keinen Nutzen brächte, selbst wenn es ihn gäbe. Es wäre gänzlich unmöglich, sich in einem solchen Plan zurechtzufinden.
Aus dieser Überlegung ergibt sich folglich, daß wir nicht in der Lage sind, unser Gehirn im ganzen zu verstehen und seine Funktion zu erklären, und daß wir das selbst dann nicht könnten, wenn wir einmal annehmen würden, daß dazu grundsätzlich nur die Kenntnis der in unserem Gehirn vorhandenen Schaltverbindungen notwendig wäre. Diese negative Aussage hat aber, wie wir sorgfältig beachten wollen, mit dem »Ignorabimus« des Du Bois-Reymond nicht das geringste zu tun. Mit der Feststellung, daß wir unser Gehirn nie würden erklären können, weil dieses Organ dazu viel zu kompliziert gebaut sei, würden wir den Beifall der Traditionalisten nicht bekommen, die an der Überzeugung festhalten, daß es Bereiche der Welt gibt, die unserem Verständnis, die der rationalen Erklärbarkeit

überhaupt grundsätzlich entzogen sind. Auch Steinbuch seinerseits würde ohne Zweifel und von seinem Standpunkt aus mit Recht energisch protestieren, wenn man aus seiner Feststellung, ein Schaltplan des Gehirns wäre für uns nutzlos, etwa ableiten wollte, er sei von seinem Glauben an die restlose Erklärbarkeit der Welt durch den menschlichen Verstand abgerückt.
Die zweite Möglichkeit, um die es hier geht, ist ganz anderer Art: Bei ihr steht dem Weltbild der Naturwissenschaft, der Überzeugung einer rationalen Gesetzen folgenden Welt, die Auffassung einer Zweiteilung der Natur gegenüber in eine rational verständliche, wissenschaftlicher Untersuchung zugängliche Hälfte und eine andere Hälfte, in der die Naturgesetze gewissermaßen außer Kraft gesetzt sind. Die Spaltung des Kosmos in einen rationalen und einen irrationalen Teil ist, wie ich glaube, das charakteristische Kennzeichen des von der geistesgeschichtlichen Tradition überlieferten Weltbildes.
Diese Spaltung der Welt spiegelt sich übrigens auch in einer sehr bezeichnenden Eigentümlichkeit unseres alltäglichen Sprachgebrauches. Ich meine den seltsamen und nachdenkenswerten Gegensatz, den dieser Sprachgebrauch zwischen den Adjektiven »wunderbar« und »natürlich« herstellt. Für uns alle gilt etwas dann als »natürlich«, wenn es sich mit dem Verstande erklären läßt. Es geht dann »mit natürlichen Dingen zu«. »Wunderbar« aber ist der Gegensatz zu diesem Sachverhalt: Eine Sache ist nur so lange »wunderbar«, wie sie unerklärt ist. Sobald sich herausstellt, daß sie sich rational aufklären und verstehen läßt, verliert sie, so jedenfalls suggeriert es der Sprachgebrauch, die Eigenschaft des »Wunderbaren«, weil sich dann gezeigt hat, daß sie, wie es bezeichnend heißt, »nur« natürlich ist.
Wir sind hier an einer entscheidenden Stelle des Gedankenganges angelangt. Der vom Sprachgebrauch suggerierte Gegensatz zwischen »wunderbar« und »natürlich« verrät uns ein sehr tief sitzendes und von der geistesgeschichtlichen Tradition überliefertes Vorurteil. Die meisten von uns sind nämlich auch heute noch fest davon überzeugt, daß jegliche über eine rein materielle Beschreibung der Welt hinausgehende Aussage, sei sie religiösen Charakters oder betreffe sie, allgemeiner, die Frage nach einem Sinn des ganzen Geschehens, einzig und allein dann

legitim sein könne, wenn man die zweite Möglichkeit als gegeben unterstellt. Umgekehrt ausgedrückt: Eine wissenschaftlich oder rational begreifbare Welt muß, so lautet das heute noch verbreitete Vorurteil, eine Welt ohne Sinn sein. Sie ist denkbar nur als ein lediglich aus Zufall existierender und funktionierender sinnleerer Automat.

Hierdurch erst bekommt die zweite Möglichkeit ihre emotionale Schärfe. Von hier aus erst ist auch die Begeisterung wirklich zu verstehen, mit der das »Ignorabimus« des Du Bois-Reymond vor hundert Jahren begrüßt wurde. Der Widerwille gegen die Möglichkeit, daß es in unserer Welt »nur natürlich« zugehen könnte (mit allen sich daraus für das eigene Lebensgefühl ergebenden Konsequenzen), ist, am Rande bemerkt, sicher auch eines der tiefsten Motive für die auf Schritt und Tritt zu konstatierende Voreingenommenheit gegenüber allen naturwissenschaftlichen Aussagen über die Welt und uns selbst.

Um es ganz simpel auszudrücken: Sehr viele Menschen haben das ungute Gefühl, daß sie dann, wenn sie anfangen, sich auf eine naturwissenschaftliche Argumentation über den Aufbau der Natur einzulassen, den ersten Schritt auf einem Wege tun, der sie, wenn dieser Kurs erst einmal eingeschlagen ist, unentrinnbar mit der unliebsamen und beängstigenden Möglichkeit konfrontieren wird, daß die Welt lediglich von toten, mathematisch formulierbaren Gesetzen in Gang gehalten wird und daß damit auch die eigene Existenz zwangsläufig keinen »Sinn« mehr haben kann.

An der Entstehung dieses Vorurteils haben nicht zuletzt die Naturwissenschaftler selbst eifrig mitgearbeitet. Der schon erwähnte Ernst Haeckel etwa erklärt in seinen »Welträthseln«, daß die Zahl der Geheimnisse, welche die Natur dem Menschen aufgebe, um so mehr abnehme, je weiter die Kultur fortschreite und die Wissenschaft sich entwickele – eine Ansicht, die um die Jahrhundertwende zweifellos von der überwiegenden Mehrzahl seiner Fachkollegen in aller Welt geteilt wurde. An einer anderen Stelle seines Buches erklärt Haeckel, daß die Zahl der »Welträthsel« sich im 19. Jahrhundert »stetig vermindert« habe. Heute steht fest, daß dies ein oberflächlicher Irrtum war, erklärbar und auch entschuldbar eigentlich nur als Reaktion auf die erst von der Naturwissenschaft in einem schmerzhaften Prozeß abgelöste jahrtausendealte Überzeugung von der Irrationalität einer Welt, die nicht von beständigen Gesetzen, sondern von launischen Göttern und Dämonen regiert wird. Die in unserem Zusammenhang wesentliche Einsicht der modernen Wissenschaft besteht in der Auflösung der zweiten Möglichkeit, von der hier die Rede ist, in der Einsicht, daß sich die Überzeugung von einer rationalen Struktur der uns umgebenden Welt und die Möglichkeit einer transzendenten Dimension in dieser selben Welt gegenseitig keineswegs auszuschließen brauchen.

Ich will versuchen, anschaulich zu machen, wie das zu verstehen ist. Das Problem, um das es sich handelt, wurde von den Wissenschaftlern um die Jahrhundertwende ironisch als die »Wohnungsnot Gottes« bezeichnet. Gemeint war der unbestreitbare Tatbestand, daß schon damals der Fortschritt der wissenschaftlichen Entdeckungen, vor allem im Bereich der Biologie, immer zahlreicher jene Phänomene zu legitimen Objekten wissenschaftlicher Untersuchungen werden ließ, die bis dahin vor allem von den Wissenschaftsgegnern aus dem kirchlichen Lager als unerklärbar und somit gewissermaßen als greifbare Beweise für das Wirken transzendentaler Mächte innerhalb der Natur ins Feld geführt worden waren. Tatsächlich ist die jahrhundertlange Auseinandersetzung zwischen dem kirchlichen Lager und der Wissenschaft seit den Tagen des Galilei und des Giordano Bruno, nachträglich gesehen, eine einzige Kette von Niederlagen gewesen, die die Theologen sich gänzlich unnötigerweise dadurch selbst immer wieder bereitet haben, daß sie auf dem Vorhandensein derartiger »Reservate des Übernatürlichen« innerhalb der uns umgebenden Welt beharrten. Eine dieser Positionen nach der anderen mußte im Laufe der letzten Jahrhunderte aufgegeben werden: von der »Urzeugung« über die Sonderstellung des Menschen gegenüber der übrigen belebten Natur bis zu dem bisher letzten »Reservat«, dem Problem der Entstehung des Lebens auf der Erde, das in den beiden letzten Jahrzehnten dem experimentellen Zugriff erfolgreich zugänglich geworden ist.

Wer daher heute (und das sind nicht wenige) etwa noch wie Du

Bois-Reymond vor hundert Jahren das »Bewußtsein« als letzte Bastion des Übernatürlichen, des rational nicht Faßbaren verteidigt und als Argument für die Existenz einer transzendenten Wirklichkeit – etwa im Sinne eines religiösen Bekenntnisses – ins Feld führt, tut gut daran, sich diese historische Entwicklung vor Augen zu halten. Man wird ihm sagen müssen, daß er sich fahrlässig auf eine Position festlegt, die mit Sicherheit von allen Seiten immer mehr eingeengt werden wird. Daher das boshafte Wort von der »Wohnungsnot Gottes«.

In Wirklichkeit steht längst fest, daß der Versuch, den Raum für eine transzendentale Realität oder eine Aussage über den Sinn der eigenen Existenz auf diese Weise freizuhalten, nicht nur riskant und nicht nur falsch, sondern auch ganz unnötig ist. In Wirklichkeit nämlich schränkt ein beliebig weites Eindringen der naturwissenschaftlichen Erkenntnis in die Wirklichkeit unserer Welt die Möglichkeiten einer religiösen, transzendentalen Aussage über die Welt überhaupt nicht ein. Denn im Gegensatz zu dem Glauben Haeckels und seiner Zeitgenossen nimmt die Zahl der »Welträthsel« mit dem Fortschreiten der wissenschaftlichen Erkenntnis keineswegs ab, sondern, ganz im Gegenteil, zu. Seit den Tagen Haeckels hat die Wissenschaft entdeckt, daß die Natur schon dicht hinter der Oberfläche unanschaulich wird, vor allem im subatomaren Bereich und in den Dimensionen der Kosmologie, und daß sie im makroskopischen Bereich der uns gewohnten Dimensionen mit jeder Verfeinerung der experimentellen Versuchsanordnung einen immer komplexeren Charakter annimmt – mit der Folge, daß jedes zutage geförderte Resultat gleich eine ganze Fülle neuer Fragen aufwirft.

Man muß sich einmal vor Augen halten, daß unser Gehirn von der Evolution im Laufe der biologischen Stammesgeschichte ganz sicher nicht zu dem Zweck entwickelt worden ist, um uns die Erkenntnis der Welt zu ermöglichen, sondern, jedenfalls primär, zu dem alleinigen Zweck, unsere Überlebenschancen zu vergrößern. Vielleicht hängt es mit diesen Entstehungsbedingungen zusammen, daß wir stets und in vielerlei Form dazu neigen, uns im Mittelpunkt des Geschehens zu erleben. Besonders bekannt und besonders deutlich ist diese Tendenz uns allen aus der Geschichte der Naturwissenschaften. Man kann, das sei am Rande vermerkt, die Naturwissenschaft sogar definieren als jene Disziplin unter den geistigen Tätigkeiten des Menschen, mit deren Hilfe wir uns in einem historischen Prozeß darum bemühen, uns von immer neuen Verstrickungen in diesen »Mittelpunktswahn«, aus immer neuen Formen einer anthropozentrischen Weltbetrachtung zu befreien.

Das Ganze begann bekanntlich damit, daß der Mensch glaubte, im Mittelpunkt einer flachen Scheibe zu leben, die auf dem Weltmeer trieb und über der sich der Fixsternhimmel wie eine gläserne Halbkugel wölbte. Es folgte die Epoche des Glaubens an die Erdkugel als den Mittelpunkt des Kosmos. Für die meisten Menschen ist die Erde übrigens auch heute noch der Mittelpunkt des Weltalls. Nicht mehr im physikalischen, astronomischen Sinne. Daß das nicht stimmt, hat sich seit der Erkenntnis des Kopernikus immerhin durchgesetzt. In einem übertragenen Sinne gilt für die meisten Menschen aber auch heute noch das vorkopernikanische Weltbild: in Gestalt der nicht weniger anthropozentrischen Überzeugung, daß die Erde der geistige Mittelpunkt des Kosmos sei, die einzige Stelle im ganzen riesigen Weltall, an der sich Leben, Bewußtsein und Intelligenz entwickelt hätten.

Aber zurück zu unserem eigentlichen Gedanken: Auch das Vorurteil, die grundsätzliche rationale Verständlichkeit der Welt schließe jede Möglichkeit einer über eine bloße materielle Beschreibung der Welt hinausgehenden Aussage aus, scheint mir auf dieser uns allen angeborenen Tendenz zu einer anthropozentrischen Betrachtung der Welt zu beruhen. Denn zu diesem Vorurteil kann es doch nur dann kommen, wenn stillschweigend davon ausgegangen wird, daß die »grundsätzliche Erklärbarkeit der Welt« gleichbedeutend sei mit ihrer Erklärbarkeit durch den Verstand des Menschen in seiner heutigen Entwicklungsstufe. Diese Annahme aber liefe auf die zweifellos anthropozentrische Behauptung hinaus, daß die bisher vergangenen drei Milliarden Jahre der Geschichte des Lebens auf der Erde einzig und allein dem Zweck gedient hätten, uns und unsere Gegenwart hervorzubringen; mit dem Resultat, daß just zu unseren Lebzeiten unser Gehirn den Stand der Entwicklung erreicht hätte, der gewährleistet, daß wir die Welt grundsätzlich vollständig verstehen können, sofern sie grundsätzlich verstehbar beschaffen ist.

Natürlich ist auch diese stillschweigende Voraussetzung nichts anderes als eine neue Form des anthropozentrischen Vorurteils. Denken wir, um uns diese Frage anschaulich zu machen, zum Vergleich an die Situation des Neandertalers: Schon zu seiner Zeit gab es den genetischen Code, der auch für die Vermehrung und Entwicklung seiner Art sorgte, auch zu seiner Zeit gab es Elektronen und Atomkerne, deren unterschiedliche Zusammensetzung die Eigenschaften der Stoffe bestimmt, mit denen auch dieser Vormensch schon umging und hantierte. Bei diesen und zahlreichen anderen uns heute bekannten Naturerscheinungen handelt es sich um Realitäten, von denen der Neandertaler nicht etwa nur deshalb nichts ahnte, weil er sie noch nicht entdeckt hatte, sondern um Wirklichkeiten der Welt, die ihm für alle Zeiten und grundsätzlich verschlossen bleiben mußten, weil sein Gehirn noch nicht den zu einer Erfassung dieser Eigenschaften der Welt erforderlichen Entwicklungsstand hatte. Wir aber sind, um bei diesem Beispiel zu bleiben, nichts anderes als die Neandertaler von morgen. Es ist, mit anderen Worten, die Annahme vernünftig, daß es zahlreiche Eigenschaften der Welt geben dürfte, die uns bisher nicht nur deshalb verborgen sind, weil wir sie im Ablauf des historischen Prozesses unseres wissenschaftlichen Fortschritts noch nicht entdeckt haben, sondern weil unser Gehirn den Entwicklungsstand nicht oder noch nicht erreicht hat, der zu ihrer Erfassung notwendig wäre, obwohl sie grundsätzlich rational strukturiert sind. Man kann hier noch weitergehen: Es ist nur vernünftig, darüber hinaus anzunehmen, daß die zukünftigen Entwicklungsmöglichkeiten des menschlichen Gehirns von den Besonderheiten unseres genetischen Apparates begrenzt werden und ebenso von unserer irdischen Umwelt, die auf dem Wege der Selektion in diesen Prozeß eingreift. Sie sind also nicht beliebig groß. Auch in diesem Falle wäre es nun wieder höchst willkürlich, wollte man annehmen, daß die obere Grenze der zukünftigen Entwicklungsmöglichkeiten des menschlichen Gehirns genau übereinstimmte mit dem Grad der Intelligenzentwicklung, der erforderlich wäre, die Welt im ganzen zu verstehen.

Mit all diesen Überlegungen soll lediglich gezeigt werden, daß die alte und von vielen noch heute für selbstverständlich gehaltene Überzeugung, die wissenschaftliche Erklärbarkeit der Welt schließe die Möglichkeit einer transzendentalen Aussage über diese Welt aus, in Wirklichkeit unhaltbar ist. So einfach und beinahe trivial das auch klingt, wenn man diesem Gedankengang einmal gefolgt ist, so ergibt sich doch eine wichtige Einsicht. Man bedenke nur, mit welcher Erbitterung bis zum heutigen Tag in vielen Kreisen die Auseinandersetzung geführt wird über die angebliche Unvereinbarkeit von naturwissenschaftlicher Erkenntnis und der Suche nach einem Sinn dieser Welt und der menschlichen Existenz, sei es im Sinne eines religiösen Bekenntnisses oder in der Form philosophischer Besinnung.

Ich möchte nicht mißverstanden werden: Es wäre ebenso verfehlt, aus diesen Überlegungen nun so etwas wie einen »Beweis« für die Berechtigung philosophischer oder religiöser Aussagen ableiten zu wollen. Das einzige, was man sagen kann, ist, daß wir, wenn wir aus gutem Grunde der Ansicht sind, daß es in der Natur schlechterdings nicht »übernatürlich« zugehen kann, dadurch der Weltdeutung des einzelnen keineswegs irgendwelche Fesseln anlegen, wie viele bis heute glauben. Und auch dann, wenn es den Bemühungen der Wissenschaftler wieder einmal gelingt, ein Rätsel zu lösen, es auf natürliche Zusammenhänge zurückzuführen, besteht kein Grund zur Enttäuschung. Die Wissenschaft entzaubert die Welt keineswegs, wie manche es ihr vorwerfen. Denn zwar geht in der Welt alles mit natürlichen Dingen zu. Nichtsdestotrotz aber ist das Ergebnis wunderbar.

(etwa 1972)

Reise zu den Sternen

Sinn und Unsinn der Science-fiction

Die Utopie hat eine uralte Geschichte. Das klassische Beispiel der Antike ist Platos »Staat«, der fiktive Entwurf einer Gesellschaft, die dem Autor als Hintergrund dienen sollte zur besseren Hervorhebung der bestehenden Mißstände, eine Art indirekter Sozialkritik also. Das gleiche gilt grundsätzlich auch für den Roman »Utopia« des Thomas Morus, der der ganzen Gattung bis heute ihren Namen gab, und nicht weniger für Gullivers Reisen nach Lilliput und Brobdignag, die sich Jonathan Swift ausdachte, um sich ungestraft über die Zustände am englischen Hof amüsieren zu können. In allen diesen Fällen sind die Einwohner der utopischen Länder mit Eigenschaften ausgestattet, die der Autor bei seinen Zeitgenossen schmerzlich vermißt, oder aber sie fungieren als handelnde Personen eines »Schlüsselromans« und führen als solche Ansichten und Gebräuche ad absurdum, welche an Höhergestellten direkt zu kritisieren in früheren Zeiten meist lebensgefährlich war. Daß es sich um freie, willkürliche Erfindungen handelte, daß den Ländern, in denen die Handlung spielte, in keinem Sinne des Wortes irgendwelche Realität zukam, wurde ausdrücklich betont. »Utopia« heißt nichts anderes als »nirgendwo«.

Dieser Sinn des Wortes »Utopie« hat sich in den letzten hundert Jahren in einer ganz bestimmten Richtung verschoben. Die sozialkritische Tendenz ist auch aus den modernen utopischen Romanen keineswegs ganz verschwunden, wie etwa, um nur zwei der berühmtesten Beispiele zu nennen, H. G. Wells' »Zeitmaschine« und Aldous Huxleys »Schöne neue Welt« beweisen. Aber das Gewicht hat sich verlagert. Der Ort der Handlung liegt nicht mehr unerreichbar im Nirgendwo, er liegt, unerreicht, aber unaufhaltsam auf uns zukommend, in der Zukunft. Die Utopie ist zur wissenschaftlich-technischen Vorausschau geworden, zur Prophezeiung.

Seit Jules Verne die Erfindung des U-Bootes vorwegnahm und mit der Beschreibung eines Fluges zum Mond schon Ende des vorigen Jahrhunderts auch die Raumfahrt als zukünftige Möglichkeit menschlicher Technik beschrieb, steht fest, daß die Voraussagen phantasievoller Schriftsteller mitunter treffender sein können als die der Fachleute. Gilt das auch für die heutigen Nachfahren des berühmten Franzosen? Gilt womöglich auch für die moderne Science-fiction-Literatur die Feststellung des britischen Medizin-Nobelpreisträgers Peter Medawar, daß die Menschen alles, was sie sich überhaupt ausdenken können, eines Tages auch verwirklichen werden?
Kürzlich hat im Philosophischen Seminar der englischen Universität Southampton eine Vortragsreihe stattgefunden, deren Leitthema eben diese Frage war. Die Vortragenden, sämtlich angesehene Naturwissenschaftler und Philosophen, hielten es nicht für unter ihrer Würde, einmal ernsthaft zu untersuchen, ob die Wissenschaft der Science-fiction nicht vielleicht sogar Anregungen entnehmen könnte.
Wir müssen uns hier auf zwei Beispiele beschränken, die sich allerdings auf zwei zentrale Themen fast aller heutigen technisch-utopischen Entwürfe beziehen und die von dem englischen Philosophen Guy S. Robinson kritisch unter die Lupe genommen wurden: die Überzeugung fast aller Science-fiction-Autoren, daß es in ferner Zukunft einmal möglich sein wird, den Weltraum mit Überlichtgeschwindigkeit bis in seine entlegensten Regionen zu erkunden, und daß sich außerdem eine Methode entdecken lassen wird, die es möglich macht, auch »durch die Zeit« zu reisen – in die Vergangenheit oder in die Zukunft.
Beginnen wir mit der zweiten Idee, der der Zeitreise. Kann es eines Tages, in einer noch so fernen Zukunft, eine Zeitmaschine geben, eine technische Erfindung, die es gestattet, sich in der Zeit frei und beliebig so zu bewegen wie in einer räumlichen Dimension? Wie Robinson nachwies, kann die Antwort in diesem Falle nur »nein« lauten, eindeutig und ohne Einschränkung. Auch dann, wenn man einräumt, daß die Erfindungen und Entdeckungen, die in kommenden Jahrhunderten von Menschen noch gemacht werden dürften, das Vorstellungsvermögen von uns Heutigen ganz sicher weit übersteigen, so läßt

sich die Möglichkeit einer Zeitreise trotzdem aus prinzipiellen, logischen Gründen endgültig ausschließen.

Zunächst einmal sind die wissenschaftlichen Grundlagen, auf die sich die Autoren in diesem Falle berufen zu können glauben, in diesem Zusammenhang völlig unbrauchbar. Was dem Konzept einer Reise durch die Zeit den Anschein wissenschaftlicher Realisierbarkeit zu verleihen scheint, sind nämlich bestimmte Termini und fachliche Redewendungen aus dem Bereich der Relativitätstheorie. Da ist die Rede zum Beispiel von einem »vierdimensionalen Raum-Zeit-Kontinuum«, von einer »Zeit-Dehnung« in der Nähe der Lichtgeschwindigkeit und von einer »Abhängigkeit der Zeit« von Bewegungs- und Beschleunigungsvorgängen. Alles das sind Feststellungen, die in der Tat den Gedanken nahelegen, hier geschehe mit der Zeit selbst etwas, hier werde die Zeit verändert. Da liegt dann auch die Schlußfolgerung nahe, daß sich die Zeit durch die planmäßige Anwendung derartiger »relativistischer Prinzipien« grundsätzlich manipulieren lassen müsse.

Die Schlußfolgerung ist aber ebenso falsch wie ihre Voraussetzung. In Wirklichkeit beziehen sich die genannten Redewendungen nämlich niemals auf die Zeit selbst, sondern immer nur auf die Veränderung meßbarer Vorgänge, die sich *in* der Zeit abspielen. Hier könnte man allerdings noch einwenden, daß damit die Nichtmanipulierbarkeit der Zeit nicht grundsätzlich bewiesen sei. Der Haupteinwand gegen die zukünftige Möglichkeit von Zeitreisen ist denn auch der, daß sie zu Paradoxa führen würde. Die ganze Konzeption setzt ja voraus, daß die Zukunft heute schon in irgendeiner schwer definierbaren Weise »da« ist und ebenso auch noch die Vergangenheit.

Nehmen wir an, wir verfügten über eine Zeitmaschine und führen in das Jahr 1910. Wäre dann unser überraschendes Auftauchen etwa im wilhelminischen Berlin eigentlich ein Stück ursprünglicher Vergangenheit? Dann müßten wir ja schon vor dem Antritt unserer Reise in zeitgenössischen Presseberichten von ihr lesen können. Oder wird durch unseren Besuch die Vergangenheit nachträglich geändert? Am krassesten zeigt sich der hier auftretende logische Widerspruch bei folgendem Gedankenexperiment: Nehmen wir an, ein lebensüberdrüssiger

Depressiver reist in die Vergangenheit und bringt seinen Vater um zu einer Zeit, in der dieser noch ein kleines Kind ist. Der Mörder würde damit seine eigene Existenz nachträglich ungeschehen machen. Damit aber eigentlich doch auch seine Reise in die Vergangenheit und den Mord an seinem Vater? Es ist nicht schwer, sich noch eine ganze Reihe weiterer derartiger Konsequenzen auszudenken.

Robinson weist darauf hin, daß in den Arbeiten und Vorträgen von Philosophen und Physikern neuerdings nicht selten Science-fiction-Romane zitiert würden, weil die Auseinandersetzung mit derartigen Paradoxien ein ganz ausgezeichnetes Hilfsmittel bei der Klärung bestimmter Begriffe sei. In diesem Falle führt die kritische Analyse der Vorstellung von einer Reise durch die Zeit zu dem Nachweis des nur metaphorischen Charakters bestimmter Aussagen der Relativitätstheorie über den Zeitbegriff.

Genau die gleiche Situation haben wir nun zunächst angesichts der Art und Weise festzustellen, in der die Autoren die »kosmische Quarantäne« zu überwinden trachten, die buchstäblich unvorstellbaren Entfernungen, die uns von den benachbarten Sonnensystemen oder gar fremden Milchstraßensystemen trennen. Zwei Lösungen bietet die Science-fiction-Literatur an. Von ihnen enthält die erste einen Denkfehler, der so plump ist, daß er einem guten Autor eigentlich nicht unterlaufen dürfte. Diese »Lösung« ist der sogenannte »Teletransporter« oder Materienstrahler, ein Gerät, das den Astronauten »entmaterialisiert«, in Wellenform überträgt und am Empfangsort analog einem Fernsehbild wieder zusammensetzt. Der Denkfehler besteht darin, daß auch ein solches Gerät ja nicht schneller als mit Lichtgeschwindigkeit übertragen könnte. Auch mit seiner Hilfe würde eine Reise an den Rand unseres eigenen Milchstraßensystems daher immer noch viele Jahrtausende dauern.

Bei der zweiten Lösung besitzen die Raumschiffe der Science-fiction-Astronauten einen gewöhnlich als »Hyperdriver« bezeichneten Antriebsmechanismus, der es ihnen erlaubt, in »Sprüngen« durch die vierte oder noch höhere Dimensionen gleichsam die Windungen abzuschneiden, in denen unser dreidimensionaler Raum nach Einstein »gekrümmt« sei.

Diesem Konzept einer Abkürzung der kosmischen Distanzen unter Benutzung einer vierten Dimension liegt nun aber das gleiche Mißverständnis zugrunde, auf das wir schon im Falle der Zeitreise gestoßen waren. Die Rede von einer »Krümmung« des Raumes bezieht sich in der Relativitätstheorie lediglich auf bestimmte mathematische Modelle, mit denen es möglich wird, die Beobachtungsdaten, in diesem Falle vor allem den Einfluß der Gravitation, auf andere Faktoren wie Masse oder Beschleunigung rechnerisch zurückzuführen. Eine reale, wie auch immer geartete Krümmung des physikalischen Raumes, und dazu noch von einer Art, die ein »Abschneiden des Weges« durch ein dreidimensionales Objekt wie ein Raumschiff zulassen würde, ist damit weder gemeint noch auch nur als möglich erwiesen.

An dieser Stelle aber kommt der englische Philosoph zu einem versöhnlichen Schluß seiner kritischen Betrachtung: Schließlich wird das entscheidende Hindernis für die Möglichkeit wirklicher Raumreisen zu anderen Systemen ja durch die Behauptung der Relativitätstheorie gebildet, daß nichts sich schneller bewegen könne als das Licht. Diese Aussage aber ist nun kein Naturgesetz, sondern eine der Voraussetzungen einer Theorie, die zweifellos großartig und fruchtbar ist, die sich aber ebenso zweifellos in Zukunft auch noch Korrekturen und Erweiterungen wird gefallen lassen müssen. Wenn wir uns heute also auch noch nicht im geringsten vorstellen können, wie es jemals möglich werden könnte, daß menschliche Astronauten auch fremde Sonnen- und Milchstraßensysteme erreichen und erforschen, so widerspricht unsere Hoffnung, daß der Wissenschaft in ferner Zukunft einmal die Lösung dieses Problemes gelingen wird, wenigstens nicht den Gesetzen der Logik.

(1967)

Wenn die Welt untergeht

Über das Ende des Lebens

Die vorurteilslose Beobachtung der Natur lehrt den Menschen, daß es in seiner Umgebung nichts gibt, das ewigen Bestand hätte. Das Gesetz permanenten Wandels gilt selbst für den unbelebten Kosmos: Auch das Universum hat eine Geschichte, es hat, soweit wir heute wissen, einen Anfang gehabt, und es wird, jedenfalls in seiner uns heute gewohnten Form, in einer fernen Zukunft ein Ende haben – die Kosmologen schätzen in vielleicht zehn Milliarden Jahren.

Die Universalität dieser Vergänglichkeit scheinen die Menschen schon immer gespürt zu haben, die Vision von einem »Ende der Welt« findet sich in wohl jeder Mythologie. Nicht nur der einzelne Mensch muß sterben, auch die Menschheit als Ganzes wird es eines Tages nicht mehr geben. Diese alte mythologische Überzeugung wird heute durch unser modernes biologisches Wissen bestätigt und konkretisiert. Es gibt keinen Grund, der uns zu der Annahme berechtigen könnte, daß es unserem Geschlecht anders ergehen wird als den unzähligen anderen Organismenarten, die im Verlauf der bisherigen Erdgeschichte neu entstanden, sich zu oft enormer Blüte entfalteten und die dann doch, oft erst nach Hunderten von Jahrmillionen, vollständig wieder ausstarben, um neuen Lebensformen Platz zu machen. Der Gedanke braucht uns nicht zu beunruhigen, denn biologisch ist die Menschheit noch immer außerordentlich jung, und die Zeiträume, die ihr zur weiteren Entfaltung noch zur Verfügung stehen dürften, entziehen sich unserer Vorstellung. Und außerdem läßt sich immerhin auch der Möglichkeit nicht widersprechen, daß es den Biologen einer fernen Zukunft gelingen könnte, die Ursachen der Alterung und des Vitalitätsverlustes einer Art aufzuklären und Mittel und Wege zu finden, die unser Geschlecht als Art erstmals vor dem Fluch des Aussterbens bewahren könnten.

Aber der Mythos vom Ende der Welt hat ja noch einen zweiten Aspekt, der ebenfalls gelegentlich schon unter den Gesichtspunkten unseres heutigen Wissens von der Natur diskutiert worden ist, nämlich den der Möglichkeit einer Vernichtung unserer »Welt«. Zu einem »Weltuntergang« im Sinne einer Zerstörung der für unsere Existenz notwendigen Umwelt bedürfte es nicht einmal einer physischen Zerstörung auch nur der Erde. Das Muster der biologisch wirksamen Faktoren, die insgesamt die uns gewohnte Umwelt bilden, ist so kompliziert und so spezifisch, daß schon eine relativ geringfügige Änderung, wenn sie nur, geologisch gesehen, rasch eintreten würde, für uns den Untergang »unserer Welt« bedeuten würde.

Wie also ist es mit der Stabilität dieser Faktoren bestellt, auf denen unsere Existenz beruht? Oder, anders, populärer und dramatischer formuliert: Wie groß sind die Risiken eines »Weltunterganges«, und welche kosmischen oder geophysikalischen Ursachen könnten ihn herbeiführen? Dieser Frage nachzugehen lohnt sich nicht aus Sensationslust, sondern als Gedankenexperiment, das uns die vielfältigen Verflechtungen anschaulich werden lassen kann, die unsere physische Existenz mit meist gar nicht bedachten irdischen und kosmischen Prozessen verbinden.

Wohl die meisten Menschen denken bei dem Wort »Weltuntergang« an die Möglichkeit eines Zusammenstoßes der Erde mit einem anderen Himmelskörper. In Wirklichkeit ist diese Gefahr aber ganz zweifellos die geringste von allen Möglichkeiten, die wir bei diesem Thema ins Auge zu fassen haben. Die Bestimmtheit dieser Feststellung ergibt sich aus der Art und Weise, in der die Materie im Kosmos verteilt ist. In der Tat kollidiert die Erde fortwährend mit kosmischer Materie, so häufig, daß sie täglich mehrere tausend Tonnen an Gewicht zunimmt, wie Berechnungen aufgrund der Untersuchungen des Tiefseebodens ergeben haben, auf dem sich dieser kosmische »Niederschlag« seit Hunderttausenden von Jahren ungestört ansammeln konnte. Dabei handelt es sich aber fast ausnahmslos um winzige Staubkörnchen kosmischer Materie. Schon sandkorngroße Partikel sind eine extreme Rarität, ganz zu schweigen von größeren Brocken, den echten Meteoriten. Immerhin hat die Erde ja tatsächlich im Verlaufe ihrer Geschichte einige wuchtige kosmische Treffer abbekommen, wie etwa der große Einschlagkrater in Arizona beweist oder ein erst kürzlich aus der Luft entdeckter Krater in Kanada oder auch das Nördlinger Ries in Süddeutschland, das sich in den letzten Jahren ebenfalls als Aufschlagstelle eines Riesenmeteoriten entpuppte, dessen Durchmesser sich nach Hunderten von Metern bemessen haben muß.

Aber, wie die Geschichte zeigt, haben selbst diese Millionen von Tonnen wiegenden kosmischen Geschosse das Leben auf der Erde nicht vernichtet, wenn sie lokal sicher auch zu gewaltigen Katastrophen geführt haben. Himmelskörper noch höherer Größenordnung aber, welche die Erde tatsächlich in Gefahr bringen könnten, fliegen nicht mehr willkürlich durch das Weltall, sondern laufen, wie die Asteroiden, die ungezählten Kleinplaneten zwischen Mars und Jupiter, in beruhigenden Sicherheitsabständen jenseits der Marsbahn wie die anderen Planeten um die Sonne. Insgesamt sind diese größeren Körper im Weltraum so außerordentlich dünn verteilt, daß eine Kollision zwischen ihnen und der Erde auch im Verlaufe vieler Jahrmilliarden nicht wahrscheinlich ist.

Zwei im Vergleich zu diesen Möglichkeiten eines kosmischen Zusammenstoßes sehr viel größere Risiken ergeben sich dagegen aus bestimmten in den letzten Jahren untersuchten geophysikalischen Prozessen. Danach ist es nicht ausgeschlossen, daß der Menschheit eine erneute »Sintflut« bevorsteht, eine globale, die Erde als Ganzes mehrfach umlaufende dreißig bis fünfzig Meter hohe Flutwelle, die einen großen Teil allen irdischen Lebens vernichten müßte und der eine neue Eiszeit folgen würde. Diese Möglichkeit ergibt sich aus einer neuen Theorie der Eiszeitentstehung, mit der es einem amerikanischen Geophysiker erstmals gelungen ist, die paläontologisch nachweisbare periodische Wiederkehr von Eiszeiten in der Erdgeschichte plausibel zu erklären.

Der Kernpunkt dieser Theorie ist die bekannte physikalische Tatsache, daß Eis bei hohem Druck zu schmelzen beginnt. Damit aber ist zu erwarten, daß der 3 000 bis 4 000 Meter dicke antarktische Eispanzer in absehbarer Zeit beginnen wird, unter dem Druck seines eigenen Gewichtes auseinanderzufließen. Innerhalb weniger Jahre würde das Eis daraufhin nach allen Seiten bis zu tausend Kilometer nach Norden vordringen und bei seinem Aufbruch die besagte gewaltige Flutwelle in Bewegung setzen.

Diese gewaltige Vergrößerung der südpolaren Eiskappe hätte aber noch eine weitere fatale Folge: Sie würde die »Albedo« der Erde vergrößern, den Anteil des Sonnenlichtes, der von der Erdoberfläche ungenutzt wieder in den Weltraum zurückgestrahlt wird, und damit zu einem Absinken der Durchschnittstemperatur auf der ganzen Erde, zu einer neuen Eiszeit, führen. Diese könnte erst dann – nach mehreren Jahrtausenden – von einer Wiedererwärmung abgelöst werden, wenn der so abnorm vergrößerte Eisschild sich durch Verdunstung wieder verkleinert hat, nachdem der Nachschub neuer Eismassen vom Südpol zum Erliegen gekommen ist. Die durch seine Verdunstung freiwerdenden Wassermassen würden sich dann vorwiegend wieder in der Zone größerer Kälte am Südpol ansammeln, der antarktische Eispanzer würde ganz langsam wieder zu wachsen beginnen, bis er nach 10 000 oder 20 000 Jahren abermals eine »kritische« Dicke erreicht hat und das Spiel von neuem beginnt.

Die augenblickliche Phase, in der sich dieser periodische Prozeß befindet, leitet sich aus der gegenwärtigen Dicke des antarktischen Eisschildes ab. Nach den Messungen der amerikanischen Antarktisstation beträgt sie an vielen Stellen heute schon weit mehr als 3 000 Meter und erreicht an einigen Meßstellen sogar schon 4 000 Meter. Damit aber ist, wie die Berechnungen zeigen, grundsätzlich jener Wert erreicht, der das Auseinanderfließen der gewaltigen am Südpol konzentrierten Eismassen jederzeit wieder in Gang bringen kann.

Trotzdem besteht nicht der geringste Anlaß zur Besorgnis. Denn so geistreich und plausibel diese Theorie auch ist, noch ist sie nicht bewiesen. Immerhin aber dürften die Geophysiker der permanenten Südpolstationen, die von mehreren Nationen seit einigen Jahren unterhalten werden, die Bewegungen der polaren Eisdecke zweifellos aufmerksam verfolgen. Und sollte der Fluß des Eises irgendwann in den nächsten Jahrhunderten wirklich ein bedrohliches Ausmaß erreichen, dann sind gegen die daraus resultierenden Gefahren sogar Gegenmaßnahmen denkbar, so zum Beispiel ein Abschmelzen des Randes des vordringenden Eispanzers durch eine geringfügige Erhöhung der Durchschnittstemperatur des südlichen Eismeeres. Gewiß wäre dazu ein wahrhaft gigantischer technischer Aufwand notwendig. Aber mit atomaren Heizquellen wäre das Problem zu lösen, um so eher, als man bei einem solchen außerordentlichen Anlaß vielleicht wirklich einmal damit rechnen könnte, daß sich die gesamte Menschheit geschlossen hinter ein solches Projekt stellen würde.

Das zweite »globale Risiko«, das die Zukunft – vielleicht – für die Menschheit bereithält, kündigt sich heute möglicherweise in einer Beobachtung an, die jene wissenschaftlichen Institute seit mehreren Jahren machen, zu deren Aufgaben es unter anderem gehört, die Schwankungen des irdischen Magnetfeldes zu verfolgen. Sie alle haben in den letzten Jahren ein zwar nur geringfügiges, aber bisher kontinuierliches Nachlassen der Intensität dieses Magnetfeldes registriert. Vorerst kann niemand sagen, ob es sich dabei nur um eine vorübergehende, wellenförmig verlaufende Schwankung handelt, die nichts zu bedeuten hätte. Die andere Möglichkeit wäre, daß sich hier der Beginn einer Umpolung ankündigt. Sie würde eine wahrhaft tödliche Gefahr für alle höheren irdischen Lebensformen bedeuten, nämlich den vorübergehenden Zusammenbruch der irdischen Magnetosphäre.

Warum ist das irdische Magnetfeld so wichtig für die Bewohnbarkeit der Erde? Seine Kraftlinien lenken die von der Sonne kommende »harte« Strahlung von der Erdoberfläche ab. Die energiereichen, auf mehrere hundert Kilometer pro Sekunde beschleunigten Elektronen und Protonen des »Sonnenwindes« werden von den Kraftlinien wie in magnetischen »Käfigen« eingefangen und bilden so die bekannten Van-Allen-Strahlungsgürtel.

Paläomagnetische Untersuchungen der letzten Zeit haben nun aber ergeben, daß die polare Struktur des irdischen Feldes nicht stabil ist. In geologisch relativ kurzen Abständen – mindestens neunmal in den letzten vier Millionen Jahren – ist das Erdmagnetfeld umgeschlagen: Der Nordpol wurde zum Südpol und umgekehrt. Die letzte dieser Umpolungen liegt schon relativ lange zurück – etwa 700 000 Jahre. Niemand kann bisher sagen, welche Faktoren einen solchen Umschlag auslösen. Eines aber ist sicher: Jede dieser Umpolungen wird durch ein allmähliches Nachlassen der Feldstärke eingeleitet, die bis auf Null zurückgeht. Dann erst baut sich ein neues Magnetfeld mit entgegengesetzter Orientierung der Pole auf.

Die Berechnungen der Physiker zeigen nun, daß während dieses Übergangs für die Dauer von etwa 1 000 bis 2 000 Jahren keine stabile Magnetosphäre besteht und daß während dieser ganzen Zeit die harte Strahlung des »Sonnenwindes« ungehindert auf die Erdoberfläche fällt. Die meisten Physiker und Biologen sind der Meinung, daß das den Tod fast aller höheren Lebensformen auf der Erde zur Folge haben würde.

Aber selbst dann, wenn das heute beobachtete Nachlassen der Intensität des Magnetfeldes der Erde wirklich den Beginn einer neuen Umpolung ankündigen sollte, was gänzlich ungewiß ist, würden noch mehrere tausend Jahre vergehen, bevor die Gefahr akut wäre. Und wer wollte die Möglichkeit bestreiten, daß die menschliche Wissenschaft in einer so fernen Zukunft in der Lage sein könnte, selbst mit einem solchen Problem fertig zu werden? Wenn es in den ein bis zwei Jahrtausenden, die bis zu einer solchen Krise selbst im ungünstigsten Falle vergehen würden, noch eine menschliche Wissenschaft, eine menschliche Zivilisation gibt! Denn das ist eine der eindrucksvollsten Folgerungen, die sich aus Überlegungen der Art, wie wir sie hier angestellt haben, ergeben könnte: daß nämlich die natürlichen Bedingungen, von denen unsere leibliche, biologische Existenz abhängt, trotz ihrer verwirrenden und von uns noch bei weitem nicht vollständig durchschauten Kompliziertheit eine erstaunliche Stabilität aufweisen. Es gibt, wie wir gesehen haben, grundsätzlich und theoretisch tatsächlich eine ganze Reihe von Möglichkeiten, die dazu führen könnten, daß unsere »Welt« aus natürlicher Ursache zugrunde geht. Sie alle haben aber im Vergleich zu den Gefahren, die die Menschheit selbst für sich heraufbeschwört, eine nur minimale Wahrscheinlichkeit. Wenn die Menschheit also eines Tages wirklich in einem »Weltuntergang« zugrunde gehen sollte, so wird es sich dabei mit größter Wahrscheinlichkeit nicht um eine Katastrophe von natürlicher Ursache handeln.

(1967)

Der Kosmos erhält uns am Leben

Naturwissenschaft und menschliches Bewußtsein

Eines der wesentlichen, wenn bisher auch noch kaum beachteten Merkmale des modernen wissenschaftlichen Weltbildes ist die Tatsache, daß es nicht mehr im ursprünglichen Sinne dieses Wortes ein »Bild der Welt« ist, daß die Welt sich den Menschen nicht mehr nur als Objekt darbietet, sondern daß es den Menschen mit einschließt. In dieser Form hat die Erkenntnis Darwins ihren Niederschlag gefunden, die darauf hinausläuft, daß alles Leben auf dieser Erde eines Stammes ist und das Ergebnis einer gemeinsamen, seit Jahrmilliarden ablaufenden Geschichte, der sogenannten »biologischen Evolution«, die auch uns Menschen einschließt und hervorgebracht hat.
Man kann diesen Grundzug des modernen wissenschaftlichen Weltbildes auch so formulieren, daß man sagt, daß die Natur in diesem Weltbild heute nicht mehr dem Menschen als Subjekt, als »das Andere«, gewissermaßen als »Bühne« seiner Existenz, als Schauplatz unseres Lebens gegenübersteht, in den wir hineingesetzt sind, sondern daß wir uns als einen Teil der Natur und dieser Welt erkannt haben. Natürlich ist dieser Gedanke in vielerlei Bildern und Allegorien der abendländischen Kulturgeschichte (ganz zu schweigen von anderen Kulturbereichen) auch in früheren Jahrhunderten immer wieder aufgetaucht. Als gesicherte, belegbare und überprüfbare Erkenntnis ist der Gedanke aber noch relativ neu. Wie neu, das geht etwa aus der Tatsache hervor, daß es bis vor wenigen Jahren noch in mehreren nordamerikanischen Bundesstaaten gesetzlich untersagt war, die biologische Entwicklungslehre, also die Abstammung des Menschen aus dem Tierreich, in den Schulen zu lehren.
Ehe wir uns darüber allzusehr mokieren, sollten wir daran denken, mit welcher Hartnäckigkeit sich das gleiche Vorurteil in mancherlei Verkleidung auch bei uns bis heute noch hält. Die Behauptungen, die Anerkennung einer solchen Abstammung

laufe auf eine »Entwürdigung« des Menschen hinaus oder: der Mensch »rage aus der Natur und über sie hinaus« oder: die Herkunft des Menschen entziehe sich einer biologischen Betrachtungsweise, sind auch bei uns noch gang und gäbe. In Wirklichkeit bedeutet das lediglich eine höchst seltsame und durch nichts gerechtfertigte Geringschätzung des Bereiches des »Natürlichen«.

Das moderne wissenschaftliche Weltbild beschreibt also nicht mehr wie das klassische Weltbild früherer Epochen nur den Kosmos oder die Natur, sondern es enthält implicite stets auch eine Aussage über den Menschen. Dadurch, daß er die Welt interpretiert, sagt der Mensch auch etwas aus über seine Stellung oder seine Rolle in dieser Welt. Obwohl das eigentlich selbstverständlich ist (wie wir noch sehen werden), ist auch diese Tatsache noch keineswegs in das allgemeine Bewußtsein eingedrungen. Auch heute noch gilt vielen die Naturwissenschaft als kaum mehr als eine Art Faktensammlung, als gigantische Anhäufung einer unerhörten Fülle mehr oder weniger interessanter, mehr oder weniger kurioser einzelner Tatsachen, über die Bescheid zu wissen ganz amüsant sein mag, über die Bescheid zu wissen aber nicht zu jenen Voraussetzungen gehört, von denen es abhängt, ob jemand sich für »gebildet« halten darf oder nicht.

Moderner ist da immerhin schon jene Auffassung, welche Naturwissenschaft unter dem Aspekt der Möglichkeiten sieht, die sie dem Menschen zur Manipulation seiner Umwelt liefert. Nun ist es in der Tat eine heute wohl von niemandem mehr bestrittene und geradezu triviale Feststellung, daß die Naturwissenschaft schon bei ihrem heute bereits erreichten Stand dem Menschen Möglichkeiten zur Beeinflussung seiner Umwelt in die Hand gegeben hat, die so groß sind, daß sie nicht nur alle unseren bisher verwirklichten Einflußmöglichkeiten in unvorstellbarem Maße übersteigen, sondern heute schon ausreichen, unsere Existenz zu gefährden.

Trotzdem berücksichtigt auch dieser Aspekt erst die Hälfte dessen, was Naturwissenschaft ausmacht. Da der Mensch, wie gesagt, selbst ein Teil der Natur ist, sagt jede naturwissenschaftliche Einsicht und sagt auch jede neue wissenschaftliche Möglichkeit der Beeinflussung unserer Umwelt etwas über den Menschen selbst aus, über unser Verhältnis zu dieser Welt. Am sinnfälligsten erscheint in diesem Zusammenhang das Beispiel des Blitzableiters. Die Naturwissenschaft hat uns die Chance gegeben, uns vor dem Blitz dadurch zu schützen, daß sie bestimmte Gesetze (der elektrischen Entladung, Leitfähigkeit usw.) entdeckt hat, welche dem Techniker die Möglichkeit geben, einen Blitzableiter zu konstruieren und auf unserem Dach zu befestigen. Dies ist der Aspekt der »Umweltmanipulation«, an den jeder in diesem Zusammenhang denkt und an den die meisten Menschen bei allen naturwissenschaftlichen Entdekkungen ausschließlich denken. Er beschreibt aber nur eine Seite der Angelegenheit. Die Naturwissenschaft schützt mich vor dem Blitz nämlich auch auf eine ganz andere, in vieler Hinsicht viel fundamentalere Weise insofern, als sie mit der Entdeckung der erwähnten Gesetze den Dämon früherer Zeiten, der mit seinem Blitz auf mich zielte, auf ein Naturgesetz reduziert hat, das nichts von mir weiß.

Hier zeigt sich, daß die naturwissenschaftliche Erkenntnis nicht nur einem historischen Prozeß des Fortschreitens und sich Entwickelns unterliegt, sondern daß sie ihrerseits auch einen historischen Prozeß der Erweiterung des menschlichen Bewußtseins bewirkt.

Das ist nicht ganz so trivial, wie es zunächst klingt. Das läßt sich am Beispiel eines entwicklungspsychologischen Phänomens deutlich machen, das der deutsche Psychiater Rudolf Bilz als »Subjektzentrismus« beschrieben hat. Dieses Phänomen bezeichnet eine urtümliche Erlebnisweise, in der das Subjekt sich im Zentrum des Geschehens erlebt. Ein typisches Beispiel ist das Verhalten eines Hundes, der bei einem heftigen Gewitter ängstlich winselnd unter das Sofa kriecht, um sich dort zu verstecken. Wer das Verhalten des Tieres unbefangen beobachtet, muß zu dem Schluß kommen, daß das Tier sich gleichsam »gemeint« glaubt, daß es sich bedroht fühlt und daß es sich dieser Bedrohung zu entziehen versucht. Ein anderes Beispiel für das gleiche Phänomen ist das Kleinkind, das zu weinen anfängt, wenn im Nebenzimmer ein lautes Gespräch geführt wird. Kein Zweifel, auch ein solches Kind glaubt gewissermaßen, daß es

»gemeint« sei. Es fühlt sich von dem Geschehen im Nebenzimmer betroffen.
Im Unterschied zum Hund, dessen Neigung, alle Vorfälle in der Umgebung auf sich selbst zu beziehen, unverändert bestehen bleibt, kann uns das Beispiel des Kleinkindes etwas lehren. In dem Maße nämlich, in dem das Kind älter und erwachsener wird, erlangt es die Fähigkeit, zu unterscheiden zwischen den Vorgängen in seiner Umgebung, die es tatsächlich betreffen, und den vielen anderen Begebenheiten, die es in seiner Umgebung zwar auch registriert, von denen es jetzt aber weiß, daß sie es nichts angehen. Eine der fundamentalen Leistungen der gesunden Psyche des Erwachsenen ist es tatsächlich, daß wir alle die Fähigkeit haben, diese Unterscheidung zu machen, daß wir etwa im Gedränge einer belebten Verkehrsstraße an Hunderten fremder Gesichter mit ihren unterschiedlichen mimischen Signalen innerlich gänzlich unbeteiligt vorübergehen können, bis wir plötzlich auf ein Gesicht stoßen, dessen Ausdruck uns »angeht«, weil es das Gesicht eines uns bekannten Menschen ist. Daß das keine Selbstverständlichkeit ist, wie wir aus alltäglicher Gewohnheit allzu leicht annehmen, lehren die Fälle, in denen diese Fähigkeit der Unterscheidung gestört ist und die sich klinisch dann als »Verfolgungswahn« dokumentieren.
Auch in der geistigen Entwicklung der Menschheit spielt sich nun ganz offensichtlich ein historischer Prozeß ab, der analog ist dem Prozeß, der vom »subjektzentrierten« Erleben des Kleinkindes zum Erleben des Erwachsenen führt. Auch die archaische Erlebnisweise des primitiven Menschen ist ja dadurch gekennzeichnet, daß dieser sich im Mittelpunkt einer perspektivisch auf ihn selbst hin angeordneten Umwelt erlebt, in der alle Vorfälle, die er registriert, auf ihn selbst zielen und ihn, im Guten wie im Bösen, »meinen«. Hier sind wir wieder bei dem Dämon, der mit seinem Blitz auf den Erlebenden zielt, und bei der bedeutsamen Rolle, welche die Naturwissenschaft in diesem Zusammenhang spielt. Die Naturwissenschaft gibt dem Menschen die Möglichkeit, die Vorgänge seiner Umgebung zu »objektivieren«, sie zu versachlichen und damit auch zu distanzieren. Wie gesagt: Naturwissenschaft läßt sich auch definieren als jener geistige Prozeß, der es dem Menschen möglich macht,

sich von einer anthropozentrischen Weltbetrachtung zu befreien.
Auf diese Weise spielt die Naturwissenschaft, was häufig übersehen wird, eine ganz entscheidende Rolle bei dem historischen Prozeß der Erweiterung und Reifung des menschlichen Bewußtseins, bei der Überwindung archaischer Erlebnisweisen. Das ist selbstverständlich ein langwieriger Prozeß, der sich nicht etwa in plötzlichen Sprüngen vollzieht. Noch in Goethes »Werther« wird eine Tanzgesellschaft junger Leute beschrieben, die sich beim Ausbruch eines Gewitters beklommen in einen fensterlosen Raum zurückzieht. Es ist schwer vorstellbar, daß eine Party heutigen Tages aus dem gleichen Anlaß abgebrochen werden würde. Andererseits verrät die in uns allen (in dem einen mehr, in dem anderen weniger) auch heute noch steckende Gewitterangst, die völlig unabhängig von jeder Möglichkeit einer realen Gefährdung auftritt, daß wir alle noch immer solche archaischen Überreste in uns beherbergen. Dabei ist die Gewitterangst noch ein relativ harmloser Fall, wenn wir, um nur ein einziges anderes Beispiel zu nennen, etwa an unsere instinktive Neigung denken, gegenüber Minoritäten oder »fremden« Gruppen unwillkürlich eine ablehnende Haltung einzunehmen.
Die zunehmende Versachlichung oder Objektivierung der Umwelt im Laufe dieses von der Wissenschaft getragenen Entwicklungsprozesses führt nicht nur zu einer Erweiterung der Freiheitsgrade für das individuelle Verhalten, es stellt auch insofern eine Entlastung dar, als die Umwelt weniger bedrohlich und das Erleben somit angstfreier wird. Die Dämonen werden von Naturgesetzen abgelöst, das Bewußtsein, launischer Willkür ausgeliefert zu sein, weicht der beruhigenden Einsicht, es mit Spielregeln zu tun zu haben, die sich lernen lassen. Umgekehrt kommt dann aber, wie wir es gerade heute deutlich erleben, durch die Zunahme der Möglichkeiten, die derart objektivierte Umwelt in unübersehbarer Weise zu manipulieren, die Angst gleichsam durch die Hintertür plötzlich wieder herein. Dies scheint mir, am Rande vermerkt, ein typisches Merkmal gerade unserer Zeit zu sein.
Es ist nun aber nicht einfach so, daß die Interpretation, die »Auslegung« der Welt, wie sie mir von den Ergebnissen wis-

senschaftlicher Forschung präsentiert wird, nur gewissermaßen den tragenden, emotionalen Untergrund eines allgemeinen Lebensgefühls darstellt. Diese Tatsache allein wäre schon bedeutsam genug, um bei der Diskussion über die Rolle der Naturwissenschaft mehr beachtet zu werden, als es erfahrungsgemäß geschieht. Es ist, wie geschildert, eine triviale Feststellung, daß sich die unterschiedlichen Bilder, die sich verschiedene Epochen von der Welt machen, naturgemäß auch entsprechend unterschiedlich auswirken darauf, in welchem Maße ich meine Existenz in dieser Welt von Risiken bedroht sehe, oder, umgekehrt, in welchem Maße ich dazu in der Lage bin, meine Existenz in dieser Welt als geborgen zu erleben.

In Wirklichkeit geht die Entsprechung zwischen dem Bild, das sich eine bestimmte Generation von der Welt macht, und ihrem Lebensgefühl noch viel weiter und bis in konkrete Details. Dies läßt sich am Beispiel des kopernikanischen Weltbildes schildern, das unser abendländisches Lebensgefühl in den letzten vier Jahrhunderten so entscheidend geprägt hat. Ohne daß es bisher recht bemerkt worden ist, mit der unmerklichen Langsamkeit, mit der sich geistesgeschichtliche Revolutionen für den Zeitgenossen abzuspielen pflegen, steht es übrigens heute im Begriff, einem neuen wissenschaftlichen Weltbild Platz zu machen.

Die kopernikanische Wende, so haben wir alle es einmal gelernt, ist identisch mit der Ablösung des geozentrischen durch das heliozentrische Weltbild, mit der Einsicht, daß nicht die Erde, sondern die Sonne der Mittelpunkt unseres Systems ist. Diese Entdeckung bezieht sich auf einen nachprüfbaren astronomischen Tatbestand, der selbstverständlich auch in Zukunft gültig bleiben wird. Aber dieser astronomische Sachverhalt ist wegen des engen Zusammenhanges zwischen dem jeweiligen Wissen über die Welt und dem aus diesem Wissen resultierenden Lebensgefühl nur gleichsam das nackte Skelett des kopernikanischen Weltbildes, nur der Ausgangspunkt der Revolution, die sich damals im Bewußtsein der Menschen vollzog.

Bis zu Kopernikus verstand der Mensch sich und die Erde als in den Kosmos eingeordnet. Zwar unterschied auch der mittelalterliche Mensch zwischen dem »unter dem Mond« gelegenen irdischen Reich und den sich über dieser sublunaren Welt der sterblichen Wesen und vergänglichen Dinge erhebenden himmlischen Sphären der Fixsterne in ihrer ewigen Unveränderlichkeit. Aber er zweifelte doch keinen Augenblick an der grundsätzlichen Zusammengehörigkeit dieser beiden Bereiche des Kosmos, an ihrer engen Verflochtenheit, daran, daß sich über die zwischen ihnen gelegene Grenze ein dicht gewobenes Netz vielfältiger Kräfte und Beeinflussungen spannte, die hinüber und herüber spielten und wirksam waren und deren Wesen sich ihm in einer differenzierten Fülle von Bildern, Gleichnissen und mythologischen Begriffen erschloß.

Der objektivierenden Betrachtung der eigenen Umwelt, welche, wie wir gesehen haben, die eigentliche Aufgabe der Naturwissenschaft darstellt, hat dieses Weltverständnis nicht standgehalten. Die daraus aber resultierende Desillusionierung der vertrauten, bergenden Welt, die zusammen mit der eigenen Existenz in einem alles umfangenden Kosmos eingeordnet war, erwies sich als weitaus radikaler, als sich vorhersehen ließ. Es ist nicht einfach nur die starrsinnige Intoleranz einer vom Gestrüpp ihrer eigenen Dogmen immobilisierten Kirche gewesen, die Galilei vor das Tribunal und Giordano Bruno auf den Scheiterhaufen gebracht hat. So formuliert, ist der nachträgliche Vorwurf viel zu billig und vor allem ungerecht. Wir übersehen allzu leicht die Angst, die sich hinter dieser aggressiven Reaktion auf die ersten Ergebnisse der modernen Naturforschung verbarg, den außerordentlichen Schock, den diese Resultate unvermeidlich auslösen mußten.

Erstmals wurde hier der Mensch im Gefolge seines Versuchs, sich durch naturwissenschaftliche Abstraktion von der vertrauten anthropozentrischen Perspektive des Alltagsstandpunkts zu lösen, um die Welt so zu sehen, »wie sie wirklich ist«, mit einer Möglichkeit konfrontiert, die ihn zutiefst erschrecken mußte: mit der Möglichkeit, daß er in Wirklichkeit vielleicht in einem Kosmos existiert, dem er gleichgültig ist und der ihn nichts angeht. Damals wurde der erste Stein gelegt zu dem bis heute als gültig angesehenen Weltbild, dessen Grundtenor darauf hinausläuft, daß die Erde mit allem, was auf ihrer Oberfläche existiert und lebt, in unausdenkbarer Einsamkeit und Verlorenheit

in einem riesigen Universum schwebt, dem wir gleichgültig sind und dessen kalte Majestät mit uns nichts zu tun hat.
Wir Heutigen haben uns an dieses Bild unserer Stellung im Kosmos längst gewöhnt. Tief in unserem Inneren sind wir aller Wahrscheinlichkeit nach sogar stolz auf unsere Objektivität und Sachlichkeit, die es uns ermöglichen, dieses Konzept unserer »wahren« Situation, das Ausmaß solcher Isolierung, die Einsamkeit dieses Ausgesetztseins in einem unendlich großen und unendlich lebensfeindlichen Kosmos zu akzeptieren. Man wird andererseits aber auch vermuten dürfen, daß dieses Weltbild, welches das Bewußtsein der Menschheit in den letzten Jahrhunderten beherrscht hat, in diesem Bewußtsein auch charakteristische Spuren hinterlassen hat. Wenn sich das naturgemäß auch nie beweisen lassen wird, so möchte ich trotzdem die Behauptung aufstellen, daß ein nicht geringer Anteil des Zynismus und Nihilismus, den die Kulturphilosophen und Psychoanalytiker im Bewußtsein des »modernen« Menschen zu entdecken glauben, auf dem kalten Boden dieses Weltbildes gewachsen ist.
Vor diesem Hintergrund ist es eine faszinierende und bedeutsame Tatsache, daß sich in der modernen Wissenschaft langsam die Erkenntnis vorzubereiten beginnt, daß dieses Weltbild in seinen wesentlichen Zügen falsch ist. Die Erde und das auf der Oberfläche dieser Erde existierende Leben sind im unermeßlich weiten Kosmos keineswegs in dem Maße isoliert, wie die Wissenschaftler es so lange behauptet haben. Das, was draußen vor sich geht im Weltraum, der wenige tausend Meter über unseren Köpfen beginnt, ist alles andere als bedeutungslos für uns. Die gleiche Wissenschaft, die vor 400 Jahren den Zusammenhang zwischen der Erde und dem übrigen Kosmos zerrissen hat, beginnt die Entdeckung vorzubereiten, daß im Weltraum in Wirklichkeit zahllose Faktoren und Prozesse existieren, die mit uns und den für unsere Existenz grundlegenden Bedingungen hier auf der Erdoberfläche noch weitaus enger und direkter zusammenhängen, als es alle frühere Mythologie vermutet hat.
Welchen anderen Schluß soll man aus der Entdeckung ziehen, daß wir, jedenfalls in unserer heutigen Gestalt, ohne den Einfluß des Mondes auf der Erde nicht überleben könnten? Denn

wahrscheinlich ist es nur der Gezeiteneinfluß des Mondes, der den flüssigen Teil des Erdkerns sich relativ zur festen Erdkruste drehen läßt. Dadurch aber entsteht offensichtlich nach der Art eines Dynamoprinzips das irdische Magnetfeld. Wir kennen dieses Magnetfeld aus unserer Alltagserfahrung zwar nur als jene schwache Kraft, die eben ausreicht, eine Kompaßnadel nach Norden zu richten. Die Untersuchung des erdnahen Weltraums mit Forschungssonden hat aber gezeigt, daß dieses Magnetfeld unsere ganze Erde wie eine riesige unsichtbare Kugel einhüllt und daß uns diese Magnetosphäre vor dem »harten« Teil der von der Sonne kommenden Strahlung abschirmt. Andererseits ergibt die paläomagnetische Untersuchung alter vulkanischer Gesteinsschichten, daß das Magnetfeld der Erde sich in den vergangenen Jahrmillionen wieder und wieder plötzlich umgepolt hat. Während dabei aber aus dem Nordpol der Südpol wurde und umgekehrt, muß das Magnetfeld unzählige Male vorübergehend zusammengebrochen sein. In diesen Zeiten, in denen die Erdoberfläche ohne den Schutz des unsichtbaren Magnetschirmes dem Sonnenwind und der kosmischen Höhenstrahlung ausgesetzt war, muß die Evolution, die Weiterentwicklung der damals existierenden Lebensformen, durch eine Zunahme der Mutationsrate jeweils abrupt beschleunigt worden sein. Da es ferner inzwischen Anhaltspunkte dafür gibt, daß diese Polwechsel in der fernen Erdvergangenheit zumindest in einigen nachprüfbaren Fällen die Folge einer Kollision der Erde mit riesigen kosmischen Meteoren gewesen sind, werden wir mit der erstaunlichen Möglichkeit konfrontiert, daß es derartige kosmische Treffer gewesen sind, die den Ablauf der Geschichte des irdischen Lebens wesentlich mitbestimmt haben.

Die Einflüsse reichen, so viel wissen wir heute schon, noch viel tiefer hinaus in den Raum. Selbst die durch radioteleskopische Untersuchungen nachgewiesene Spiralgestalt unserer Milchstraße erweist sich als eine der Voraussetzungen für unsere Existenz. Diese und andere Tatsachen haben bewirkt, daß sich das Bild eines Kosmos zusammenzusetzen beginnt, der wirklich, im wahren Sinne dieses Wortes, ein »Kosmos« ist, nämlich eine gewaltige Ordnung, in dem das Größte mit dem Kleinsten zu-

sammenhängt und das Entfernteste mit dem, was uns alltäglich umgibt, in einer Ordnung, in die auch wir ganz unbezweifelbar einbezogen sind.
Der eigentliche Schock der kopernikanischen Wende bestand darin, daß für den Menschen damals der am Himmel scheinbar sichtbare Beweis dafür zusammenbrach, daß er in einer seiner Einsicht entzogenen, aber durch göttliche Autorität legitimierten und gewährleisteten Ordnung existierte. Die Erde ist nicht der Mittelpunkt der Schöpfung, diese Illusion ist ein für allemal durchschaut.
Aber die wissenschaftlichen Erkenntnisse der letzten Jahre laufen darauf hinaus, daß die Erde im Weltall nicht das in unvorstellbarer Isolierung dahintreibende Staubkorn ist, für das wir sie so lange Zeit gehalten haben. Unser Planet erweist sich vielmehr als eine Art Brennpunkt – als einer unter zweifellos unzählig vielen solcher Brennpunkte im Weltall –, an dem wie unter einer gewaltigen Anstrengung riesiger kosmischer Räume und Einflüsse die höchst spezifischen und besonderen Bedingungen entstanden sind und aufrechterhalten werden, die zur Entstehung und zum Überleben so unwahrscheinlicher und zerbrechlicher Strukturen notwendig sind, wie ein belebter Organismus sie darstellt. So gesehen, können wir also sagen: Der Weltraum hat uns hervorgebracht, er erhält uns auch am Leben.

(1967)

Als Modell wird sein Beweisstil gefährlich

Däniken und seine Bücher – ein Symptom

Erstes Beispiel: Vor einigen Jahren konfrontierte mich ein Bekannter mit den Seiten 172/73 der Taschenbuchausgabe von Dänikens Buch »Meine Welt in Bildern«. Däniken bildet dort ein hölzernes Flugzeugmodell ab, das angeblich 1898 in einem Grab bei Sakkara gefunden worden ist. Er nennt die Namen ägyptischer Wissenschaftler, die es untersucht haben sollen, die Exponatnummer, unter der es im Ägyptischen Museum in Kairo ausgestellt sei, er berichtet über eine Ausstellung von vierzehn »altägyptischen Flugzeugmodellen«, die am 12. Januar 1972 im gleichen Museum eröffnet worden sei, und schließt mit der Feststellung: »Heute steht unumstritten fest, daß Nr. 6347 ein Flugzeugmodell ist.« Kommentar meines Bekannten: »Selbst wenn du den Thesen Dänikens nicht glaubst, welche Erklärung hast du denn für diesen rätselhaften Fund anzubieten?« In der Tat, wer wagte, angesichts einer so beeindruckenden Anhäufung von Fakten und Zahlen noch zu zweifeln!
Der Zufall wollte es, daß ich einige Monate später, im Herbst 1975, zur Vorbereitung einer Fernsehsendung nach Kairo mußte. Natürlich nahm ich das Taschenbuch mit, um die Gelegenheit zu benutzen, den von Däniken angegebenen »Fakten und Zahlen« einmal an Ort und Stelle nachzugehen. Das Resultat: Im ganzen Museum war kein »Flugzeugmodell« zu entdekken (geschweige denn vierzehn). Unter der angegebenen Exponatnummer war die Mumie von Tuthmosis III. zu besichtigen. Der wissenschaftliche Leiter des Museums, Dr. Ali Hassan, dem ich die betreffende Buchstelle übersetzte und die Abbildung zeigte, erklärte mir, er habe den dargestellten Gegenstand in seinem Museum nie gesehen, er wisse nichts von irgendeiner Austellung zu dem Thema und habe von der ganzen Angelegenheit noch nie in seinem Leben etwas gehört.
Zweites Beispiel: Vergessen wir einmal alle technischen Pro-

bleme, gehen wir einmal ganz kühn von der völlig utopischen Vorstellung aus, daß ein »interstellares Raumschiff« in Sekundenbruchteilen bis auf Lichtgeschwindigkeit beschleunigen und in der gleichen Augenblicksfrist auch wieder anhalten könnte. Welche Reisemöglichkeiten durch das All stünden uns damit zur Verfügung (wobei wir jetzt auch alle sich aus solchen technischen Möglichkeiten für unser biologisches Wohlbefinden ergebenden Fragen einmal für restlos gelöst halten wollen)? Antwort: Wenn wir in das Bild eines Milchstraßensystems mit einer Stecknadel ein Loch hineinstechen, dann wären wir selbst mit einem so utopischen Raumschiff nicht imstande, von einem Rand dieses Lochs bis zum gegenüberliegenden zu fliegen. Dazu leben wir einfach nicht lange genug. Denn selbst unter den geschilderten absolut utopischen Bedingungen würde das immer noch tausend Jahre dauern. So groß sind kosmische Distanzen!

Trotzdem hält Däniken es nun für »bewiesen«, daß uns überlegene außerirdische Kulturen unsere Milchstraße mit solcher Leichtigkeit durchqueren, daß es sich für sie offenbar lohnt, uns beliebig häufig (neuerdings sollen sie sogar die ganze irdische Evolution über drei bis vier Milliarden Jahre hinweg laufend überwacht und gesteuert haben!) zu besuchen. Nun, davon, daß es außerirdische Zivilisationen gibt, und darunter sehr viele, die uns in jeder Beziehung voraus sind und die möglicherweise auch schon interstellare Raumfahrt betreiben, davon bin auch ich überzeugt. (Diese Idee stammt auch nicht etwa von Däniken, er schlachtet sie nur aus.) Die Frage ist allein die, ob sich beweisen läßt, daß eine dieser Zivilisationen tatsächlich einmal auf der Erde war und in den Ablauf unserer Geschichte eingegriffen hat. Bei aller Bereitschaft zur kühnsten Spekulation bin ich skeptisch angesichts der Möglichkeit, daß es eine Zivilisation bei noch so utopischem Entwicklungsstand jemals bis zu Raumflügen des phantastischen Ausmaßes bringen könnte, wie sie hier vorausgesetzt werden. Dazu müßten diese Wesen imstande sein, die uns bekannten Naturgesetze außer Kraft zu setzen (unter anderem dazu, Raum und Zeit buchstäblich »zu überwinden«). Und an dieser Möglichkeit wird man wohl noch zweifeln dürfen.

Aber gut, unterdrücken wir einmal auch diese Zweifel und machen wir jedes überhaupt nur ausdenkbare Zugeständnis: Wir gehen also von einer Zivilisation aus, für die selbst die in unserem Stecknadelbeispiel angedeuteten kosmischen Distanzen bedeutungslos geworden sind und die es gelernt hat, sich über die Naturgesetze hinwegzusetzen, der also buchstäblich der ganze Weltraum offensteht. Ist es unter diesen Umständen noch glaubhaft, daß eine solche Superzivilisation in Sand und Felsen gekratzte Markierungen braucht, um nach einer Zeit und Raum außer Kraft setzenden Fabelreise auf unserem Planeten glücklich landen zu können?
Genau das zu glauben mutet uns Däniken nämlich zu, und nicht nur das, diese Unterstellung ist sogar einer seiner typischen »Beweise«. Ist es, so gesehen, nicht grundsätzlich grotesk, wenn sämtliche Hinweise auf interstellare Raumfahrt, die Däniken auf den zahllosen von ihm präsentierten vor- und frühgeschichtlichen Darstellungen zu entdecken glaubt, ausnahmslos in mehr oder weniger strapazierten Ähnlichkeiten mit unserer eigenen, »primitiven«, noch gänzlich anfängerhaften Raumfahrttechnik bestehen?
Drittes Beispiel: Für Däniken sind die Sagen und Mythen aller Zeiten und Völker bekanntlich nichts anderes als aus vorgeschichtlicher Zeit überlieferte Erinnerungen an die Besuche außerirdischer Raumfahrer. Der Einfall selbst, eine Interpretation der alten Texte einmal unter diesem Gesichtspunkt zu versuchen, ist originell und grundsätzlich selbstverständlich ebenso zulässig wie jede beliebige andere Hypothese. (Er stammt übrigens ebenfalls nicht von Däniken, sondern von dem Franzosen Robert Charroux.) Eine Hypothese hat jedoch nur dann irgendeinen Wert, wenn sie sich jeder denkbaren Kritik stellt, andere mögliche Erklärungen in die Diskussion einbezieht und sich allen derartigen Einwänden gegenüber bewährt.
Genau dagegen aber verwahrt sich Däniken nun buchstäblich mit Entrüstung. Seine »Argumentation« besteht vielmehr darin, alles, was sich auch nur einigermaßen im Sinne seiner vorgefaßten Meinung deuten läßt, schlicht zum »Beweis« (oder wenigstens zum »Indiz«) zu erheben, ohne den gering-

sten Gedanken an die Möglichkeiten zu verschwenden, ob sich der gleiche Sachverhalt nicht vielleicht auch anders erklären ließe.

Dänikens (vorerst) letztes Buch »Beweise« ist für diesen Typ der »Beweisführung« eine wahre Fundgrube. Da gibt es keinen mythologischen Bericht, der davor sicher wäre, von Däniken im Handumdrehen als das Protokoll eines Raketenstarts (oder einer Landung) »übersetzt« zu werden, wenn aus ihm nur, in welchem Zusammenhang auch immer, eine Bewegung von unten nach oben (oder in umgekehrter Richtung) herausgelesen werden kann.

Angesichts der Tatsache, daß für diesen Zweck alles, was überhaupt erreichbar war, einschließlich der entlegensten Texte, herhalten muß, verblüfft es geradezu, daß der Autor darauf verzichtet hat, hier auch den Bericht von Christi Himmelfahrt mitzuverarbeiten, obwohl dieser sich nahtlos in seine »Beweiskette« eingefügt hätte. Möglicherweise haben ihn an diesem Punkt doch gewisse Hemmungen (oder eine Empfehlung seines Verlegers) zur Zurückhaltung bewogen. Aber schon angesichts des Alten Testaments ist von solcher Zurückhaltung nichts mehr zu spüren.

Was soll man davon halten, wenn Däniken uns als »Beweis« für seine These, alle Götter seien in Wirklichkeit außerirdische Astronauten gewesen, allen Ernstes die Textstelle 1. Moses 4,9 präsentiert: »Da sprach der Herr zu Kain: Wo ist Dein Bruder Abel?« Da es vielleicht doch noch Leser gibt, denen der Argumentationsstil von Däniken so wenig bekannt ist, daß sie nicht gleich im ersten Augenblick begreifen, was dieser Stelle in den Augen des Autors »Beweiskraft« verleiht, seien hier Auszüge aus Dänikens Schlußfolgerung wörtlich zitiert: »Ein allwissender Gott hätte es wissen müssen. Aber der verhindert nicht mal, daß Kain seinen unschuldigen Bruder Abel umbringt! Er muß sich sogar erkundigen (...). Hätte der Allwissende nicht wittern müssen, was ihm ins Haus stand?« Daraus ergibt sich für Däniken die zwingende Schlußfolgerung: Auch der »vielgepriesene Allwissende« war in Wirklichkeit »eindeutig nicht im Bilde«, weil er eben auch nur ein Astronaut war, der sich den Menschen gegenüber bloß als Gott ausgab, um ihnen mehr zu imponieren (»Beweise«, S. 266–270).

Von allen anderen Fragen, die sich sonst hier noch stellen ließen, einmal abgesehen: Wer im Stile einer solchen »Hauruckmethode« mit mythischen Texten umspringt, der freilich kann alles »beweisen«.

Alle von Däniken vorgetragenen Argumente lassen sich einer der drei hier durch Beispiele vertretenen Gruppen zuordnen. Was ist unter diesen Umständen davon zu halten, daß seine Bücher in der ganzen Welt zu Bestsellern wurden? Ich fürchte, dieser weltweite Erfolg ist ein Symptom dafür, daß unsere Gesellschaft insgesamt weniger kritisch, urteilsfähig und mündig ist, daß sie weitaus anfälliger für demagogische Verführung ist, als uns allen guttut. Denn Däniken ist in erster Linie nicht Autor (oder gar Amateurwissenschaftler), sondern ein außergewöhnlich begabter Demagoge.

Unser Glück, daß die Lehre, die er weltweit mit solchem Erfolg propagiert, grundsätzlich harmlos ist. Niemandem entsteht ein Schaden daraus, wenn offenbar Millionen Menschen in aller Welt dazu gebracht werden können, den lieben Gott für einen Astronauten, die Bundeslade für ein Funkgerät und sich selbst für ein Zuchtergebnis außerirdischer Wissenschaftler zu halten. Beängstigend wird das Phänomen jedoch in dem Augenblick, in dem einem aufzugehen beginnt, daß es Modellcharakter hat. Daß es beispielhaft zeigt, mit welcher Leichtigkeit Menschen dazu zu bringen sind, auch die phantastischste Ideologie mit einer Gläubigkeit zu übernehmen, die auf Kritik nicht mehr mit Argumenten, sondern mit ehrlicher Entrüstung reagiert.

Diese Entrüstung ist auch die für Däniken typische Reaktion, wo immer er auf Kritik stößt (während er gleichzeitig nicht müde wird zu beklagen, daß »die Wissenschaft« seinen Hinweisen viel zuwenig nachgehe!). Daran, ob die Entrüstung auch im Falle von Däniken ohne Einschränkung als ehrlich gelten darf, sind allerdings Zweifel angebracht. Es gibt Gründe für die Annahme, daß Däniken schlauer ist als seine gläubigen Leser. Zu diesem Punkt eine letzte Geschichte.

1972 berichtete Däniken von einer sensationellen Entdeckung: Er behauptete, in einer Höhle im mittelamerikanischen Urwald eine von Außerirdischen zurückgelassene Bibliothek gefunden zu haben, die aus einer Sammlung von Goldplättchen mit geheimnisvollen Schriftzeichen bestehe. Die kühne Behauptung, zu der sich der Autor möglicherweise durch die schwer erreichbare Lage des angeblichen Fundorts verleiten ließ, provozierte Nachprüfungen durch entsprechend potente Stellen. Diese ergaben, daß Däniken zu der angegebenen Zeit zwar an Ort und Stelle gewesen war, die von ihm bezeichnete Höhle – die nur mit einer speziellen Bergsteigerausrüstung und im Rahmen einer regelrechten Expedition zugänglich ist – aber überhaupt nicht betreten hatte.

Auf dieses peinliche Resultat reagiert Däniken jetzt in seinem letzten Buch plötzlich mit der Erklärung, er habe seinerzeit eine ganz andere Höhle besucht, deren Lage er jedoch geheimhalten müsse, weil er dem Höhlenentdecker »in die Hand« versprochen habe, sie niemandem zu verraten. »Ich pflege Wort zu halten.« (»Beweise«, S. 376ff.)

Um diese treuherzige Auskunft richtig würdigen zu können, muß man berücksichtigen, daß Däniken in dem gleichen Buch wieder und wieder (und dies mit vollem Recht) die ungeheure Bedeutung betont, die der Fund eines einzigen Produkts einer außerirdischen, uns überlegenen Zivilisation für die ganze Menschheit haben würde. Und jezt stolpert er über diese ganze Bibliothek mit außerirdischem Wissen und muß sie der Menschheit dennoch vorenthalten, weil er's nun einmal »in die Hand« versprochen hat! Sollte man mit dem geheimnisvollen »Höhlenentdecker« nicht wenigstens in Verhandlungen über die Anfertigung von Kopien eintreten?

Spätestens hier müßte eigentlich auch dem arglosesten Leser zu dämmern beginnen, was Däniken von ihm hält. Von Buch zu Buch kann man verfolgen, wie der Autor immer unbekümmerter spekuliert, wie er sich seiner Annahme, die Mehrzahl seiner Leser sei unkritisch genug, um nahezu alles zu schlucken, immer sicherer wird.

Ich fürchte in der Tat, daß dies die einzige Hypothese Dänikens ist, die sich als unwiderlegbar erweisen wird.

(1977)

Ein Renegat rechnet ab

Besprechung des Buches »Warnungstafeln« von Erwin Chargaff

Bekenntnisse Abtrünniger lassen Enthüllungen erwarten über Bereiche, von denen sich der Außenstehende, ob zu Recht oder nicht, ausgeschlossen fühlt. Dies ist die sehr einfache Erklärung für die eigentümliche Faszination, die von Büchern ausgeht, deren Autoren in irgendeinem Sinne als Renegaten anzusehen sind.

Ob Wolfgang Leonhard das Milieu emigrierter deutscher Kommunisten in Moskau während des Krieges beschreibt oder Klaus Traube Vorgänge in den Chefetagen der Atomindustrie, ob Christiane F. die kindliche Drogenszene schildert oder Julius Hackethal Gepflogenheiten seiner ärztlichen Kollegen öffentlich kritisiert – in jedem dieser Fälle öffnen sich Einblicke, die gewöhnlich dem »Insider« vorbehalten bleiben.

Das große Interesse an Konfessionen dieser Art ist aber nicht nur psychologisch verständlich, es ist in der Regel auch legitim. Im löblichsten Falle entspringt es der Erfahrung, daß sich hinter der Entstehung abgeschotteter Zonen in der Gesellschaft nicht ganz selten der Wunsch verbirgt, sich öffentlicher Kontrolle zu entziehen, in den weniger löblichen der Hoffnung, eigene Vorurteile (über »die« Kommunisten, »die Profithyänen« der Atomindustrie usw.) authentisch bestätigt zu finden.

Auf der anderen Seite, der des »Überläufers«, ist das Bündel der Motive komplizierter geknüpft. Die öffentliche Ausbreitung der eigenen Insider-Kenntnisse erfüllt für ihn unter anderem auch eine purgatorische Funktion. Der Autor muß es sich »von der Seele schreiben«: Die Arbeit am Text ist ein Teil der Arbeit, die er zu leisten hat, um die Abnabelung von dem bisherigen Identifikationsobjekt endgültig abzuschließen.

Da sind ferner, in den ernstzunehmenden Fällen jedenfalls, immer auch Schuldgefühle im Spiele. Die Überwindung, die es kostet, um über das ehemalige Liebesobjekt in aller Öffentlichkeit ohne Vorbehalt kritisch reden zu können, hat auch die Funktion einer Buße für das Versäumnis, die eigene Verblendung nicht schon früher erkannt, an der jetzt erst durchschauten Täuschung selbst allzu lange mitgewirkt zu haben. Wobei sich diesem Motivbündel in den weniger löblichen Fällen noch ein Bedürfnis nach Rache zugesellt, der Wunsch, es der Idee heimzuzahlen, von der man sich nachträglich genasführt glaubt, und den Personen, die diese Idee nach wie vor verkörpern.

So begegnen sich der schreibende Renegat und seine Leser aus den unterschiedlichsten Motiven in der subjektiven Gewißheit tiefen Einverständnisses. Beide sind überzeugt, gemeinsam ein Stück Aufklärung zuwege zu bringen. Man wird ihnen darin sogar beipflichten können.

Dies allerdings nur, solange die Partner den in ihrem Bündnis verborgenen Versuchungen widerstehen. Auf der Seite der Leser wird jeglicher Aufklärungseffekt zunichte, sobald das triumphierende Gefühl der Bestätigung eigener Vorurteile die Oberhand gewinnt. Und der Autor stürzt in dem Augenblick zurück in den Abgrund emotionaler Voreingenommenheit, in dem er sich, von dem Beifall seiner neuen Anhänger beflügelt, dazu hinreißen läßt, den Gegenstand seiner früheren Zuneigung nicht mehr nur zu kritisieren, sondern auch zu verhöhnen.

Alle diese sehr charakteristischen psychologischen Strukturen und Mechanismen finden sich in exemplarischer Deutlichkeit und Vollständigkeit in den wissenschaftskritischen Büchern von Erwin Chargaff wieder.

Der 1905 in Österreich geborene Autor emigrierte in die USA, wo er als Biochemiker rasch bis zur Spitze der Vertreter seines Fachs vorstieß. Nahezu alle entscheidenden Arbeiten, die schließlich die Entdeckung und Entschlüsselung des »genetischen Codes« ermöglichten, stammen von ihm und seiner Arbeitsgruppe.

Der Schock von Hiroschima leitete dann nach eigenem Bekenntnis einen Umdenkprozeß ein. Heute zählt Chargaff zu den leidenschaftlichsten Warnern vor den Konsequenzen der eigenen Forschungserfolge: den Möglichkeiten der Gen-Manipulation.

Aber weit darüber hinaus hat er sich zu einem grundsätzlichen Gegner *aller* Wissenschaft gewandelt, insbesondere der Naturwissenschaft, die er beschwörend als »imperialistischen Angriff auf die Natur«, als eine die ganze Menschheit bedrohende Verirrung anprangert.

Daß er weltweit gehört wird, liegt gewiß nicht nur am »Renegateneffekt«. Es liegt auch an der außerordentlichen sprachlichen Begabung dieses Mannes, der zudem über eine stupende Bildung verfügt. Die immer wieder an Karl Kraus erinnernden ätzenden Sottisen und verblüffend formulierten Attacken, mit denen er die Wissenschaft und seine ehemaligen Kollegen seit Jahren unermüdlich bedenkt, sind zu allem anderen auch noch genüßlich zu lesen.

»Es wäre demnach durchaus denkbar, daß der Fortschritt der Naturwissenschaften für die Menschheit einen Rückschritt bedeutet oder zumindest eine Feuer- und Wasserprobe, von der es keineswegs gewiß ist, daß sie sie besteht, denn einen Sarastro gibt es schon lange nicht mehr. Außerdem hat Schikaneder es unterlassen, als weitere Bewährungsprobe ein Feld ionisierender Strahlungen einzuschalten, in welchem Falle ich gerne die Enkel der Königin der Nacht gesehen hätte.«

Selbst die auf den ersten Blick scheinbar segensreichen Antibiotika hätten die Menschheit in Gestalt des unermeßlichen Bevölkerungszuwachses letztlich nur »aus dem Segen in die Traufe« geraten lassen.

Zu den Versuchen der Astrophysiker, den Zustand des Weltalls in den ersten Minuten nach dem »Ur-Knall« zu rekonstruieren: »Wer dem Schöpfer in den Topf guckt, kommt mit einem schönen Preis zurück; und was viele Esel sich immer zu wissen gewünscht haben, das wissen sie jetzt.« Sie haben aber nichts davon, denn das derzeit »auf dem laufenden Band erzeugte Wissen (...) hat das Wissenswerte ausgetrieben und die Menschen vergessen lassen, was Wissen bedeutet«.

Die eigenen Zweifel und Ängste brillant formuliert bestätigt zu finden, bereitet ein perverses Vergnügen. Wer wollte in Abrede stellen, daß alle die Risiken und Gefahren existieren, die hier so wortmächtig ausgemalt werden? Vielleicht sind wir wirklich verloren. Es gibt Gründe genug, diese Möglichkeit ernst zu nehmen. Und vielleicht sind die Tendenzen, die Chargaff, weit in die Vergangenheit, bis in die Spätantike zurückgreifend, in seinem Buch herausarbeitet, wirklich die Ursachen des bevorstehenden Endes. Trotzdem macht sich, je mehr man sich in das Buch vertieft, eine zunehmende Irritation bemerkbar.

»Mit 75 Jahren, 1860, veröffentlichte Peacock seinen letzten Roman, ›Gryll Grange‹. Mir ist er der liebste, denn ich verehre Sonnenuntergänge, ob es nun ›Faust‹ II ist, ›Der Stechlin‹ oder ›Die Kunst der Fuge‹.«

Nun gut. Aber während ich, um die Frage des Autors verstehen zu können, ob Männer »wie Mill, Buckle, Lecky, Acton (...) oder Bury nach einer Besichtigung unseres Jahrhunderts vielleicht doch Kierkegaard recht gegeben hätten«, das Lexikon zu Rate ziehe und mir dadurch meine hoffnungslose Unbildung konkret vor Augen zu führen gezwungen bin, rührt sich der leise Verdacht, daß die Erzielung eben dieses Effekts eine der sich hinter der Frage des Autors verbergenden Absichten gewesen sein könnte.

Diese Stellen, obwohl sie zahlreich sind, bilden jedoch nicht die eigentliche Ursache der erwähnten Irritation, und auch nicht die unverkennbar nostalgische Orientierung. Früher war alles, aber auch wirklich alles besser als heute: »Daß frühere Epochen dem Lebendigen größeren Respekt entgegenbrachten, erscheint zweifellos.« Ich denke an die Konquistadoren, an die sadistisch ausgeklügelten Hinrichtungsmethoden des Mittelalters, an die Jahrhunderte der Hexenverfolgung, und kann nicht recht folgen. Peacock lebte »in einer noch nicht voll virulenten Demokratie, in der es noch so etwas wie eine Obrigkeit gab«. Wir sollen ihn darum offenbar beneiden.

Nein, was wirklich irritiert und die Substanz des Buches auf bedenkliche Weise tangiert, das sind jene Stellen, an denen der Autor sich, fortgetragen vom Vollgefühl der eigenen superben Formulierungskunst und beflügelt vom Beifall seiner internationalen Leserschaft, zu Aussagen hinreißen läßt, die stilistisch ebenso brillant wie inhaltlich unsinnig sind.

»In unserer Zeit werden Naturgesetze häufiger zurückgerufen als Ford-Wagen.« Hinreißend formuliert! Das muß man langsam auf der Zunge zergehen lassen – dann aber schleunigst herunterschlucken, bevor der bittere Geschmack des Inhalts durchschlägt. Wann, bitte schön, ist jemals ein Naturgesetz »zurückgerufen« worden?

Zu den Folgen von Darwins Entdeckung: »Seltsamerweise gerieten die Leute in einen Freudentaumel, als sie erfuhren, daß sie vom Affen abstammen.« Wirklich?

Skandalös wird es vollends, wenn Chargaff das Prinzip der »Falsifizierbarkeit« (Widerlegbarkeit) wissenschaftlicher Hypothesen als die »frohe Botschaft des Dr. Popper« verspottet (Seite 37). Wer wagt es schon, bei einem Autor dieses Ranges mangelhafte Kenntnisse der modernen Wissenschaftstheorie zu vermuten? Das jedoch wäre hier noch die rücksichtsvollste Erklärung.

Denn: Die Aufstellung des Falsifikationsprinzips durch Karl R. Popper (im Jahre 1935, also schon vor fast einem halben Jahrhundert!) hatte indirekt, wie hier nicht weiter erläutert werden kann, die Widerlegung des logischen Positivismus zur Folge.

Damit aber hat sie eben jenem »religionsähnlichen Anspruch« auf die Möglichkeit einer Totalerklärung der Wirklichkeit die Grundlage entzogen, dessen Unhaltbarkeit Chargaff in dem gleichen Buch mit vollem Recht wieder und wieder betont. Popper hat, anders gesagt, den logischen Nachweis geführt, daß endgültige Wahrheiten dem Menschen auf keinem Wege erreichbar sind, auch nicht auf dem der Naturwissenschaften. Was, bitte sehr, ist an dieser Botschaft eigentlich »froh«, und was, um Himmels willen, veranlaßt ausgerechnet diesen Autor, sich über sie lustig zu machen?

Auch der Renegat Chargaff begnügt sich eben leider nicht damit, die frühere Geliebte zu kritisieren. Er will kein einziges gutes Haar mehr an ihr erkennen. Er ist nicht zufrieden damit, ihr ihre unbestreitbaren Fehler vorzuhalten. Er gibt keine Ruhe, bevor sie und die Anhänger, die sie noch hat, nicht in Grund und Boden verdammt sind.

Das stimmt traurig. Denn allzu viele Leser werden daraus die Folgerung ziehen, daß *jegliche* Rationalität des Teufels sei. Während Chargaff ihnen die »raison du cœur« ans Herz legt, erweckt er (wie mir scheint, nicht ganz unschuldig) den irreführenden Eindruck, dieser Rat schließe die Empfehlung ein, der »raison du tête« abzuschwören.

Viele Anzeichen sprechen heute dafür, daß wir nicht nur einer Epoche zunehmender Wissenschaftsfeindlichkeit entgegengehen, sondern auch einer Epoche zunehmender Bereitschaft zur Irrationalität. Wenn wir aber aus der Krise jemals lebend wieder herausfinden wollen, in die uns die unkritische Anwendung wissenschaftlicher Erkenntnisse gebracht hat, dann brauchen wir mehr Rationalität als bisher, nicht weniger. Es ist daher ein deprimierender Gedanke, daß Chargaffs großer Einfluß die Fähigkeit und die Bereitschaft zu einer rationalen Einstellung unseren heutigen Problemen gegenüber eher untergraben als ermuntern könnte.

(1982)

LICHT UND LEBEN

Scheintod im Salz

Bakterien werden wieder zum Leben erweckt

Einer der geistreichsten Aprilscherze, die je gemacht worden sind, ist die Geschichte von der ägyptischen Vase. Da berichtete, lange vor dem letzten Kriege, eine – wenn ich mich recht erinnere – Berliner Zeitung unter dem ominösen Datum »1. IV.« in großer Aufmachung von einer frühgeschichtlichen Sensation. Man habe, so hieß es, gerade eben im »Tal der Könige«, der berühmten Gräberstätte, einen einzigartigen Fund gemacht. Es handele sich um eine große, vollständig erhaltene Vase, die mit einer auf der Töpferscheibe von Hand gezogenen Spiralenlinie von oben bis unten eng gemustert sei. Einer der an dem Fund beteiligten Archäologen sei nun auf den glücklichen Gedanken gekommen, daß in dieser Spiralrille eigentlich, nach dem Prinzip der Grammophonplatte, als feine Wellenlinien alle die Geräusche enthalten sein müßten, die während ihrer Entstehung die Umgebung erfüllt hätten. Man habe die Probe aufs Exempel gemacht und den Vorgang rückwärts ablaufen lassen: die Vase in Umdrehung versetzt und die vermuteten Tonspuren des Spiralornamentes mit einem geeigneten Verstärker abgetastet. Und siehe da, die Sensation sei gelungen, und aus dem Lautsprecher sei ein altägyptisches Volkslied erklungen, das Lied, das der Töpfer zufällig gesungen haben mußte, als seine Hand vor drei Jahrtausenden die Linie in den noch feuchten Ton der rotierenden Vase ritzte!
Von dieser Geschichte geht eine eigenartige Faszination aus, auch dann noch, wenn man sie als Aprilscherz erkannt hat. Was ist es eigentlich, was diesen Einfall so hintergründig erscheinen läßt? Doch nichts anderes als die Erinnerung daran, daß das uns von allem am unwirklichsten Erscheinende, die Vergangenheit, nicht weniger Realität ist, als alles das, was wir heute erleben, und nur getrennt von uns durch das rätselhafte Phänomen der Zeit. Und mehr noch: Die Geschichte enthält auch die Erinne-

rung daran, daß diese geheimnisvolle Zeitbarriere, die uns den Zugang zu vergangener Realität verwehrt, vielleicht nicht für alle Zukunft so absolut und unübersteigbar bleiben wird, wie sie es heute noch zu sein scheint. Man braucht dabei nicht gleich an utopische Phantasien anzuknüpfen, wie sie H.G. Wells in seiner »Zeitmaschine« entwickelt hat, oder an die weniger bekannte, aber nicht weniger geistreiche Fortsetzung, die Egon Friedell dazu schrieb. Aber wenn es auch müßig ist, sich die Möglichkeit einer solchen »Reise in der Zeit« auszumalen, so weist die Geschichte von der ägyptischen Vase doch auf einen ganz anderen Zugang zur Vergangenheit hin: auf zukünftige Möglichkeiten, die Spuren, welche uns die Vergangenheit in großer Fülle hinterlassen hat, auf eine Weise »zum Sprechen« zu bringen, die sich unsere Phantasie heute noch nicht träumen läßt. Schon heute ist es ja zum Beispiel möglich, mit der Isotopenmethode die Altersbestimmung urweltlicher organischer Funde mit einer Genauigkeit durchzuführen, die noch vor kurzer Zeit als utopisch hätte angesehen werden müssen. Und die gleiche Methode gestattet es heute auch bereits, sogar Untersuchungen über die jahreszeitlichen Temperaturschwankungen der Urmeere in bestimmten erdgeschichtlichen Epochen anzustellen. Das alles sind nur erste Schritte auf einem noch kaum bearbeiteten Feld. Es kann gar kein Zweifel daran bestehen, daß uns der wissenschaftliche Erfindungsgeist hier noch Möglichkeiten erschließen wird, an die wir heute nicht einmal im Traume denken.

Einen höchst eindrucksvollen, wahrhaft sensationellen Beleg für die Realität solcher Möglichkeiten liefert jetzt eine Veröffentlichung aus der Universität Gießen. Einem Assistenten des in Bad Nauheim befindlichen Institutes für physikalische Medizin und Balneologie, H. J. Dombrowski, ist es gelungen, paläozoische Bakterien wieder zum Leben zu erwecken! Es handelt sich um Kleinstlebewesen aus fossilen Einschlüssen, für die das unvorstellbare Alter von 180 Millionen Jahren errechnet wurde. Die Bedeutung dieser Entdeckung, die für Entwicklungslehre und Genetik ungeahnte Forschungsmöglichkeiten erschließt, ist schlechthin unabsehbar und übersteigt selbst die Pointe des eingangs wiedergegebenen Einfalls mit der ägyptischen Vase, ganz abgesehen davon, daß es sich bei der Meldung aus Bad Nauheim *nicht* um einen Aprilscherz handelt.

Die ganze Angelegenheit begann vor einigen Jahren höchst trivial, wie so oft bei folgenschweren wissenschaftlichen Entdekkungen. Die Kurdirektion von Bad Nauheim erbat von dem Universitätsinstitut die Untersuchung einer ihrer Quellen, in der bei Überprüfungen wiederholt bakterielle Verunreinigungen gefunden wurden, deren Ursprung sich nicht ermitteln ließ. Außerdem war es nicht gelungen, den gefundenen Bakterientyp einwandfrei zu identifizieren.

Die Nauheimer Spezialisten begannen mit der Arbeit. Bereits die ersten Untersuchungen ergaben so ungewöhnliche Befunde, daß ihnen rasch aufging, daß es sich diesmal um mehr handeln mußte als eine der üblichen Routineuntersuchungen. Sie begannen zu ahnen, daß ein glücklicher Zufall sie auf die Spur von etwas ganz Außergewöhnlichem gebracht hatte. Zunächst einmal fiel auf, daß die für den Menschen vollkommen harmlose Verunreinigung des Quellwassers nur durch eine einzige Bakterienart gebildet wurde. Eine von außen stammende Verunreinigung, die sicher einmal auch andere Keime eingeschleppt hätte, war damit von vornherein unwahrscheinlich. Ferner handelte es sich um einen Bakterientyp, der auch diesen Untersuchern, Experten der Mikrobiologie, gänzlich unbekannt war. Vollends rätselhaft aber wurde die Angelegenheit dadurch, daß dieser unbekannte Bakterientyp quicklebendig war, obwohl er in einer Thermal-Sole-Quelle mit einer Temperatur von fast 35 Grad Celsius und einem Salzgehalt von 3,5 Prozent gefunden wurde.

Alle diese Feststellungen ließen eigentlich nur einen Schluß zu: Der rätselhafte Mikroorganismus mußte aus der Quelle selbst bzw. aus ihrem unterirdischen Ursprungsort stammen. Und nun begann eine Arbeit, deren Methodik kriminalistisch anmutet und deren mit Sorgfalt zusammengetragene und in immer neuer Skepsis kontrollierte Befunde zu einem der sensationellsten Ergebnisse zeitgenössischer Forschung führen sollten.

Aufgrund geologischer Untersuchungen war anzunehmen, daß der Salzgehalt der Quelle aus einem großen unterirdischen Salzlager stammte, dem Überbleibsel eines großen Urmeeres,

das bereits vor etwa 180 bis 200 Millionen Jahren, gegen Ende des Erdaltertums, austrocknete. Hier wurde der Hebel angesetzt. Durch bergmännische Bohrungen wurden Proben dieses Salzlagers aus 600 Meter Tiefe gewonnen. Daß es sich bei ihnen tatsächlich um Proben aus dem Reservoir der untersuchten Quelle handelte, ließ sich relativ leicht beweisen. Sowohl in den Salzkristallen als auch in dem Wasser der Quelle ließen sich nämlich identische fossile Holzfragmente und Pollen von vorzeitlichen – und längst ausgestorbenen – Nadelholzarten nachweisen. Die daraufhin erfolgende mikroskopische Durchmusterung feiner Kristallschliffe ergab sowohl Bakterien als auch Protozoen, also einzellige Mikroorganismen, in großer Zahl als Einschlüsse. Der Versuch, die Protozoen aus dem Salzkristall herauszulösen oder sie mikroskopisch zu präparieren, mißlang. Sie zerfielen zu Staub. (Ihre völlig unzerstörte Form bewies immerhin, daß im Verlaufe der Austrocknung des Urmeeres und in den folgenden 200 Jahrmillionen in der Salzlagerschicht tektonische Ruhe geherrscht haben mußte.)
Anders die Bakterien: Zur größten Überraschung der Forscher selbst gelang es, wenn man kleine Splitter des Salzes vorsichtig in Nährbouillon auflöste, in etwa einem Drittel der Fälle, lebende Bakterienkulturen zu züchten, die sich munter vermehrten. Die Untersucher wandten daraufhin alle erdenklichen Vorsichtsmaßnahmen an, um sich zu vergewissern, daß es sich bei den anwachsenden Kulturen auch wirklich um die zuvor für etwa 180 Millionen Jahre im Salz konservierten Bakterien handelte und nicht etwa um bakterielle Verunreinigungen im Laufe der Präparation: Die einzelnen Kristallstücke wurden abwechselnd mit zwei Bunsenbrennern abgeflammt und in starke Desinfektionslösungen gelegt, ehe unter den aseptischen Bedingungen eines chirurgischen Operationssaales aus ihrem Inneren Proben für die Nährböden entnommen wurden. Die Kulturen gingen auch dann noch an. Auf diese Weise konnten schließlich insgesamt vierzig verschiedene Bakterienarten aus den Salzeinschlüssen gewonnen und in Reinkulturen gezüchtet werden, nachdem sie für unvorstellbar lange Zeiträume »scheintot«, in einem Zustand »latenten Lebens«, in den Kristallen konserviert gewesen waren. Bezeichnenderweise, ein weiteres Indiz für die

kaum glaubhafte Herkunft dieser Lebewesen aus der fernsten Vergangenheit der Erde, ließ sich bisher nur ein einziger dieser vierzig Bakterientypen mit einer der unzähligen heute noch vorkommenden Arten identifizieren. Der Ring der Beweiskette schloß sich endgültig, als es dann gelang, aus dem Salz auch das Bakterium lebend zu züchten, das im Quellwasser an der Erdoberfläche als erstes aufgefallen war und dadurch das ganze Unternehmen in Gang gebracht hatte.

Auch dann noch aber gab sich Dombrowski nicht zufrieden. Bevor er sich entschloß, seine Untersuchungen und deren unglaubliches Ergebnis zu veröffentlichen, machte er sich nun erst einmal daran, aufzuklären, wie es möglich gewesen war, daß die Bakterien unter den vorgefundenen Bedingungen über erdgeschichtliche Epochen hinweg lebensfähig geblieben waren. Er begann mit Experimenten, bei denen er versuchte, den ursprünglichen Zustand der Konservierung erneut, künstlich, herbeizuführen. Der Versuch, die Nährlösungen mit den wachsenden Kulturen vorsichtig einzutrocknen, mißlang. Die Bakterien starben ab.

Da kam erneut ein Zufall zu Hilfe. In der Literatur fanden sich Arbeiten eines amerikanischen Forscherteams, das sich, in ganz anderem Zusammenhang, bereits seit Jahrzehnten mit den Möglichkeiten der Lebendkonservierung von Bakterien beschäftigt hatte. Die zuverlässigste Methode nun, so hatten sie festgestellt, bestand darin, die Nährlösung ganz langsam und schrittweise mit Salzen anzureichern, bis eine übersättigte Lösung entstand, die kristallisierte. Dieser Kristallisationsprozeß entzog den Mikroorganismen vollständig das Wasser, und in diesem Zustand ließen sie sich »ohne jeden nachweisbaren Stoffwechsel zeitlich praktisch unbegrenzt lebensfähig konservieren«. Es lag auf der Hand, daß die amerikanischen Autoren, ohne das wissen zu können, bei dieser Methode genau jenen Prozeß kopiert haben mußten, der sich vor Hunderten von Millionen Jahren bei der allmählichen Austrocknung und der damit einhergehenden Salzanreicherung in dem europäischen Zechstein-Urmeer abgespielt hatte. Als die Nauheimer daraufhin ihre paläozoischen Kulturen in der gleichen Weise behandelten, gelang es ihnen in der Tat auf Anhieb, den ursprüngli-

chen, reversiblen Konservierungszustand wieder herbeizuführen. Jetzt endlich entschloß man sich zur Publikation der Untersuchungsergebnisse und ihrer sensationellen Deutung. Es gab keine mögliche andere Erklärung mehr.
Aber die Geschichte ist damit noch nicht zu Ende. Daß überhaupt eine Kette glücklicher Zufälle auf die Spur lebensfähiger urweltlicher Organismen führen konnte, verdanken wir ja lediglich dem größten Zufall von allen: der Tatsache nämlich, daß in der Nauheimer Thermalquelle ausgerechnet *die* biologischen Bedingungen zu herrschen scheinen, die in dem allmählich austrocknenden Urmeer vor 200 Millionen Jahren bestanden haben müssen, jedenfalls soweit angenähert, daß sie für wenigstens einen Vertreter der bisher gefundenen vierzig bakteriellen Urwelttypen *lebensfähige* Bedingungen darstellten. Diese Überlegung hat weitreichende Konsequenzen. Wenn man einmal weiß, daß derartige Lebewesen in kristallinen Einschlüssen ohne Stoffwechsel praktisch unbegrenzt lebensfähig bleiben, braucht man auf Zufälle wie die des Nauheimer Fundes nicht länger zu warten. Es ist dann ja von vornherein als wahrscheinlich anzusehen, daß auch in anderen, in der Frühzeit der Erdgeschichte durch allmähliche Austrocknung entstandenen Salzlagern ähnliche Organismen in dem gleichen Zustand »latenten Lebens« eingeschlossen sind. Man hat es dann sogar in der Hand, durch die gezielte Anbohrung ganz bestimmter geologischer Schichten die aufeinanderfolgenden zeitlichen Epochen der Erdentwicklung auf diese neuartige, geradezu utopisch anmutende Art und Weise zu durchforschen. Ein erster Versuch in dieser Richtung ist bereits erfolgt. Der Bad Nauheimer Autor ließ in Kanada ein aus dem mittleren Devon stammendes, in tausend Meter Tiefe gelegenes Salzlager anbohren. Prompt ließen sich auch aus dieser Bohrprobe zwei Arten lebender Keime züchten – deren Alter mit 320 Millionen Jahren bestimmt wurde!
Was das heißt, ist kaum noch anschaulich zu machen. Vor 320 Millionen Jahren gab es noch keine höheren Tiere, mit Ausnahme einiger Meeresbewohner (Panzerfisch und bestimmte Krebsarten). Die Organismen aus dem kanadischen Salzlager, die jetzt auf den Nährboden des Bad Nauheimer Institutes zu

neuem Leben erwacht sind und sich munter vermehren, sind Zeitgenossen einer Epoche der Erdgeschichte, in der sich auf dem Lande gerade eben die ersten Pflanzen entwickelten. Sie gehören zu den ersten Lebewesen überhaupt, die es vermutlich auf der Erde gegeben hat. Und wir sind heute in der Lage, sie zu beobachten und zu untersuchen!

Hier liegt der entscheidende Gewinn dieser Entdeckung für die Wissenschaft, insbesondere für Entwicklungslehre und Genetik, denen mit den Nauheimer Befunden ein völlig neues Forschungsfeld erschlossen wird. Man kann solche Bakterien nämlich zum Beispiel auf Nährböden der verschiedensten Zusammensetzung verpflanzen und auf diese Weise nicht nur sehr genau untersuchen, welche Stoffe sie in welcher Menge zu ihrer Existenz brauchen, oder auch, welche Stoffe ihnen schädlich sind. Man kann mit dieser Methode darüber hinaus aufgrund der chemischen Veränderungen, welche die einzelnen Bakterienkolonien ihrerseits an der Zusammensetzung der Nährböden bewirken, auch den Stoffwechsel dieser mikroskopischen Lebewesen sehr genau biochemisch analysieren.

Selbstverständlich hat man das auch mit den Urweltorganismen getan. Die sehr schwierigen Untersuchungen sind noch nicht abgeschlossen. Soviel aber steht bereits fest: Die biochemische Aktivität aller dieser paläozoischen Bakterien unterscheidet sich in wesentlichen Punkten von der aller heute lebenden Bakterienarten. Sie haben, anders gesagt, einen in grundsätzlichen Funktionen völlig anders organisierten Stoffwechsel. Es ist schwer, die Konsequenzen dieser Feststellung in ihrer ganzen Bedeutung zu erfassen. Die Entdeckung von Bad Nauheim versetzt die Wissenschaft auf einmal in die Lage, untersuchen zu können, auf welche Weise die Natur vor Hunderten von Millionen Jahren, in der Frühzeit der Erdentwicklung, die biologischen Aufgaben der stofflichen Erhaltung und der biologischen Anpassung organismischen Lebens zu lösen versucht hat. Mit dürren Worten gesagt: Die Anfänge des Lebens auf dieser Erde beginnen in den Bereich experimenteller Forschung zu rücken.

(1961)

Risiko und Intelligenz

Die Bedeutung der Verhaltensforschung

Was ist eigentlich Naturwissenschaft? Die einfachste Antwort wäre die: der Versuch des Menschen, sich ein »objektives« Bild von der Welt zu machen. Diese Antwort trifft bereits den Kern der Sache und verweist die Möglichkeiten der praktisch-technischen Anwendung naturwissenschaftlicher Erkenntnisse in den zweiten Rang. Aber diese Antwort ist unvollständig, wenn wir nach dem Motiv fragen, dem das Bedürfnis nach einer »objektiven« Welt entspringt. Aus diesem Bedürfnis heraus haben die Menschen ihr Bild von der Welt in einem langwierigen Erkenntnisprozeß von Irrtümern, Aberglauben und Vorurteilen entkleidet. Unser Wunsch nach Objektivität geht dahin, die Welt möglichst vollständig zu erkennen, damit die ihr eigenen Gesetze, ihre wahre Gestalt sichtbar werden. Das Motiv dieses Erkenntnisdranges ist der Wunsch des Menschen, sein Selbstverständnis zu sichern: Die Naturwissenschaft erscheint dem heutigen Menschen als der zuverlässigste Weg zum Verständnis seiner selbst.

Das war nicht immer so. Wenn man in geschichtlichen Zeiträumen denkt, ist das sogar erst seit relativ kurzer Zeit so. Bis in die Neuzeit hinein gründete der Mensch sein Selbstverständnis auf die Gewißheit des Glaubens – im Abendland also auf die christliche Offenbarung.

Wir sprechen heute leicht vom »finsteren« Mittelalter und meinen damit den Aberglauben, der jener Epoche auch eigen war, die Resignation, mit der die Menschen damals Seuchen und Krankheiten, unüberbrückbare Unterschiede zwischen den Ständen und die Willkür eines feudalen Herrschaftssystems hingenommen und ertragen haben. Als finster empfinden wir nicht nur die Mißstände, die jene Sozialordnung und jene mittelalterliche Rechtsordnung mit sich brachten, sondern vor allem die Geistesverfassung, die sie möglich machte und dauern ließ, das Fehlen jeglichen Impulses zu einer »objektiven« Betrachtung der sozialen Realitäten, zu einer rationalen Analyse der eigenen Situation.

Es hat in der Tat fast zwei Jahrtausende gedauert, bis die Menschheit – zunächst in Europa mit dem Anbruch der naturwissenschaftlichen Ära – konsequenten Gebrauch machte von den Denkvoraussetzungen, die schon die Philosophen der Antike erarbeitet hatten.

In der Epoche religiöser Gebundenheit, die im Abendland auf die Antike folgte – in den nichtchristlichen Kulturen bestand diese Geistesverfassung bis zum Beginn unseres Jahrhunderts –, fehlt jenes Motiv, von dem eingangs die Rede war. Wenn Naturwissenschaft als ein Versuch des Menschen zu verstehen ist, seine Existenz und seine Stellung im Kosmos rational zu erklären, so kennen religiös gebundene Gesellschaften gar nicht das Bedürfnis nach einer solchen »objektiven« Welt. Kann man sich vorstellen, daß die Frage nach einem Sinn des individuellen Daseins, nach der materiellen Struktur des Kosmos überhaupt auftaucht in einer Gemeinschaft, in der jeder einzelne sich in religiöser Gewißheit auf einen persönlichen Gott bezogen weiß? Kann man voraussetzen, daß durch weltliche Willkür weit um sich greifende Unruhe entsteht oder daß gar die »soziale« Frage aufgeworfen wird in einer Gesellschaft, in der sich jeder auf seinen Ort gestellt weiß innerhalb einer transzendent vorgegebenen Ordnung, die als unabänderlich gilt, als irdisches Abbild eines »Gottesstaates«?

Die Geborgenheit und Selbstsicherheit des Glaubens ist heute wohl einzelnen noch zugänglich, unsere Gesellschaft hat sie verloren. Wir fragen hier nicht nach dem Wert dieser geschichtlichen Entwicklung, sondern versuchen lediglich, den Beginn der naturwissenschaftlichen Epoche unter dieser Perspektive zu betrachten. Erst in diesem geschichtlichen Zusammenhang erkennt man die Bedeutung, die die Naturwissenschaft für unsere Zeit besitzt.

Der heutige Mensch, der sich als »homo sapiens« versteht, also als biologische Spezies – wenn auch von ausgezeichnetem Range –, befindet sich in einer grundsätzlich anderen Position als der Mensch, der sich uneingeschränkt als Ebenbild und

Schöpfung Gottes begreift. Der Sinn der eigenen Existenz und des Kosmos wird fragwürdig, wenn man nicht an den transzendenten Ursprung der Welt aus dem Willensakt eines persönlichen Schöpfers glaubt.

Die Leidenschaft, mit der sich der naturwissenschaftlich denkende Mensch der letzten Jahrhunderte anschickte, die Welt der Natur mit seinem forschenden Verstande zu »erobern«, ist nicht nur Ausdruck der Begeisterung über neue Möglichkeiten und auch nicht nur die Ungeduld einer Menschheit, die beim historischen Rückblick auf die eigene Vergangenheit meint, nach langer mythischer Befangenheit endlich den richtigen Weg gefunden zu haben. Hinter der Ungeduld alles wissenschaftlichen Forschens steht auch die Suche nach einem objektiven, festen Halt, steht schließlich auch Beunruhigung: Man fragt sich, ob man dieses Ziel auf dem Wege wissenschaftlicher Forschung überhaupt erreichen kann.

Diese wichtige Funktion, die die naturwissenschaftliche Forschung bei dem menschlichen Bemühen um Selbstverständnis hat, wollen wir an einigen Beispielen aus einer biologischen Spezialdisziplin, und zwar der Verhaltensphysiologie oder Ethologie, konkret betrachten. Diese Forschungsrichtung beschäftigt sich mit der Beschreibung und Analyse angeborener, ererbter Bewegungskoordinationen oder »Instinktbewegungen«. Sie hat sich zunächst nichts anderes vorgenommen als die Aufgabe, die kleinsten vorkommenden Bewegungselemente zu ermitteln, aus denen sich die einzelnen, zum Teil sehr komplizierten Instinktbewegungen bausteinartig zusammensetzen.

Es ist immer wieder überraschend, wie außerordentlich kompliziert, wie »hoch integriert« in der Sprache der Wissenschaft, manche Instinkthandlungen sind, die den Individuen einer bestimmten Art buchstäblich fix und fertig vererbt werden. Nicht weniger erstaunlich ist die außerordentliche, unbeirrbare Zweckmäßigkeit, mit welcher die Tiere unter dem Einfluß dieser angeborenen Handlungsantriebe höchst differenzierte Leistungen vollbringen, die ihr Überleben und das ihrer Nachkommen zum Ziel haben. Besonders eindrucksvoll sind wohl jene Instinkthandlungen, deren offenbares Ziel in der Zukunft liegt, oft genug in einer Zukunft, die das Tier, dessen

Handlung sich auf ein solches Ziel richtet, selbst gar nicht mehr erlebt. Hierher gehört zum Beispiel die oft beschriebene Art, in der bestimmte Schlupfwespen für ihre Nachkommen vorsorgen. Diese Tiere graben ein kleines Loch, in dem sie ihre Eier ablegen. Darauf fangen sie eine Raupe, die sie durch einen Stich nicht töten, sondern nur lähmen, und legen sie neben die Eier, bevor sie das kleine Loch sorgfältig wieder verschließen. Auf diese einzigartige Weise wird die Raupe zur lebenden Frischkonserve, die den später ausschlüpfenden Wespenlarven als erste Nahrung zur Verfügung steht, ein Effekt, den von den ungezählten Wespen, die ihn durch ihr beschriebenes, sehr kompliziertes Vorgehen herbeiführen, mit Gewißheit keine einzige jemals selbst erlebt hat.

Wohl niemand, der etwas Derartiges hört oder gar selbst beobachtet, wird sich dem zwingenden Eindruck entziehen können, daß die Wespe hier den durch ihr Tun vorweggenommenen Zweck »anstrebt«, daß sie, um es anthropomorph auszudrükken, in irgendeiner, wenn auch ganz unbestimmten Art »weiß«, daß aus ihren Eiern Larven schlüpfen und daß diese Larven Futter benötigen werden; es sieht mit anderen Worten so aus, als ginge die Wespe in der beschriebenen Weise vor, um ihre Nachkommen zu versorgen. Dieser Eindruck entsteht aber allein dadurch, daß wir Menschen zweckgerichtete Handlungsweisen nur noch als Folge eines solchen »vorgreifenden« Wissens kennen. Wo wir es mit Instinkthandlungen zu tun haben, ist dieser Eindruck jedoch falsch.

Denn Instinkthandlungen, so zweckmäßig sie auch sind und so zielgerichtet sie auch erfolgen, fehlt in Wirklichkeit alles Planende. Sie haben mit einer intelligenten Verhaltensweise auch im allerweitesten Sinne nicht das geringste zu tun. Das läßt sich durch sehr einfache Experimente, aber auch durch freie Beobachtung in besonderen Situationen leicht nachweisen. Charles Darwin, der nicht nur ein großer Theoretiker, sondern auch ein hervorragender Beobachter war, hat hierfür bereits ein besonders anschauliches Beispiel gebracht, das für alle analogen Fälle Geltung besitzt. Im Tagebuch seiner Weltreise berichtet er von einer kleinen, in Südamerika heimischen Vogelart, der Casarita, die bis zu zwei Meter lange enge Röhren in lehmige Hänge gräbt, an deren äußerstem Ende dann die Eier gelegt und wohlbehütet ausgebrütet werden. In dem starren, angeborenen Entwurf der entsprechenden Instinkthandlung sind nun verständlicherweise Lehmoberflächen mit so geringer Dicke nicht vorgesehen wie die dünnen Lehmmauern, mit denen die in Südamerika ansässig gewordenen Indianer ihre Grundstücke einzufrieden pflegen. Die Folge ist für die Casarita, die an der Oberfläche einer solchen Mauer ihren Nesteingang zu graben beginnt, ebenso fatal wie für uns lehrreich. Nach zehn oder zwanzig Zentimeter angestrengten Grabens ist das Tierchen natürlich auf der anderen Seite der Mauer bereits wieder im Freien. Diese Tatsache wird für den Vogel aber nun nicht etwa zur Erfahrung, aus der er lernen könnte. Das erste Glied der Instinktkette lautet offenbar lediglich: »Beginn des Grabens auf einer lehmigen Oberfläche«, ein angeborener »Befehl«, dessen Detailliertheit in natürlicher Umgebung vollauf ausreicht, jedoch unter den von Menschenhand künstlich geschaffenen Umständen mangelhaft ist. Und so beginnt die Casarita an derselben Mauer alsbald aufs neue zu graben, und wenn sie wiederum auf der anderen Seite herausgekommen ist, wiederholt sich das Spiel. Darwin erwähnt in seinem Tagebuch Mauern, die mit solchen von diesem Vogel gegrabenen Löchern wie durchsiebt waren, und bemerkt treffend: »Es ist wohl merkwürdig, zu sehen, wie unfähig diese Vögel sein müssen, irgendeinen Begriff von Dicke zu erlangen, denn obschon sie beständig über die niedrige Mauer fliegend gesehen wurden, fuhren sie doch immer wieder vergebens fort, sie zu durchbohren, in der Meinung, daß es eine ausgezeichnete Stelle für ihre Nester sei.«

Dies ist die Kehrseite der »Instinkt-Medaille«. Unter der Direktive des angeborenen Verhaltensschemas, instinktiv also, vollbringen die Tiere Leistungen, deren Kompliziertheit und Zweckmäßigkeit uns immer von neuem in Staunen versetzen müssen. Aufgrund ihrer angeborenen Erfahrungen sind die Tiere in ihr spezifisches biologisches Milieu in einem Maße eingefügt, ist ihr Dasein in einem Maße gesichert, das es beim Menschen nicht mehr gibt. Dem Menschen sind seine Erfahrungen nicht angeboren, er steht seiner Umwelt immer wieder so lange hilflos gegenüber, bis er eigene, individuelle Erfahrungen auf eine oft genug schmerzliche Weise gesammelt hat. Aber die häufig beklagte Instinktunsicherheit des Menschen ist nicht die Folge, sie war ganz im Gegenteil die Voraussetzung für die Entwicklung jenes Phänomens, das wir als Intelligenz bezeichnen. Die festgefügte Sicherheit des instinktgebundenen tierischen Verhaltens schließt ja die Möglichkeit »unangepaßter« oder fehlerhafter Verhaltensweisen nicht beiläufig aus, sondern sie hat deren Vermeidung ausdrücklich zum Ziel. Die Voraussetzung allen »probierenden« Verhaltens aber und damit die Voraussetzung für Wählen und Entscheiden ist die Zulassung eben dieser Möglichkeit eines Irrtums. Erst wenn das Risiko des Irrtums existiert, eröffnet sich jene Sphäre, in der auch ein ungebundenes, freies Verhalten möglich wird – und damit die Entwicklung von Intelligenz.

Wir stoßen hier auf eine Antinomie des Verhaltens, deren Bedeutung für das menschliche Selbstverständnis kaum eines zusätzlichen Kommentars bedarf. Es gibt ganz offensichtlich nur zwei Prinzipien umweltbezogenen, sozialen Verhaltens, die sich polar gegenüberstehen: auf der einen Seite den starren, festgelegten Plan. Er verheißt – unter der Voraussetzung selbstverständlich, daß er richtig konzipiert ist – Sicherheit ohne Risiko, schließt jedoch die Möglichkeit individueller Entscheidung und Freiheit aus. Auf der anderen Seite steht eben diese individuelle Freiheit; sie ist aus den Gründen, die wir besprochen haben, gleichbedeutend mit der Möglichkeit unangepaßten, schädlichen Verhaltens. Individuelle Freiheit schließt ihrer Natur nach das Risiko, auch das tödliche Risiko, ein.

Freilich bedarf es nicht der Ergebnisse der Instinktforschung, um zu dieser Einsicht zu gelangen. Diese polare Struktur allen Verhaltens hält uns heute vor allem vordergründig, das heißt in ihrer politischen Manifestation, in Atem. Daß wir auch im Bereich der unpersönlichen Gesetzlichkeit biologischer Evolution darauf stoßen, erhebt sie weit über alle historische Zufälligkeit hinaus in den Rang einer grundsätzlichen, unaufhebbaren Antinomie. Aller politischer Rechtfertigungsfanatismus etwa erweist sich vor diesem Hintergrund als Utopie.

Ein weiteres – vom Negativen her lehrreiches – Beispiel für die

Bedeutung naturwissenschaftlich-biologischer Forschung für das menschliche Selbstverständnis ist die verbreitete Neigung, wissenschaftliche Teileinsichten zu verallgemeinern und daraus Maximen des Verhaltens abzuleiten, indem man sich auf den »natürlichen« Zustand als auf eine vermeintliche Norm beruft. Die bekannten »Kinsey-Berichte« über das sexuelle Verhalten des Menschen sind hierfür ein typisches und vergleichsweise harmloses Beispiel.

Es gibt aber Fälle, in denen die »anthropomorphe« Interpretation des nach der jeweils neuesten Forschung »natürlichen« Zustandes in katastrophaler Weise die Geschichte beeinflußt hat. Solch ein Fall war zum Beispiel die romantisch-sentimentale Deutung des »Naturzustandes«, die bezeichnenderweise gleich mit der Popularisierung des Geistes der Aufklärung erfolgte. Sie konzipierte die Leitgestalt des »edlen Wilden«, aber auch die illusionäre Idee von der Möglichkeit einer »Rückkehr« in den so verstandenen Naturzustand des Menschen. Von Jean-Jacques Rousseaus Ruf »Zurück zur Natur!« fasziniert, führten literarische Mode und Zeitgeschmack die höfische Gesellschaft auf den Weg von Versailles nach Trianon, wo man parfümierten Lämmern mit blauen Seidenbändern Glöckchen umband, deren Gebimmel in den Ohren der herrschenden Schicht die Sturmzeichen der herannahenden Revolution übertönte.

Mag man hier noch von einer allerdings fahrlässigen Naivität eher sprechen als von Schuld, so gilt das nicht für ein anderes, weit furchtbareres Beispiel, das wir selbst erlebt haben. Im 20. Jahrhundert erhob ein tendenziös ausgelegter Pseudo-Darwinismus einen »heroisch« uminterpretierten Naturzustand zur Norm und glaubte, aus ihm ein »natürliches Recht des Stärkeren« und den »Kampf ums Dasein« als Maximen menschlichen Verhaltens ableiten zu können. Diesmal führte der Weg nach Auschwitz.

Ganz abgesehen davon, daß der Versuch, ethische Normen aus natürlichen Zuständen abzuleiten, einen Widerspruch in sich darstellt, ist an dieser Stelle auf einen außerordentlich bedeutsamen Befund der neueren Verhaltensforschung hinzuweisen, der ergeben hat, daß bei fast allen höheren Tieren der »Stärkere« keineswegs ausschließlich Rechte hat. Die unter ihren Geschöpfen nach der einfachen, objektiven Regel optimaler Anpassung seit Jahrmillionen unpersönlich auswählende Evolution hat offensichtlich nur solche Arten bis auf unsere Tage überleben lassen, bei denen der Stärkere von seinen Möglichkeiten nur den zum Schutz seiner Interessen unbedingt notwendigen Gebrauch machte. Die Verhaltensphysiologen haben inzwischen ganz spezifische Instinktbewegungen, die sogenannten »Demutshaltungen«, entdeckt und analysiert, mit denen der in einer Auseinandersetzung unterliegende Artgenosse zu erkennen geben kann, daß er die Niederlage akzeptiert. Eine derartige »Demutshaltung« löst dann beim Sieger, ebenfalls instinktiv, eine unüberwindbare Aggressionshemmung aus, die es ihm unmöglich macht, den Kampf weiter und womöglich bis zum Tode des Kontrahenten fortzusetzen. Es ist lehrreich, auf diese Weise zu entdecken, daß ohne Zweifel also alle *die* Arten im »Kampf ums Dasein« unterlagen, nämlich ausgestorben sind, deren Mitglieder sich dem eigenen Artgenossen gegenüber so mörderisch verhielten, wie es die heroisierenden Darwin-Epigonen im Widerspruch zu den tatsächlichen Verhältnissen annahmen.

Zum Schluß will ich noch auf ein anderes, allgemeineres Phänomen hinweisen, das zwar nicht als gesichertes Faktum gelten darf, in unserem Zusammenhang aber doch so bedeutungsvoll ist, daß es wenigstens erwähnt werden soll: Man kann, wenn man den Fortschritt naturwissenschaftlicher Erkenntnis insgesamt ins Auge faßt, den Eindruck gewinnen, daß die Forschung heute ein Stadium erreicht hat, in dem ihre Fortschritte beginnen, die entscheidende, zentrale Illusion des Menschen über seine Stellung im Kosmos zu zerstören, nämlich das anthropozentrische Weltbild. Die Zeit ist nicht mehr fern, in der die Ergebnisse seiner Forschung den Menschen mit der realen Möglichkeit konfrontieren werden, daß seine Art im Kosmos nicht einzigartig ist, mit der Einsicht, daß die Menschheit weder den Gipfel noch gar das Ziel der Gesamtentwicklung darstellt, und mit der allmählich heraufdämmernden Entdeckung, daß es kein Gesetz und keine Instanz gibt, die den Fortbestand und die ungestörte Weiterentwicklung unseres Geschlechtes garantieren. Das muß heute als tröstlich erscheinen. Denn es besteht vielleicht die Hoffnung, daß dabei nicht nur diese Illusion zerstört wird, die unser Lebensgefühl noch immer wesentlich bestimmt, sondern daß mit ihr auch jene Anmaßung und unduldsame Aggressivität verschwinden, die vor diesem realen Hintergrund unserer Existenz so »unangepaßt« erscheinen und die leicht tatsächlich dazu führen könnten, daß auch unsere Art die Prüfung nicht besteht.

(1963)

Nur vierzig Moleküle

Die Wirklichkeit der Insekten

Die naive Anschauung geht davon aus, daß die Welt, die wir um uns herum wahrnehmen, identisch ist mit der Welt, die uns tatsächlich, objektiv umgibt. Obwohl die Philosophie, insbesondere die Erkenntnistheorie, in dieser naiven Gleichsetzung schon seit der Antike eines der wirklich fundamentalen Probleme sieht, mit denen es jede nach Objektivität strebende Naturerforschung zu tun hat, fand diese Einsicht doch erst relativ spät ihren Niederschlag in der Biologie. Erst vor etwa einem halben Jahrhundert führte Jakob von Uexküll den Begriff der »tierischen Umwelt« in die biologische Forschung ein.

Hinter diesem Begriff verbirgt sich eine grundlegende Einsicht: »in Wirklichkeit« – was »Wirklichkeit« bedeutet, kommt erst im Lichte dieser Erkenntnis zutage –, lebt jedes Lebewesen einer bestimmten Art in einer eigenen Welt, seiner »Umwelt«, die von den »Umwelten« aller anderen Lebewesen und auch von der Umwelt des Menschen völlig verschieden ist. Die »Wirklichkeit« eines bestimmten Lebewesens ist die Summe derjenigen Eigenschaften der Welt, die auf dieses Lebewesen wirken, und diese Summe (oder »Umwelt«) ist von Art zu Art sehr unterschiedlich zusammengesetzt. Um ein ganz simples Beispiel zur Veranschaulichung heranzuziehen: Was eine Blume in »Wirklichkeit« ist, hängt, so betrachtet, ganz davon ab, ob von dieser Blume als einem Teil der Umwelt eines Menschen, einer Biene oder eines anderen Lebewesens die Rede ist.

Aus dieser Einsicht ergibt sich zugleich die Konsequenz, daß es dem Menschen nicht ohne weiteres möglich ist, in die Umwelt anderer Lebewesen einzudringen. Diese sind uns zunächst einmal verschlossen. Rückschlüsse darauf, wie bestimmte Tiere die Welt erleben, in welcher »Umwelt« sie leben, sind uns nur aufgrund meist sehr komplizierter, indirekter Beobachtungen und Experimente – und immer nur in engen Grenzen möglich.

Die beiden Veröffentlichungen, auf die ich in diesem Zusammenhang eingehen will, sind nun sehr instruktive Beispiele dafür, wie die moderne naturwissenschaftliche Forschung derartige Probleme angeht, wie sie es fertigbringt, in die arteigenen Umwelten bestimmter Tiere einzudringen.

Die erste Publikation, »Chemische Insekten-Lockstoffe« von Jacobson und Beroza, Angehörigen der Forschungsabteilung des amerikanischen Landwirtschaftsministeriums, ist eben in »Science« erschienen. Die Verfasser berichten darin über die Geruchswelt von Insekten, und zwar aufgrund von Untersuchungen, die so mühsam und schwierig waren, daß sie sich über fast dreißig Jahre erstreckten.

Ausgangspunkt der Untersuchungen war die Frage, auf welche Weise bestimmte Mottenarten eigentlich das Problem gelöst haben, daß sich Männchen und Weibchen trotz zum Teil sehr erheblicher Entfernungen mit der Sicherheit finden können, die deshalb so besonders wichtig ist, weil bei diesen völlig verteidigungslosen Lebewesen das Überleben der Art nur durch eine besonders hohe Vermehrungsrate gewährleistet wird. Die Versuche begannen damit, daß man vermehrungsfähige weibliche Motten bei geeigneter Witterung im Freien in einer Gegend fixierte, in der die betreffende Art nicht natürlich vorkam, und dann eine große Zahl männlicher Motten, die vorher sorgfältig markiert worden waren, in verschiedenen Entfernungen von diesen Weibchen aussetzte. Unendlich geduldige Wiederholungen dieses mühsamen Experimentes führten zu zwei sehr wichtigen Feststellungen: Die Auszählung der von den Weibchen jeweils angelockten Männchen ergab, daß diese das Weibchen auch aus Entfernungen von bis zu einem halben Kilometer sicher fanden. Und zweitens stellte sich heraus, als man die Markierungen der eingefangenen Männchen statistisch auswertete, daß die Windrichtung entscheidend dafür war, ob diese Suche erfolgreich war oder nicht. Dieses Ergebnis ließ nur den einen Schluß zu, daß das Weibchen als Lockmittel offenbar einen Duftstoff abgibt, der sich in der Atmosphäre verteilt. Man stelle sich einmal vor, welche Menge eines solchen, sich nach allen Seiten ausbreitenden Duftstoffs in einem halben Kilometer Entfernung überhaupt noch vorhanden sein kann, und berücksichtige dann noch die zahlreichen, um ein Vielfaches stärkeren Gerüche, gegen die er sich an Ort und Stelle durchsetzen muß! So unwahrscheinlich diese Deutung zunächst klang, die Autoren machten sich daran, ihre Theorie zu beweisen. Der einzige Weg, der sich anbot, bestand in dem Versuch, den theoretisch angenommenen Duftstoff in solchen Mengen zu gewinnen, daß er sich chemisch nachweisen ließ. Nach vielen Fehlschlägen führte schließlich folgende Methode tatsächlich zu einem Erfolg: Etwa 10 000 weibliche Tiere wurden in einem luftdichten, milchkannenähnlichen Behälter eingesperrt. Neun Monate lang wurde dann durch diesen Behälter ein stetiger Luftstrom geleitet, aus dem durch chemische Filter während der ganzen Zeit alle flüchtigen Substanzen entfernt und gesammelt wurden, die von den 10 000 Insekten möglicherweise abgegeben wurden. Nach einem Dreivierteljahr hatte man auf diese Weise eine winzige Menge einer leicht gelblichen Flüssigkeit gewonnen. Nach der chemischen Reinigung blieben genau zwölf Tausendstel Gramm einer Substanz übrig, die sich noch nach extremer Verdünnung als außerordentlich »attraktiv« für Mottenmännchen erwies.

Jacobsen und Beroza gaben sich damit aber noch keineswegs zufrieden. Sie gingen jetzt daran, die von ihnen gewonnene Wirksubstanz chemisch zu analysieren. Was das heißt, wenn einem als Untersuchungsmaterial nur Mengen von wenigen Tausendstel Gramm zur Verfügung stehen, kann ein Nichtchemiker nur ahnen. Es dauerte jedenfalls mehrere Jahre, aber dann gelang auch diese Analyse: Der Wirkstoff erwies sich als eine relativ komplizierte Kohlenwasserstoffverbindung. Jetzt erst kamen die beiden Forscher zu dem eigentlich beweisenden Schritt: Nach dem Muster der bei der Analyse gefundenen Konstitutionsformel wurde der Wirkstoff der weiblichen Motte nunmehr chemisch von ihnen synthetisiert und dieser künstliche Duftstoff auf seine Wirksamkeit geprüft. Das Ergebnis brachte einen brillanten Beweis für die gesamte Theorie: Der künstliche Duftstoff lockte ohne die Anwesenheit eines Weibchens die Mottenmännchen aus der gleichen Entfernung an wie ein lebendes Weibchen. Die jetzt mögliche quantitative Analyse ergab, daß die Mottenmännchen noch die unvorstellbar geringe Menge von nur vierzig ganzen Molekülen dieses Duftstoffes wahrnahmen und aus einer Wolke zahlreicher anderer und vielfach stärkerer Gerüche herausfinden konnten. Diese Insekten haben sich also in einem Maße auf das Erkennen von Gerüchen spezialisiert, das in der Natur einzigartig ist.

Inzwischen haben Jacobsen und Beroza, die ihre Untersuchungen jetzt auch auf andere Insektenarten ausgedehnt haben, noch eine weitere, außerordentlich elegante Methodik entwickelt, die hier noch erwähnt sei. Es ist ihnen gelungen, aus den Fühlern, mit denen die männlichen Insekten die einzelnen Duftstoffe aufnehmen, mit winzigen Elektroden die Nervenströme abzuleiten, die bei der Geruchswahrnehmung der Tiere entstehen, und sie auf einer Verstärkerröhre sichtbar zu machen, wo sie ein charakteristisches Wellenbild ergeben. Das bedeutet, daß die beiden Forscher jetzt imstande sind, auf dem Bildschirm des Verstärkers zu sehen, ob das betreffende Männchen im jeweiligen Augenblick gerade ein Weibchen riecht, beziehungsweise umgekehrt, ob ein diesem Männchen angebotener Duftstoff von ihm als »Weibchen«, als »Futter« oder in anderer Bedeutung »erlebt« wird!

Nicht weniger eindrucksvoll ist die ganz andere Methode, mit der die moderne Instinktforschung in das Umwelterleben von Tieren einzudringen versucht. Die typische Methode dieser Forschungsrichtung ist der sogenannte »Attrappenversuch«: Bestimmte Eigenschaften der Umgebung werden durch Attrappen nachgeahmt. Veränderungen der Attrappen und deren Einfluß auf das Verhalten des Tieres lassen dann Rückschlüsse zu auf die Bedeutung, welche die verschiedenen Eigenschaften der Attrappe für das Tier haben, und damit auf die Eigenschaften der Umgebung, welche die »Wirklichkeit«, die »Umwelt«, des Tieres bilden. Ein besonders schönes und interessantes Beispiel für diese Forschungsrichtung bietet eine Publikation unter dem Titel »Reaktionen von Truthühnern auf fliegende Raubvögel und Versuche zur Analyse ihrer angeborenen auslösenden Mechanismen«, die in der »Zeitschrift für Tierpsychologie« erschienen ist. Ihr Autor ist Wolfgang Schleidt, ein Mitglied des bekannten Max-Planck-Institutes für Verhaltensforschung in Seewiesen.

Vogelkennern war von jeher bekannt, daß die Küken von »Nestflüchtern« (Puten, Hühnern, Gänsen, Enten u. a.) in der Lage sind, harmlose Vögel von den Flugbildern ihrer »Luftfeinde« zu unterscheiden, und zwar schon wenige Tage nachdem sie aus dem Ei ausgeschlüpft sind. Während über sie hinweggleitende Gänse, Schwalben oder Tauben allenfalls ein kurzes Aufblicken bewirken, löst ein Habicht oder Bussard sofort ängstliche Laute aus, gefolgt von einer raschen Flucht unter die nächstliegende Deckung. Beobachtungen an künstlich ausgebrüteten Küken, die nie Kontakt mit älteren, »erfahrenen« Artgenossen gehabt hatten, erbrachten das gleiche Ergebnis und ließen keinen Zweifel daran, daß diese Fähigkeit zur Unterscheidung von »Freund« und »Feind« auf einem angeborenen Mechanismus, also einem »Instinkt«, beruhen müsse.

Mit dieser Feststellung war aber natürlich keine Lösung des Problems, sondern nur ein neues Rätsel zutage gefördert worden. Kurz vor dem letzten Krieg führten dann Untersuchungen von Konrad Lorenz und Nikolaas Tinbergen, den Begründern der modernen Instinktforschung, zu einer ersten Antwort auf das Problem, die außerordentlich verblüffend wirkte.

Lorenz und Tinbergen gingen als erste das Rätsel mit Attrappenversuchen an. Sie schnitten die Flugbildsilhouetten von Tauben, Gänsen, Störchen, Bussarden und vielen anderen Vögeln aus Pappe aus, strichen sie mit schwarzer Farbe an und zogen sie an dünnen Fäden mit der entsprechenden Geschwindigkeit über die Freigehege hinweg, in denen sie ihre »elternlos« aufgezogenen Küken hielten. Das Ergebnis bestätigte die bisher vorliegenden Beobachtungen: Die Küken unterschieden auch bei diesen Versuchen Freund und Feind mit großer Sicherheit. Jetzt begannen die Forscher, die Formen ihrer Attrappen schrittweise abzuändern, um herauszufinden, welche Eigenschaften der Flugsilhouetten für die Küken Freund- oder Feindcharakter hatten. Schließlich zeigte sich erstaunlicherweise, daß die wirksamste Attrappe die Gestalt eines einfachen schwarzen Kreuzes hatte, bei dem ein Balken viel kürzer war als die drei anderen: Wurde diese Attrappe über dem Kükengehege so bewegt, daß der kurze Balken nach vorn zeigte, so löste sie lebhafte Fluchtreaktionen aus, während die gleiche Attrappe völlig unbeachtet blieb, wenn der kurze Balken in der Bewegungsrichtung nach hinten zeigte. Die verblüffende Antwort lautete demnach, daß den Küken offenbar das Merkmal »kurzer Hals, langer Schwanz«, das nun in der Tat dem Flugbild der Raubvögel entspricht, als Feindmerkmal angeboren ist und ebenso die »langhalsige« Flugsilhouette, wie sie Störchen, Gänsen und anderen harmlosen Vögeln entspricht, als Merkmal der »Ungefährlichkeit«.

Obwohl dieses schon vor 25 Jahren durchgeführte Experiment hieb- und stichfest zu sein schien, wurden immer wieder neue Versuche durchgeführt. Es gab nämlich einen Einwand, der die Forscher unbefriedigt ließ: Es schien naturwissenschaftlich schlechterdings unerklärbar zu sein, auf welche Weise den Küken ein solches »Bild« durch Vererbung fertig angeboren sein könnte.

Daß diese Zweifel berechtigt waren, demonstriert die jetzige Veröffentlichung von Schleidt, dessen Untersuchungen die wirkliche Lösung dieser Frage gebracht haben. Diese Lösung besteht in einem Kunstgriff der Natur, dessen Einfachheit und Zweckmäßigkeit man bewundern muß. Schleidt, der ebenfalls mit Flugbildattrappen arbeitete, konnte einwandfrei nachweisen, daß nicht die Konfiguration der Attrappen den entscheidenden Faktor darstellt, sondern einfach die Häufigkeit, mit der eine bestimmte Flugsilhouette den Tieren demonstriert wird: Zeigt man ihnen am häufigsten »Langhalsattrappen«, so gewöhnen sie sich rasch an deren Anblick und nehmen vor jeder »Kurzhalsattrappe« schreiend Reißaus. Auf die gleiche Weise konnte Schleidt durch die fast ausschließliche Verwendung von Kurzhals-Attrappen aber nun auch Küken heranziehen, die dann von einem Bussard nicht mehr irritiert wurden, statt dessen aber vor jeder fliegenden Taube in panischem Schrecken flohen!

Die Lücke in dem Experiment von Lorenz und Tinbergen hatte einfach darin bestanden, daß ihre Versuchsküken in Freigehegen gehalten wurden, in denen sich die Tiere neben und während der eigentlichen Versuche bereits an die harmlosen »Lang-

hälse« ihrer natürlichen Umgebung hatten gewöhnen können, während Schleidt seine Küken bei künstlicher Beleuchtung von der Umwelt völlig abgeschlossen hatte.
Das Prinzip der Feinderkennung bei Küken beruht also lediglich auf der Gewöhnung, die angesichts häufig vorkommender Flugsilhouetten sehr rasch, angesichts selten erlebter Flugbilder dagegen überhaupt nicht erfolgt. Die Zweckmäßigkeit dieses Prinzips leuchtet sofort ein, wenn man weiß, daß alle Raubvögel einen besonders großen Lebensraum benötigen, weshalb man sie, wie jeder bestätigen wird, viel seltener zu Gesicht bekommt als die vielen anderen Vögel, die einem Küken nicht gefährlich werden können.

(1965)

Die Chemie unserer Existenz

Grundvoraussetzungen des Lebens

Der bekannte amerikanische Populationsgenetiker Theodosius Dobszhansky hat kürzlich darauf hingewiesen, daß die Entdeckungen der Genetik die menschliche Individualität wissenschaftlich belegt hätten. Dobszhansky meinte damit folgendes: Die Mendelschen Gesetze gestatten die Berechnung der Zahl der aus der Kreuzung zweier Stämme resultierenden möglichen neuen Genkombinationen. Sie beträgt 3^n, wobei n die Zahl der Gene ist, in denen sich die beiden Stämme unterscheiden. Nehmen wir einmal an, daß es sich dabei nur um 100 Gene handelte, so ergäbe sich für die nächstfolgende Generation also die Möglichkeit von 3^{100} verschiedenen Erbanlagen. 3^{100} aber ist eine beinahe schon unvorstellbar große, nämlich 31stellige Zahl! Im Vergleich zu ihr ist die Zahl aller Menschen, die bisher jemals auf der Erde gelebt haben, einschließlich aller bis in die Zukunft noch zu erwartenden Menschen, geradezu lächerlich klein.

Selbst dann also, wenn es nur 100 verschiedene Gene wären, die innerhalb der Menschheit über die Generationen hinweg ständig neu verteilt und kombiniert werden könnten, selbst dann wäre es ganz außerordentlich unwahrscheinlich, daß es jemals zufällig zwei Menschen geben könnte, die genau die gleiche erbliche Veranlagung hätten, die also biologisch identisch wären, wie es zum Beispiel eineiige Zwillinge sind. Und in Wirklichkeit bemißt sich die Zahl der Gene eines Menschen ja nun nicht nach Hunderten, sondern mindestens nach Zehntausenden, wahrscheinlich aber nach Hunderttausenden von frei kombinierbaren Erbanlagen.

An der Tatsache, daß die Individualität des einzelnen Menschen ein biologisches Fundament hat, ist angesichts dieses einfachen Rechenexempels nicht zu zweifeln. Die Überlegungen Dobszhanskys haben aber noch eine ganz andere überraschende Konsequenz. Sie laufen ja darauf hinaus, daß die Zahl der möglichen Erbvarianten bei jeder sich geschlechtlich fortpflanzenden Spezies um viele Zehnerpotenzen größer ist als die Gesamtzahl aller Individuen, welche diese Spezies während der Dauer ihrer biologischen Existenz hervorzubringen vermag. Das aber heißt, nur mit anderen Worten ausgedrückt, daß in jeder solchen Spezies, also auch in der Menschheit, nur ein winziger, wahrhaft verschwindend kleiner Bruchteil aller der Merkmale und Eigenschaften jemals verwirklicht wird, die ihr aufgrund ihrer Genzahl und -verschiedenheit grundsätzlich, »potentiell«, erreichbar wären.

Im Hinblick auf die genetische Anpassungsfähigkeit der einzelnen Spezies besteht also im Regelfalle offenbar eine ganz gewaltige unausgenutzte »Reserve« an Funktionsmöglichkeiten und anderen Eigenschaften. Von ihnen wird zum Teil deshalb niemals Gebrauch gemacht, weil für sie innerhalb der Individuenzahl der betreffenden Spezies aus den geschilderten Gründen gewissermaßen kein Platz mehr ist, und zum anderen Teil deshalb, weil die Umwelt, das »biologische Milieu«, ihre Ausnutzung nicht erfordert.

Alle diese Überlegungen gelten, wie gesagt, selbstverständlich auch für uns selbst, für die Spezies Homo sapiens. Auf diesen konkreten Fall gemünzt, hieße das also, daß die genetische Anpassungsfähigkeit, die »Merkmalsplastizität« des Menschen, unvorstellbar viel größer sein muß, als es das Repertoire der von der Menschheit tatsächlich verwirklichten Eigenschaften vermuten läßt.

Aus dieser in vieler Hinsicht bemerkenswerten Einsicht der modernen Genetik ergeben sich einige außerordentlich interessante Konsequenzen für das menschliche Selbstverständnis und für die heute aktuell gewordenen Überlegungen über die Existenz und die mögliche Beschaffenheit nichtirdischer Lebensformen auf anderen Himmelskörpern.

So wird durch diese Einsicht zum Beispiel endlich – und, wie ich glaube, endgültig – ein Argument widerlegt, auf das sich das jahrtausendealte anthropozentrische Vorurteil von der einmaligen Sonderstellung des Menschen im Kosmos bis heute stützen zu können glaubt. Dieses sehr überzeugend klingende, in Wirklichkeit aber auf einem Trugschluß beruhende Argument besteht in dem Hinweis auf die in der Tat außerordentlich komplizierte und spezifische Zusammensetzung des auf der Erdoberfläche bestehenden biologischen Milieus. Im Licht dieser Beweisführung erscheint die Erde als ein glücklicher Ausnahmefall, bei dem zufällig alle die biologisch relevanten Faktoren in genau der richtigen Zusammensetzung verwirklicht sind, deren Gesamtheit die entscheidende Voraussetzung zur Entstehung höherer Lebensformen, wenn nicht von Leben überhaupt, bildet. Vor noch gar nicht langer Zeit war diese Auffassung auch noch so etwas wie die herrschende Lehrmeinung in der Wissenschaft. Bis vor einem Jahrzehnt wurde von fast allen Biologen und sehr vielen Astronomen die Ansicht vertreten, daß die Erde aller Wahrscheinlichkeit nach im ganzen Kosmos der einzige Himmelskörper sein dürfte, auf dem sich Leben – ganz zu schweigen von höheren oder gar intelligenten Lebensformen – entwickelt haben könne. Die Begründung: Es sei ganz und gar unwahrscheinlich, daß sich irgendwo im Kosmos, so groß er auch sei, noch ein zweiter Himmelskörper finde, auf dessen Oberfläche ein dem irdischen in allen lebensnotwendigen Einzelheiten entsprechendes biologisches Milieu existiere.

Das ist in der Tat mehr als fraglich. Unter anderem schon deshalb, weil wesentliche Bestandteile des irdischen Milieus gar nicht primäre Eigenschaften unseres Planeten, sondern längst selbst die Folge bestimmter und einmaliger biologischer Prozesse sind, die sich auf der Erdoberfläche abgespielt haben. Dies gilt, um nur an das auffälligste Beispiel zu erinnern, etwa für den Sauerstoffgehalt unserer Atmosphäre, der für einen »erdähnlichen« Planeten keineswegs typisch ist und erst die Folge der Entstehung einer üppigen pflanzlichen Vegetation auf der Erdoberfläche darstellt.

Aber trotzdem ist die aus der Einmaligkeit der spezifisch irdischen Bedingungen gezogene biologische Schlußfolgerung falsch. Denn wenn man der Erde in dieser Weise die Rolle einer einzigartigen oder auch nur optimalen biologischen Umwelt zuteilt, so erliegt man in Wirklichkeit einem Trugschluß, einem naiven anthropozentrischen Vorurteil, und verwechselt die Ursache mit der Wirkung. Man muß dann nämlich konsequenterweise von der Annahme ausgehen, daß die biologische Konstitution des Menschen vorgegeben sei und feststehe, daß dieser so beschaffene Mensch sich nur durch einen Zufall, der dann wahrhaftig als einmalig zu bezeichnen wäre, auf einem Planeten vorfände, dessen physikalische Eigenschaften – welch glückliche Fügung! – den biologischen Bedürfnissen des Menschen bis in alle Einzelheiten exakt entsprächen. Wenn man das einmal so formuliert, wird, wie ich glaube, der auch heute noch weitverbreitete Denkfehler sofort sichtbar. In Wirklichkeit ist die Beziehung zwischen Mensch und Erde natürlich genau umgekehrt zu sehen: Die exakte Abstimmung zwischen den Umweltbedingungen auf der Erdoberfläche und unseren biologischen Bedürfnissen beruht selbstverständllich allein darauf, daß wir uns – ebenso wie alle übrigen irdischen Lebensformen – an die hier herrschenden Bedingungen bis in die letzten Feinheiten angepaßt haben. Die eingangs erörterte »Merkmalsplastizität« unserer eigenen und aller anderen irdischen Spezies ist so groß, daß diese Anpassung innerhalb wahrscheinlich sehr weiter Grenzen auch beim Vorliegen ganz anderer Umweltfaktoren gelungen wäre, wobei die aus ihr resultierenden Lebensformen sich in Gestalt und Funktion von den uns allein gewohnten dann entsprechend weit entfernt haben würden.

Pointiert formuliert: Optimal sind in Wirklichkeit gar nicht die auf der Erdoberfläche herrschenden biologischen Bedingungen, optimal ist in Wirklichkeit lediglich die Gründlichkeit, mit der sich unsere Spezies an diese Bedingungen im Laufe vieler Jahrmillionen angepaßt hat. Wobei diese Anpassung unter anderem auch zur Folge hatte, daß uns diese irdischen Bedingungen heute als optimal erscheinen.

Wo liegen also, das ist die Frage, die sich hier sofort erhebt, nun tatsächlich, unter einem objektiven Gesichtspunkt, die Grenzen für Leben überhaupt? Anders ausgedrückt: Welches sind die Grundvoraussetzungen, die erfüllt sein müssen, um Leben zu ermöglichen? Eben nicht nur in der uns allein bekannten Form, sondern ganz allgemein »molekulare Systeme, die in der Lage sind, Energie und Informationen aufzunehmen, geordnet zu verarbeiten und an ihnen gleiche Systeme weiterzugeben«, wie der amerikanische Nobelpreisträger Melvin Calvin definierte. Wenn wir auf diese Weise versuchen, uns eine Vorstellung davon zu verschaffen, zu welcher Form sich das Phänomen Leben unter dem Zwang ganz anderer als der uns gewohnten Umweltbedingungen entwickelt haben könnte, so bewegen wir uns natürlich auf einem höchst spekulativen Gebiet. Immerhin ist eine Reihe von Aussagen sinnvoll.

Leben ist an rasche chemische Umsetzungen gebunden, die sich an und zwischen außerordentlich komplizierten Molekülen abspielen. Das aber ist nur in einem relativ engen Temperaturbereich möglich. Bei zu hohen Temperaturen dissoziieren die Moleküle, und bei zu niedriger Temperatur werden die Reaktionen zu träge. Daraus ergeben sich zunächst einmal bestimmte astronomische Grundbedingungen. Aller Wahrscheinlichkeit nach kommen nur Planeten in Betracht, die sich in mittlerer Entfernung von einem ausreichend alten Fixstern befinden. Veränderliche scheiden aus, weil die Bedingungen über sehr lange Zeiträume konstant bleiben müssen. Das gleiche gilt für Doppelsterne, deren Planeten erst in sehr großen Entfernungen stabile Umlaufbahnen haben könnten. Immerhin schätzen amerikanische Astrophysiker die Zahl der möglicherweise belebten Planeten allein in unserer Milchstraße auch unter diesen Einschränkungen noch auf mehrere Millionen!

Unter den biologischen Grundvoraussetzungen scheint die wichtigste das Vorliegen eines chemischen Systems zu sein, das Energie und Informationen zu übertragen vermag. Bei den uns gewohnten Lebensformen geschieht das zum Beispiel durch eisenhaltige Oxidations- und Reduktionssysteme sowie durch Nukleinsäureketten als Träger der Erbinformation. Nun hat der an der Universität Southampton lehrende Biologe W. T. Williams vor einiger Zeit darauf hingewiesen, daß sich beide biologischen Funktionen auch durch ganz andere chemische Systeme verwirklichen ließen. Anstelle von Nukleinsäureketten kämen zum Beispiel auch Phosphor-, Stickstoff- oder Silikon-Sauerstoffketten in Betracht. Und das uns allein gewohnte Lösungsmittel Wasser ließe sich – innerhalb eines sehr viel niedrigeren Temperaturbereichs – durch flüssiges Ammoniak ersetzen.

Alle uns als lebensnotwendig bekannten biologischen Funktionen und Leistungen wären auch mit diesen und einigen wenigen anderen chemischen Systemen zu bewältigen. Die Lebensformen, die sich auf der Grundlage dieser anderen Systeme entwickeln könnten (oder vielleicht irgendwo im Kosmos auch schon entwickelt haben), entziehen sich allerdings unserem Vorstellungsvermögen. Mit einer Ausnahme: Über bestimmte grundsätzliche Merkmale der Gestalt auch der uns fremdesten Lebensformen scheinen einige Aussagen möglich zu sein. So wird man zum Beispiel annehmen dürfen, daß diese Gestalt in der Regel bilateral-symmetrisch ausgebildet ist – einfach deshalb, weil es ohne Frage zweckmäßig ist, wenn man sich gleich gut und in gleicher Weise sowohl nach rechts als auch nach links wenden kann. Aus der gleichen Betrachtungsweise ergibt sich die Schlußfolgerung, daß Augen oder andere ihnen funktionell analoge Sinnesrezeptoren am Körper vorn, also in der Bewegungsrichtung, oder möglichst weit oben gelegen sein dürften und daß sich die Ausscheidungsöffnung für verbrauchte Stoffwechselprodukte am entgegengesetzten Körperende befindet. Und schließlich wird man, soweit es sich um intelligente Lebensformen handelt, auch noch von einer gewissen Mindestgröße ausgehen dürfen. Die »intelligenten Insekten« mancher Science-fiction-Autoren haben in Wirklichkeit keine Chance. Denn eine Ameise kann schon alleine deshalb keine Intelligenz ausbilden, weil ihr Gehirn viel zu klein ist und daher viel zuwenig Ganglienzellen enthält, um die Menge an Informationen speichern zu können, welche eine der Voraussetzungen zu einem »intelligenten« Umgang mit der Umwelt bilden. Intelligenz ist, so gesehen, also auch ein räumliches Problem.

Überlegungen dieser Art werden heute zunehmend auch von angesehenen Wissenschaftlern angestellt und in Fachzeitschriften veröffentlicht. Das hat mehrere Gründe. Einmal handelt es sich dabei um eine Art fachliche »Denksportaufgaben«. Die theoretische Entwicklung eines funktionsfähigen biochemischen Modells, bei dem minimale chemische Änderungen meist unübersehbare Konsequenzen nach sich ziehen, verlangt nämlich einen enormen Scharfsinn und überdurchschnittliches fachliches Können. Ein weiterer Grund ist der, daß es nur in dieser spekulativen Umwelt möglich ist, sich ein Urteil darüber zu bilden, welche der von uns beobachteten biologischen Phänomene Grunderscheinungen des Lebens sind und welche lediglich Spezialanpassungen an spezifisch irdische Verhältnisse darstellen. Ganz von selbst, gleichsam beiläufig, führt diese Betrachtungsweise aber noch zu einem weiteren und auf lange Sicht vielleicht nicht weniger bedeutsamen Resultat: Sie läßt uns das Leben auf unserer Erde in einem ganz neuen Licht sehen – als eine Form des Lebens, die ganz sicher nicht die einzige überhaupt ist, aber die dennoch einzigartig und einmalig ist in ihrer spezifisch irdischen Besonderheit.

(1966)

Abwehr und Aberglaube

Über menschliche und maschinelle Intelligenz

Eine bekannte Legende berichtet, daß es der Anblick eines vom Baum fallenden Apfels gewesen sei, der Newton auf den seiner genialen Gravitationslehre zugrundeliegenden Einfall gebracht habe. Wie die meisten Legenden, so ist auch diese durch kein historisches Zeugnis verbürgt. Aber wie alle guten Legenden erweist auch sie sich bei näherer Betrachtung in einem sehr viel tieferen und hintergründigen Sinne dennoch als wahr. In ihr ist nämlich in wirklich bewundernswerter Kürze und Prägnanz erfaßt, was den eigentlichen Kern dessen ausmacht, was wir als »Intelligenz« bezeichnen.

Im Unterschied zum bloßen Wissen, zum mehr oder weniger geschickten Umgang mit gelernten Fakten und bekannten Situationen, besteht das Wesen der Intelligenz im Erkennen von Analogien durch Abstraktion. Durch diese beiden psychischen Leistungen läßt sich auch der originale Einfall des Genies in seiner Bedeutung und seinem Wesen erfassen. Und beide sind in der eingangs zitierten Legende nun in besonders anschaulicher Form enthalten. Es ist in der Tat die Leistung Newtons gewesen, als erster erkannt zu haben, daß es die gleiche Naturkraft ist, die sowohl den Apfel zur Erde fallen als auch die Himmelskörper sich auf festen Kreisbahnen bewegen läßt. Die Abstraktion besteht in diesem Fall darin, daß von der konkreten Situation: hier der Apfel, auf der anderen Seite ein Planet, im wörtlichen Sinne »abgesehen« wird. Durch diesen Prozeß, der sich als der einer geistigen Distanzierung vom anschaulich gegebenen Objekt beschreiben läßt, wird dann die Analogie sichtbar, nämlich eine den beiden so scheinbar wesensverschiedenen Dingen, Äpfeln und Planeten, gemeinsame Eigenschaft: Sobald sie in der Abstraktion als prinzipiell gleichwertige »physikalische Körper« mit vergleichbaren Eigenschaften erkannt worden sind, wird sichtbar, daß beide in analoger

Weise von der gleichen Kraft, der Schwerkraft, bewegt werden.

Noch ein zweites Kriterium bestimmt das Wesen der Intelligenz: die Fähigkeit zur Voraus-Sicht. Solange ein Lebewesen sein Verhalten lediglich nach dem Prinzip von Versuch und Irrtum richtet, solange es einfach nur aus schlechten und guten Erfahrungen lernt, nennen wir es nicht »intelligent«. Das ist noch das Stadium der Dressur. »Intelligent« ist ein Verhalten erst dann, wenn die möglichen Folgen einer bestimmten Handlung *vor* der Durchführung im »Inneren« des Organismus – wie zum Beispiel in seinem »Bewußtsein« – gewissermaßen durchgespielt werden und wenn die Durchführung erst nach und gemäß der auf diese Weise gewonnenen »inneren« Erfahrung erfolgt.

Intelligenz in diesem Sinne, also die Fähigkeit zum Erkennen von logischen Beziehungen zwischen scheinbar ganz verschiedenen Gegebenheiten und zur Vorausschau auf künftige Konsequenzen eigenen Verhaltens, ist es, durch die sich der Mensch in erster Linie von allen anderen Lebewesen auf der Erde unterscheidet. Ihr verdankt er seine unbestrittene Vorherrschaft. Und es dürfte wohl den meisten als eine keiner weiteren Diskussion würdigen Selbstverständlichkeit gelten, daß mit »Intelligenz« ausschließlich und allein *menschliche* Intelligenz gemeint sein kann.

Eine der erstaunlichsten Entwicklungen unserer an naturwissenschaftlichen Entdeckungen und geistesgeschichtlichen Revolutionen gewiß nicht armen Epoche läuft aber nun auf die Behauptung hinaus, daß diese so selbstverständlich erscheinende Annahme falsch sei. Die Mehrzahl der heutigen Kybernetiker und Informationstheoretiker ist im Gegenteil fest davon überzeugt, daß es grundsätzlich möglich ist, eine »maschinelle Intelligenz« zu entwickeln, einfacher ausgedrückt: elektronische Automaten oder Computer, die intelligenter Leistungen fähig sind. Der deutsche Kybernetiker Karl Steinbuch hat dem gleich noch hinzugefügt, daß es auch keinen ersichtlichen Grund gebe, aus dem ein solcher »intelligenter Computer« nun in seiner Leistungsfähigkeit ausgerechnet auf das Niveau menschlicher Intelligenz beschränkt bleiben müsse.

Feststellungen dieser Art stoßen in der Öffentlichkeit auf spöttische Abwehr oder Unglauben. Da es unser Leben wie kein anderes Ereignis in unserer ganzen bisherigen Geschichte revolutionieren würde, wenn es eines Tages wirklich intelligente Automaten gäbe, womöglich noch mit einer der unseren überlegenen Intelligenz, wollen wir die Argumente der Kybernetiker näher betrachten.

Der erste Einwand, der jedem auf der Zunge liegt, wenn von der Intelligenz eines Apparates die Rede ist, besteht in dem Hinweis darauf, daß es sich bei allen noch so staunenerregenden Leistungen, welche elektronische Apparaturen zu vollbringen vermögen, doch immer nur um Leistungen handeln könne, die diesen Geräten vorher durch menschliche Intelligenz einprogrammiert worden seien. Anders ausgedrückt: Eines neuen, »schöpferischen« Einfalls sei ein Computer grundsätzlich nicht fähig.

Es ist ein seltsames Erlebnis, sich von einem Kybernetiker Schritt für Schritt nachweisen zu lassen, daß dieses Argument nicht stichhaltig ist, und zwar gleich aus zwei Gründen: Als erstes Gegenargument bekommt man zu hören, daß auch der Mensch »programmiert« ist: durch seine biologische Konstitution, durch das Repertoire seiner Instinkte und Reflexe, durch Stimmungen und Triebe, die unser Verhalten in einen festgelegten, wenn auch sehr weiten Rahmen zwängen. Aber auch hinsichtlich der Möglichkeit eines »schöpferischen« Einfalles besteht, so muß man sich belehren lassen, grundsätzlich kein Unterschied.

Einen »freien« Einfall im wörtlichen Sinn gibt es nämlich gar nicht, in jedem Fall handelt es sich um das Produkt der Verarbeitung von Wissen, und selbst der »geniale« Einfall läßt sich, wie wir eingangs erörtert haben, psychologisch als das Auffinden einer bisher nicht entdeckten Beziehung zwischen zwei Sachverhalten erklären. Das aber kann ein entsprechend konstruierter Computer auch. Von zahllosen Beispielen nur eines: Der amerikanische Kybernetiker Marvin Minsky hat soeben die Programmierung eines Computers veröffentlicht, der in der Lage ist, Analogien der Lagebeziehung zwischen einfachen geometrischen Figuren zu finden. Dieser Computer löst damit eine Aufgabe, die als typische Intelligenzprüfung zu der Testbatterie gehört, mit der die Psychologen die Intelligenz Heranwachsender untersuchen!

Ebenso ist auch die Fähigkeit der Voraussicht schon heute, nach kaum zwei Jahrzehnten kybernetischer Forschung, kein Privileg des Menschen mehr. Schon heute gibt es elektronische Apparaturen, denen ein »Modell« der Außenwelt eingebaut ist – wobei die Außenwelt hier freilich vorerst noch auf eine relativ kleine Zahl von Faktoren beschränkt werden muß – und die ihre Entscheidungen ebenfalls erst virtuell in diesem »internen Modell« durchspielen, um die herauszusuchen, deren Folgen der gestellten Aufgabe am besten entsprechen. Das berühmteste Beispiel ist ein Schach spielender Computer, der drei Züge voraus denken kann und der wenigstens einmal schon, als sich daraus innerhalb dieser drei Züge eine Mattchance ergab, sogar ein Damenopfer gebracht hat. Um gleich einen weiteren Einwand vorwegzunehmen: Dieser Schach spielende Computer ist auch in der Lage, zu lernen. Einen einmal gemachten Fehler wiederholt er in der gleichen Situation nie wieder. Seine »Beeinflußbarkeit« durch Erfahrung geht sogar so weit, daß seine Spielstärke deutlich nachläßt, wenn er mehrfach hintereinander gegen schwache menschliche Gegner gespielt hat.

Die tatsächliche Grenze dieser und zahlloser anderer elektronischer Automaten, die Leistungen vollbringen, die sich kaum mehr anders als mit psychologischen Begriffen beschreiben lassen, liegt ganz woanders: Sie liegt in ihrer im Vergleich zum menschlichen Gehirn geradezu lächerlich groben Konstruktion und ihrer noch immer viel zu geringen Speicherfähigkeit. Um »Einfälle« haben zu können, muß man eben auf eine möglichst große Zahl gespeicherter Fakten und Erfahrungen zurückgreifen können, zwischen denen es immer neue Beziehungen herzustellen gilt.

Die Ökonomie der Natur, die es fertiggebracht hat, in einer Schädelkapsel von kaum mehr als einem Liter Inhalt ein Gehirn unterzubringen, dessen »Schaltplan« eine Fläche von vielen Quadratkilometern einnehmen würde, wird der Kybernetik aller Mikrominiaturisierung zum Trotz auf absehbare, wenn nicht auf alle Zeit unerreichbar bleiben. Die Folge besteht darin, daß alle bisherigen Computer psychologisch als »Vollidioten mit Spezialbegabung« beurteilt werden müssen, wie es ein bekannter Kybernetiker einmal treffend ausdrückte. Sie alle lösen die ihnen von ihrem Konstrukteur gestellte Aufgabe, und zwar stets schneller und exakter und in manchen Fällen sogar schon »intelligenter« als der Mensch. Aber sie können eben auch nur diese eine einzige Aufgabe lösen und sind in jeder anderen Hinsicht all ihrer aufwendigen Kompliziertheit zum Trotz völlig nutzlose Gebilde.

Das aber ist nur eine faktische und augenblickliche, keineswegs aber etwa eine prinzipielle Grenze. Schon heute gibt es Automaten, die es »automatisch« registrieren, wenn die Angaben, die ihnen eingegeben werden, nicht ausreichen, die ihnen gestellte Aufgabe zu lösen. Daniel Bobrow vom Massachusetts Institute of Technology hat kürzlich einen Automaten konstruiert, der Dreisatzaufgaben lösen kann, die ihm in Form einfacher englischer Sätze eingegeben werden. Andere Automaten bringen es fertig, Aufgaben, die sie nicht lösen können, in Teilprobleme einfacherer Natur zu zerlegen.

Das Ganze ist ein quantitatives Problem. Und die technische Weiterentwicklung der Automaten schreitet außerordentlich schnell voran. Irgendwann wird dabei, wie Minsky feststellt, eine entscheidende Schwelle erreicht und überschritten werden. Irgendwann wird bei dieser Entwicklung ein Punkt erreicht werden, von dem an ein Zusammenschluß aller dieser auf die verschiedensten Aufgaben spezialisierten Computer möglich wird und von dem an diese Apparate fähig sein werden, die ihnen von ihren menschlichen Konstrukteuren eingebauten »internen Modelle« der Außenwelt selbsttätig aufgrund eigener »Erfahrungen« weiter zu vervollkommnen. Von diesem Augenblick an wird die Welt nicht mehr die gleiche sein wie vorher. Von diesem Augenblick an wird unsere Existenz von der Gegenwart technischer Gebilde geprägt sein, die über eine uns weit überlegene Intelligenz verfügen.

Man kann auch heute noch zur Not an dem Standpunkt festhalten, daß die Leistungen der Computer intelligenten Leistungen nur ähnlich seien und daß es Apparate mit selbständiger Intelligenz niemals geben werde. Ein solcher Standpunkt ist schon

heute keineswegs mehr leicht zu begründen, aber immerhin noch diskutabel. Gänzlich indiskutabel aber wäre die Erwartung, daß die Entwicklung elektronischer Automaten, die einmal begonnen haben, intellektuelle Leistungen – und seien diese noch so spezialisiert – zu vollbringen, jemals an irgendeiner naturgegebenen Grenze zum Stillstand kommen müsse. Gänzlich unrealistisch wäre insbesondere die Auffassung, daß die Entwicklung und vor allem die selbsttätige Weiterentwicklung eines intelligenten Computers gerade da enden müsse, wo unsere, die menschliche Intelligenz ihre Grenzen hat.
Es ist müßig, eine Prognose geben zu wollen, wann in der technischen Weiterentwicklung der Computer die Schwelle erreicht sein könnte, von der eben die Rede war. Unbestreitbar ist heute und auf absehbare Zeit die menschliche Intelligenz, die in die Konstruktion solcher Automaten hineingesteckt werden muß, noch unendlich viel größer als die maschinelle Intelligenz, die das Produkt einer solchen Konstruktion dann an den Tag zu legen imstande ist. Die Diskrepanz zwischen Aufwand und Resultat ist heute in dieser Hinsicht noch scheinbar hoffnungslos. Das aber sollte kein Grund zur Skepsis sein. Lehrreich ist hier die Parallele zu der Entwicklung, die zur Freisetzung der Atomenergie führte. Auch hier überstieg der Aufwand an Energie, die benötigt wurde, um den Atomkern zu zerlegen, die dadurch freigesetzte Kernenergie zunächst in solchem Maße, daß sogar der große Rutherford selbst, der erste, dem die Zertrümmerung des Atomkerns gelang, bis zu seinem Tod im Jahr 1937 über die »Schwärmer« spottete, die an die zukünftige Möglichkeit einer technisch nutzbaren atomaren Energiequelle glaubten.
Und so zweifele ich nicht daran, daß auch auf dem Gebiet der Computerentwicklung eines Tages die kritische Schwelle erreicht werden wird, jenseits deren die »Kettenreaktion« einer selbsttätigen Weiterentwicklung intelligenter Maschinen einsetzt. Warum sollten wir auf diesen Augenblick nicht mit Hoffnung und sogar mit Ungeduld warten? So wie uns heute Raumsonden Bilder liefern, die uns ferne Himmelskörper so sehen lassen, als ständen wir selbst auf ihnen, so werden uns die überintelligenten elektronischen Systeme der Zukunft auf unser

Verlangen über Probleme und Aspekte unserer Welt berichten, die unserem Fassungsvermögen ohne ihre Unterstützung ewig unerreichbar blieben.

(1966)

Leben ohne Sauerstoff

Die Geschichte der Erdatmosphäre

Es gibt auch heute noch Menschen, für die die Naturwissenschaft etwas Ähnliches ist wie eine permanente Gotteslästerung. Das sind jene Menschen, die der von ihnen für selbstverständlich gehaltenen Überzeugung anhängen, die naturwissenschaftliche Forschung führe, weil sie die sich in unserer Umwelt abspielenden Phänomene erkläre, zu einer stetigen Abnahme der Zahl der Geheimnisse der Natur und damit zu ihrer – wie es gern heißt – »Entzauberung«. Hinter diesem Vorwurf steckt so etwas wie die Sorge davor, daß eine gleichsam ungenierte weitere Forschung schließlich die gesamte Welt, in der wir uns vorfinden, auf naturwissenschaftlich definierbare Zusammenhänge reduzieren und damit Gott gewissermaßen aus der Natur »herauserklären« könnte.

Eine auf diese oder ähnliche Weise motivierte gefühlsmäßige Ablehnung der Naturwissenschaft ist auch heute noch in mancherlei Verkleidung spürbar, neuerdings etwa in der wiederholt auch von maßgeblichen Persönlichkeiten unseres kulturellen Lebens geäußerten höchst erstaunlichen Auffassung, daß ein Wissen über naturwissenschaftliche Fakten und Zusammenhänge kein notwendiger Bestandteil dessen sei, was man als »Bildung« zu bezeichnen habe.

Angesichts einer so selbstsicheren Bewertung sei mir hier die Feststellung gestattet, daß diese Auffassung nicht nur falsch ist und einen heute nicht mehr entschuldbaren Grad von Unwissenheit über das Wesen der Naturwissenschaft verrät. Darüber hinaus ist sie auch töricht. Denn, so wäre zu fragen, was ist das für eine seltsame Art von »Respekt« vor der uns umgebenden Natur und ihren Geheimnissen, der sich scheut, ihnen mit dem Verstand auf den Grund zu gehen? Wie groß wäre denn der Wert eines Geheimnisses zu bemessen, dessen Charakter nur deshalb erhalten bliebe, weil wir uns scheuten, nach seiner Lösung zu suchen?

In Wirklichkeit ist es ganz anders. Es ist zwar richtig, daß die Naturwissenschaft die Erscheinungen der Natur erklärt und verständlich werden läßt, indem sie sie als spezielle Fälle gemeiner und unveränderlicher Gesetze durchschaut. Aber nur, wer sich noch niemals in seinem Leben bemüht hat, auch nur oberflächlich in den Geist der Naturwissenschaft einzudringen, kann behaupten, daß der Respekt, daß die Verehrung des Menschen gegenüber der Natur durch diesen Erkenntnisprozeß verringert würde. Das Gegenteil ist der Fall. Jede naturwissenschaftliche Entdeckung, jedes einzelne spezielle experimentelle Resultat stellt zwar eine Antwort dar, eine Aussage über einen bisher unbekannten Sachverhalt. Aber gleichzeitig gilt, daß jedes einzelne solche Resultat regelmäßig noch viel mehr Fragen aufwirft, als es beantwortet. Das entscheidende Kriterium aber, das diesen naturwissenschaftlichen Erkenntnisprozeß so wesentlich und faszinierend macht, ist die Tatsache, daß bei dem langsamen Eindringen des Verstandes in die uns umgebende Natur immer wieder neue und immer kompliziertere Zusammenhänge sichtbar werden, immer weitere und umgreifendere Horizonte, hinter denen eine uns in ihrem ganzen Umfang dennoch stets verborgen bleibende Ordnung spürbar wird, welche die Frage nach einer uns Lebenden übergeordneten transzendenten Instanz in sehr viel konkreterer, sehr viel verbindlicherer Form aufwirft, als es die Metaphysik in den vorhergehenden Jahrhunderten getan hat. Die metaphysische Tradition ist nicht durch einen reinen Zufall heute so gut wie erloschen: Die Naturwissenschaft ist die Fortsetzung der Metaphysik mit anderen Mitteln.

Diesen entscheidenden Aspekt aller naturwissenschaftlichen Forschung kann man, wenn man einmal entdeckt hat, worin ihre eigentlichen Triebfedern liegen und welches ihr Ort in der geistesgeschichtlichen Tradition ist, in jedem einzelnen noch so speziellen Befund ansichtig werden. Jedenfalls dann, wenn man in der Lage ist, einen solchen Einzelbefund im Verhältnis und in seinen Beziehungen zu anderen, analogen Befunden zu sehen. Es ist in der Tat an sich belanglos, ob irgendeine bestimmte Crustaceenart an ihrem vorderen Beinpaar zwölf oder sechzehn Borsten hat. Befunde dieser Art erschließen aber bis

dahin unbekannte Zusammenhänge, etwa der Verwandtschaft und der Artentstehung, und führen damit zu einer fortlaufenden Berichtigung und Bereicherung unseres Weltbildes. Das macht ihre wahre Bedeutung aus.
Es gibt nun – naturgemäß sehr viel seltener – mitunter auch Entdeckungen oder theoretische Konzeptionen, angesichts deren auch der Laie fasziniert miterleben kann, wie als Folge eines neu gefundenen Resultats oder einer durch eine bestimmte Überlegung veranlaßten neuen Anordnung an sich schon bekannter Fakten mit einem Male längst bekannt Geglaubtes eine ganz unerwartete Gestalt annimmt und damit immer zugleich auch völlig neue Ausblicke – und neue Fragen! – eröffnet. Ein eindrucksvolles Beispiel eines solchen Falles ist das kürzlich von zwei amerikanischen Gelehrten, nämlich von Lloyd Berkner und Lauriston Marshall, vom Center für Advanced Studies in Dallas veröffentlichte »Modell« eines Zusammenhanges zwischen der Entstehung des Sauerstoffs in unserer Atmosphäre und dem geologischen Ablauf der Evolution. Die ebenso kühne wie geistreiche Theorie der beiden genannten Autoren wirft nicht nur ein ganz neues Licht auf bestimmte Besonderheiten der Evolution, sie liefert – fast nebenbei – erstmals auch eine überzeugende Erklärung für die Entstehung der Eiszeiten. Darüber hinaus eröffnet sie einen gänzlich neuen, bisher nicht bedachten Aspekt hinsichtlich des Verhältnisses zwischen organischem Leben und den von ihm benötigten Bedingungen. Und schließlich ist es charakteristisch, daß die Theorie nicht etwa auf eine revolutionierende neue Entdeckung zurückgeht, sondern lediglich auf eine neue Anordnung grundsätzlich bekannter Tatsachen unter dem Gesichtspunkt eines größeren, umfassenderen Zusammenhanges.
Der Ausgangspunkt der beiden Gelehrten war – wie es in der Wissenschaft oft der Fall ist – ein Widerspruch. Er besteht darin, daß der Sauerstoff in unserer Atmosphäre zwar für alle heute lebenden Tiere und auch für viele Pflanzen lebensnotwendig ist, daß sich andererseits aber Leben auf der Oberfläche unseres Planeten nur in einer sauerstofflosen Atmosphäre bilden konnte, weil die zur Entstehung der ersten biologisch aktiven Moleküle notwendigen Aminosäuren sonst sofort oxidiert

wären. Von diesem Ansatzpunkt aus entwickelten Berkner und Marshall eine »Geschichte der irdischen Atmosphäre«, welche außerordentlich interessante Rückschlüsse auf eine ganze Reihe anderer Probleme der Erdgeschichte zuläßt.

Die erste Frage war natürlich die nach dem Ursprung der irdischen Atmosphäre. Wie auch immer man sich die Entstehung der Erde vorstellt, sicher ist, daß sie keine »primordiale« Atmosphäre gehabt haben kann. Ob die Erde nun einst ein glühender Gasball gewesen ist, der sich bis zu seiner heutigen Dichte kontrahierte und dabei langsam abkühlte, oder ob sie ein Konglomerat zahlreicher kleinerer Materiebrocken darstellt, eine Atmosphäre gleich welcher Zusammensetzung kann sie anfangs nicht gehabt haben. Woher also stammt die Atmosphäre? Allem Anschein nach hat die Erde selbst sie gleichsam »ausgeschwitzt«, und zwar vor allem mit Hilfe der Vulkane an ihrer Oberfläche. Der amerikanische Geologe Wilson hat darauf hingewiesen, daß es heute noch etwa 500 aktive Vulkane auf der Erde gibt. Diese befördern jährlich fast eine Kubikmeile festen Gesteins an die Oberfläche. In den etwa drei bis vier Milliarden Jahren, die seit der Entstehung der Erde vergangen sind, würde dadurch eine Menge zusammenkommen, die nahezu dem Gesamtvolumen aller Kontinente entspräche. Die vulkanische Gasproduktion liegt aber in der gleichen Größenordnung, weshalb sie die wichtigste Quelle der ursprünglichen Erdatmosphäre gebildet haben dürfte und darüber hinaus auch die der Weltmeere. Denn 97 Prozent der vulkanischen Gase bestehen – und bestanden – aus Wasserdampf, der sich in den großen Becken auf der Erdoberfläche niederschlug. Der Rest – vor allem Stickstoff, Kohlendioxid, Wasserstoff, Methan, Ammoniak und einige andere Gase – bildete im Laufe der Zeit die irdische Atmosphäre. Sauerstoff war nicht darunter.

In dieser uns heute giftig erscheinenden, in Wahrheit dagegen lebensspendenden Uratmosphäre entstanden die ersten biologisch aktiven Moleküle und schließlich die ersten einzelligen Lebewesen. Aber die damals noch ungehindert einfallende Ultraviolettstrahlung der Sonne begann, an der Oberfläche der Meere das Wasser aufzuspalten in Wasserstoff und freien Sauerstoff. Und dabei ergab sich nun ein in vieler Hinsicht außerordentlich bemerkenswertes Stadium der Entwicklung. Der an und für sich nicht sehr ergiebige Prozeß der Sauerstofffreisetzung durch die ultraviolette Strahlung bremste sich nämlich bei einem ganz bestimmten Wert selbst ab. Zusammen mit dem Sauerstoff entstanden geringe Spuren Ozon. Ozon aber filtert ultraviolettes Licht ab. Es läßt sich berechnen, daß der dadurch hervorgerufene selbsttätige Bremsprozeß den Sauerstoffgehalt der damaligen Atmosphäre ziemlich genau bei 0,1 Prozent des heutigen Wertes eingestellt hat. Dieser Feststellung der beiden Amerikaner aber kommt eine höchst bedeutsame Konsequenz zu: Der einem solchen Sauerstoffgehalt entsprechende, durch den Ozonanteil und den Wasserdampf der Atomsphäre gebildete UV-Filter schützt in erster Linie in einem relativ schmalen Spektralbereich, der etwa zwischen 2 600 und 2 800 Angström* liegt. Eben dieser (ursprünglich als zufällig anzusehende) Wert scheint nun vor zwei bis drei Milliarden Jahren den großen Sprung der Evolution vorbereitet zu haben, der von den primitiven Einzellern der Urzeit zu höheren Lebensformen geführt hat. Der genannte Spektralbereich ist nämlich identisch mit dem Bereich, innerhalb dessen Proteine und Ribonukleinsäuremoleküle gegenüber UV-Strahlung am empfindlichsten sind! Die Zusammensetzung der Uratmosphäre, deren abschirmender Ozongehalt durch den geschilderten selbstregulatorischen Prozeß über mindestens eine Milliarde Jahre hinweg konstant gehalten wurde, begünstigte also höchst einseitig, beinahe spezifisch die Bildung dieser beiden Molekülarten – der wichtigsten Bausteine aller heutigen Lebewesen.

Die Fülle unerwarteter Fragen, die sich aus dieser Entdeckung ergeben, läßt sich im Augenblick noch gar nicht übersehen. Die wichtigste von ihnen ist aber natürlich die nach der Ursache dieser Entsprechung. Mit Recht weisen Berkner und Marshall darauf hin, daß die Abschirmung gegenüber der UV-Strahlung der Sonne gerade in diesem schmalen Frequenzband einfach die Folge bestimmter physikalischer Grundgegebenheiten gewesen ist, vor allem eine Folge der Zusammensetzung des Sonnen-

* Nach dem schwedischen Physiker Anders Jonas Angström benannte Längeneinheit, die heute nicht mehr gebräuchlich ist. 1 Angström entspricht 1 Nanometer, also 1 Milliardstel Meter; d. Red.

spektrums und der Erdatmosphäre in der damaligen Zeit. Einzig mögliche Schlußfolgerung: Das Leben hat sich auf der Erde nicht deshalb in solcher Formenfülle entfalten können, weil ausgerechnet hier so ungewöhnlich günstige Bedingungen zu seiner Entwicklung vorgegeben gewesen wären, sondern deshalb, weil es sich an die sehr speziellen und grundsätzlich willkürlichen hier herrschenden Bedingungen so gründlich angepaßt hat, daß sie uns heute als die »zufällig« gerade auf der Erde herrschenden, für alles Leben optimalen Umweltbedingungen erscheinen. Unsere Phantasie reicht nicht aus, uns die Formen auszumalen, die das Leben angenommen hätte (hätte annehmen müssen!), wenn das Licht unserer Sonne nur geringfügig anders zusammengesetzt wäre!

Es gibt noch andere, nicht weniger interessante Konsequenzen. Dazu ein letztes Beispiel: Die Theorie der beiden Amerikaner läßt darauf schließen, daß es auch für den Sauerstoffgehalt unserer heutigen Atmosphäre eine oberste Grenze gibt. Ein Übermaß pflanzlichen Lebens auf der Erdoberfläche, das ja die Voraussetzung einer Vermehrung der Sauerstoffproduktion wäre, würde nämlich gleichzeitig zwangsläufig auch zu einer Abnahme des von der pflanzlichen Photosynthese verbrauchten Kohlendioxids führen. Das Kohlendioxid der Atmosphäre aber bildet die wichtigste Wärmeisolierung der Erdoberfläche gegenüber der Kälte des freien Weltraums. Deshalb müßte ein Zuviel an Sauerstoff indirekt auch zu einer Kälteperiode führen, die nun das pflanzliche Leben automatisch so lange reduzieren würde, bis der Kohlendioxidgehalt der Atmosphäre wieder anstiege, wodurch es erneut zu einer Erwärmung der Erdoberfläche mit wieder zunehmendem Pflanzenwuchs kommen würde. Es hat ganz den Anschein, als sei es dieser selbstregulatorische Effekt, der sich in der Geschichte unserer Erde als eine Folge wiederkehrender »Eiszeiten« niedergeschlagen hat, für die es bisher keine befriedigende Erklärung gab.

Die Möglichkeiten und Konsequenzen der neuen Theorie sind auch damit noch keineswegs vollständig angedeutet. Wir können darauf hier nicht mehr eingehen. Hier ging es nur darum, an diesem einen Beispiel einmal zu zeigen, wie töricht und unzutreffend der so oft gehörte Einwand ist, die Wissenschaft

»entzaubere« die Natur oder führe gar zum Hochmut des Menschen gegenüber der Natur. Und vielleicht kann dieses Beispiel auch noch etwas anderes deutlich machen: Naturwissenschaft gilt letzten Endes nicht einmal der Natur selbst. Denn indem er versucht, sich ein möglichst wirklichkeitsgetreues Bild der Natur zu entwerfen, versucht der Mensch nur, sich über seine eigene Rolle im ganzen klar zu werden.

(1966)

Programme aus der Steinzeit

Ist Aggression angeboren?

Es steht keineswegs fest, daß die Menschheit die kommenden Jahrzehnte ungeschoren überstehen wird. Die Frage, ob wir als biologische Art noch eine Zukunft haben oder ob wir, wie ungezählte andere Spezies vor uns, in einer Sackgasse unserer Entwicklung angelangt sind, ist heute aktueller denn je.

Die Geschichte der Natur lehrt, daß eine Art immer dann vom Aussterben bedroht ist, wenn sie sich als unfähig erweist, auf Veränderungen ihrer Existenzbedingungen mit spezifischen Anpassungen zu reagieren. Eben dieses Dilemma kennzeichnet die heutige Situation der Menschheit. Neu ist daran in unserem Falle lediglich der Umstand, daß die Gefahr erstmals in der Geschichte der Natur nicht von außen kommt: Nachdem er alle potentiellen Konkurrenten auf der Erde aus dem Felde schlug, nach erfolgreichem Kampf gegen Seuchen und Naturgewalten, steht der Mensch heute vor der größten Bedrohung seiner Geschichte, vor der Gefahr der Ausrottung von eigener Hand.

Wie konnte es dazu kommen? Die unbestritten dominierende Rolle, welche die Spezies Homo sapiens in den letzten Jahrzehntausenden (also in einer geologisch gesehen lächerlich kurzen Zeitspanne) auf diesem Planeten errungen hat, ist ihr allein deshalb zugefallen, weil ihre Mitglieder über die Fähigkeit der Anpassung erstmals nicht nur als biologische Organismen verfügten. Ein bis dahin niemals erreichtes Ausmaß an Lernfähigkeit und zusätzlich die revolutionierende Begabung, zukünftige Möglichkeiten schon vor ihrem Eintreten in der Phantasie vorwegnehmend gedanklich durchzuprobieren, haben dem Menschen eine Anpassungsfähigkeit verliehen, die auf dieser Erde konkurrenzlos ist.

Die Folge war das Entstehen einer Zivilisation, deren Entwicklungstempo das der biologischen Evolution um Größenordnungen übertrifft. Damit aber trat sofort ein neues Problem auf, dessen Konsequenzen sich im Laufe der Zeit zwangsläufig immer mehr zuspitzen mußten: Das Repertoire unserer Instinkte und Triebe blieb hinter dem Tempo der zivilisatorischen Veränderung unserer Umwelt mehr und mehr zurück, ein Umstand, der unsere Gesellschaft längst von Grund auf geprägt hat. Er ist auch der eigentliche Grund dafür, daß es überwiegend Verbote sind, die das Fundament menschlichen Zusammenlebens bilden.

Der menschliche Geist ist nicht trägheitslos, wie es uns eine geistesgeschichtliche Tradition suggerieren möchte, die das biologische Erbteil des Menschen geflissentlich übersieht. In Wirklichkeit ist die Freiheit unseres Verhaltens auf allen Seiten eingeengt durch instinktive Hemmungen und triebhafte Tendenzen. Das geschieht nicht nur zu unserem Schaden. Ohne den Instinkt der Angst und ohne die triebhafte Tendenz, Schmerzen um fast jeden Preis zu vermeiden, kann ein Lebewesen in dieser Welt offensichtlich nicht bestehen. Aber längst hat sich unsere zivilisatorische Umwelt so stark gewandelt, daß die Unfähigkeit unseres biologischen Erbteils, sich diesen Veränderungen fortlaufend anzupassen, immer größere Widersprüche in unserem Verhalten zur Folge hat.

Die Wurzel des Problems liegt letztlich in den besonderen Bedingungen, unter denen allein biologische Systeme abgeändert und weiterentwickelt werden können. Im Unterschied zu den Verhältnissen bei technischen und architektonischen Konstruktionen muß bei ihnen in jeder Phase des Um- oder Neubaus das absolut ungestörte Weiterlaufen aller Funktionen gewährleistet sein. Die geringste Unterbrechung würde den sofortigen Zusammenbruch des Systems bedeuten, mit anderen Worten also den Tod des Organismus, an dem die Veränderung auftritt. Damit würde diesem die Möglichkeit genommen, die neu erworbene Eigenschaft durch Fortpflanzung an Nachkommen weiterzugeben. Das aber ist der einzige Weg, auf dem positive Neuerwerbungen zum Besitz einer ganzen Art werden können. Die biologische Stammesgeschichte ist daher nicht eine Aufeinanderfolge von Abriß und Wiederaufbau, sondern die Geschichte eines einzigen permanenten Umbaus, bei dem das bereits Bestehende stets mitverwendet und überbaut werden muß.

Der »Einfallsreichtum«, mit dem die Natur diese einschneidende Beschränkung überspielt, ist atemberaubend. Da werden aus Vorderbeinen Flügel, Lungen verwandeln sich in Schwimmblasen, aus Kiemenbögen werden Unterkiefer, und Teile von dessen Gelenk werden dann wieder – beim Übergang von den Reptilien zu den Säugetieren – zu Mittelohrknochen umgebildet.

Das alles ist über alle Maßen staunenswert. Es ist aber auch der Grund dafür, daß alle Lebewesen einen Großteil ihrer biologischen Vergangenheit mit sich herumschleppen, auch der Mensch. Das gilt nicht nur für den in diesem Zusammenhang gern und mit Recht zitierten Blinddarm, sondern auch für eine ganze Reihe von Verhaltensmustern, typische Reaktionsweisen, die allen Menschen (in individuell unterschiedlicher Ausprägung) angeboren sind. Es sind dies, wie man so sagt, »instinktive Reaktionen«, womit gemeint ist, daß es sich um verhältnismäßig einförmig ablaufende, automatisierte Verhaltensweisen handelt, gewissermaßen fertig bereitliegende Verhaltensprogramme, deren Ablaufen durch spezifische Umweltsignale ausgelöst wird. Die in unserem Zusammenhang bedeutsamste Eigenart eines solchen Instinktprogramms ist sein archaisches Alter. Die Natur braucht viele, in manchen Fällen Hunderte von Jahrtausenden zu ihrer Entwicklung. Es sind Programme aus der Steinzeit.

Ein vergleichsweise harmloses Beispiel ist jene Paradoxie unseres Verhaltens, die darin besteht, daß uns eine instinktive Reaktion schreckhaft zusammenzucken läßt, wenn in unserer unmittelbaren Nähe ein plötzliches Geräusch ertönt, während ein lauter Knall in größerer Entfernung uns unbeteiligt läßt. Hunderttausende von Jahren lang muß das eine so sinnvoll gewesen sein wie das andere. Unter Steinzeitbedingungen müssen die Nähe und die Plötzlichkeit eines Geräusches fast ausnahmslos gleichbedeutend gewesen sein mit einer unmittelbar drohenden Gefahr. Damals war das zeitsparend-instinktive Einsetzen einer Alarmreaktion auf ein auslösendes Umweltsignal dieser Charakteristik daher auch eine Eigenschaft, welche die Überlebenschancen erhöhte. Inzwischen aber hat sich die Situation grundlegend geändert. In einer Umwelt, in der die unmittelbaren zwischenmenschlichen Beziehungen zivilisiert und rechtsstaatlich geordnet sind, und in einer Zeit, in der es außer Langrohrgeschützen auch weitreichende Raketen gibt, ist die Gefahr im zweiten Falle mit Wahrscheinlichkeit wesentlich größer als im ersten. Trotzdem reagieren wir alle ganz unvermeidlich immer noch so, wie es das aus der prähistorischen Epoche stammende Instinktprogramm vorschreibt.

Etwas weniger harmlos ist schon der Fall des Essensgeruchs, der uns aus einem fremden Fenster in die Nase steigt. Jeder weiß aus eigener Erfahrung, daß uns in dieser Situation »das Wasser im Munde zusammenläuft«, jedenfalls dann, wenn wir hungrig sind. Auch diese alltägliche Erfahrung beweist wiederum, daß wir gezwungen sind, die Probleme und Konflikte unserer Zeit zu bewältigen, während wir noch immer von Instinkten erfüllt sind, die aus der Steinzeit stammen.

Denn auch diese »unwillkürliche« Reaktion auf den Geruch aus Nachbars Küche erweist sich bei näherer Betrachtung als grotesker Anachronismus. In der geschilderten Situation erwachen nämlich nicht nur unsere Speicheldrüsen, sondern tief in unserem Inneren zugleich auch die triebhafte Tendenz, uns dieser Speisen zu bemächtigen, deren Vorhandensein uns von der Nase signalisiert worden ist. Kein Zweifel, auch dieses in unserem Instinktrepertoire bereitliegende Spezialprogramm hat die Überlebenschancen unseres Geschlechtes über Jahrtausende hinweg vergrößert. Es war zweckmäßig in einer Zeit, in der Nahrung knapp und nur durch gefahrvolle Jagd zu erlangen war. Wieder aber gilt, daß die Verhältnisse sich rascher geändert haben als die Anpassung unserer Instinkte. Heute, in einer Zeit der Selbstbedienungsläden, setzt uns die gleiche Reaktion eher der Gefahr aus, wegen Ladendiebstahls vor den Richter oder wegen Fettleibigkeit zum Arzt gebracht zu werden.

Unsere Gesellschaft ist von den Spuren dieses Dilemmas in vielerlei Formen geprägt. Auch das hat nicht nur negative Seiten. Der Willensimpuls, mit dem wir instinktiven Reaktionen und Trieben – es gibt bekanntlich eine ganze Reihe von ihnen – zu widerstehen gezwungen sind, um nicht mit den Spielregeln der von uns selbst entworfenen zivilisierten Umwelt zu kollidieren, ist jenseits aller Ideologien und sozialpsychologischen

Analysen der wichtigste Motor der menschlichen Kultur. »Du sollst nicht begehren« – mit dieser Forderung begann das, was wir Zivilisation nennen. So bewundernswert das ist, die Kluft zwischen Einsicht und triebhafter Regung, der Abstand zwischen realer Umweltsituation und der Reaktion, die ein aus der Steinzeit stammender Instinktbefehl uns aufdrängen will, können aber auch erhebliche Gefahren heraufbeschwören.
Vielleicht sogar die Gefahr des Aussterbens der Menschheit. Denn mehr und mehr sieht es heute so aus, als ob unsere Chance zu überleben von der einen, alles entscheidenden Frage abhängt, ob die menschliche Aggressivität Bestandteil eines solchen Instinktrepertoires ist oder nicht. Wenn das der Fall sein sollte, wenn die Fähigkeit des Menschen, einen anderen Menschen unter bestimmten Voraussetzungen umzubringen, nicht nur ohne Gewissensregung, sondern womöglich sogar mit dem Gefühl, eine verdienstvolle Handlung zu begehen, wenn diese menschliche Fähigkeit auf einem angeborenen Instinkt beruhen sollte, dann allerdings wäre unsere Lage verzweifelt. Denn auch dieser Instinkt würde durch die zugehörige spezifische Umweltkonstellation jeweils zwangsläufig, eben »instinktiv«, mobilisiert werden. Eine Konstellation, die, wie schon unzählige Male in der Vergangenheit, früher oder später erneut spontan auftreten müßte und die sich ebensogut auch von einem demagogischen Politiker herbeiführen ließe. Wenn die menschliche Aggressivität auf einem angeborenen Instinkt oder Trieb beruhte, gliche unsere Situation angesichts der einem solchen Trieb heute zu Gebote stehenden wissenschaftlichen Vernichtungsmittel daher der eines zum Tode verurteilten Delinquenten, der lediglich über das Datum seiner Exekution noch nicht informiert ist.
Der Rückblick in die Entstehungsgeschichte des Problems liefert zunächst kaum tröstliche Aspekte. In geduldiger und verdienstvoller Arbeit hat vor allem Konrad Lorenz alle die Argumente zusammengetragen, die für den Triebcharakter der Aggressivität bei Mensch und Tier sprechen. Er selbst, weltweit angesehener Mitbegründer und Nestor der modernen Verhaltensforschung, ist von der angeborenen, triebhaften Natur auch der menschlichen Aggressivität fest überzeugt. Seine Gründe sind gewichtig.

Lorenz' Verdienst ist es vor allem, auch auf den positiven biologisch und stammesgeschichtlich förderlichen Charakter der Aggressivität hingewiesen zu haben. Es kann gar keinen Zweifel mehr daran geben, daß die Fähigkeit zur Aggressivität gegenüber dem Artgenossen während der ganzen Stammesgeschichte bis weit hinein in die menschliche Geschichte eine außerordentlich wichtige und nützliche Rolle gespielt hat, daß sie im Hinblick auf diesen ganzen riesigen Zeitraum also tatsächlich eigentlich nur als das »sogenannte Böse« anzusehen ist. Ihren bedrohlichen und negativen Aspekt hat diese Fähigkeit erst im allerletzten Abschnitt der Geschichte erworben.

Die Aggressivität innerhalb der eigenen Art ist es, die in der ganzen belebten Natur für die Einhaltung eines räumlichen Mindestabstandes zwischen den einzelnen Individuen sorgt. So banal das klingt, so ist das doch die eigentliche Ursache der Ausbildung von »Revieren«, die Gewähr für die gleichmäßige Verteilung der Mitglieder einer Art über den vorhandenen Lebensraum und damit für eine optimale Ausnutzung der vorhandenen Nahrungsquellen. Das Revier selbst aber und seine Grenzen sind weit darüber hinaus bedeutsam als Kristallisationskern aller Gruppenbildungen. Die Beanspruchung eines bestimmten Territoriums als »eigen«, seine Markierung durch Grenzen, hinter denen das »Fremde« beginnt, das ist die Voraussetzung für die Entstehung funktionsfähiger sozialer Einheiten und damit aller Kultur.

Die Fähigkeit des Menschen, sich mit anderen Menschen zur gleichen Gruppe gehörig zu erleben, ist, so scheint es, gebunden an die Möglichkeit, die eigene Gruppe von fremden Kollektiven abzugrenzen. Dem Fremden gegenüber kann man sich überhaupt erst als Gemeinschaft verstehen. So konstituiert die Grenze eine Gruppe von Individuen, innerhalb deren Aggressivität offiziell nicht mehr geduldet wird, die sich dafür von jetzt ab aber auf den jenseits der Grenze existierenden »Gegner« richtet. Darum sprechen wir, bis auf den heutigen Tag, von »einfrieden«, wenn wir einen Zaun um ein Grundstück ziehen.

Im Verlaufe der Geschichte sind die Räume, innerhalb deren die Mitglieder unserer Art sich mit anderen Menschen als Mitmenschen zu identifizieren vermochten, immer größer gewor-

den – von der Urhorde über die antiken Stadtstaaten und den Nationalstaat der letzten Jahrhunderte bis zu den heutigen Machtblöcken kontinentalen Ausmaßes. Aus den geschilderten Gründen war diese Entwicklung gleichbedeutend mit der Befriedung immer größerer Gebiete der Erde, mit der Entstehung immer größerer kooperierender Gemeinschaften.
Bis hierhin trägt das Bild noch immer überwiegend positive Züge. Aber wieder gilt die Feststellung, daß die Verhältnisse sich geändert haben. Da die Oberfläche einer Kugel zwar unbegrenzt, aber nicht unendlich groß ist, mußte früher oder später die Situation entstehen, deren unfreiwillige Zeitgenossen wir selbst sind! Die Größe der befriedeten Räume auf dieser Erde hat das mögliche Maximum erreicht, es sind die beiden Hälften unseres Globus, die nunmehr einander als Gegner gegenüberstehen. Wo aber ist eine neue Grenze sichtbar oder auch nur denkbar, welche jetzt die ganze Erde »einfrieden« könnte, ein neuer »Gegner«, der unsere Aggressivität auf sich zöge und dessen Auftauchen uns die Möglichkeit gäbe, uns als die Gemeinschaft aller Erdenbürger zu erleben?
Die Frage zeigt, wie aussichtslos unsere Situation ist, dann jedenfalls, wenn es uns nicht möglich sein sollte, auf die Aggressivität zu verzichten, die sich wie ein roter Faden durch alle bisherige Geschichte zieht. Wenn sie wirklich triebhafter Natur ist, wenn sie tatsächlich auf einem angeborenen Instinkt beruhen sollte, wie Konrad Lorenz es uns versichert, dann wäre unsere Anpassungsfähigkeit als biologische Spezies heute allerdings endgültig an ihrer letzten, nicht mehr übersteigbaren Grenze angekommen. Dann würde aus dem sogenannten schließlich doch noch das absolute Böse. Denn so sicher es ist, daß wir nur dann überleben werden, wenn wir uns der von uns selbst geschaffenen zivilisatorischen Umwelt durch einen Verzicht auf die bisherigen Formen zwischenmenschlicher Aggressivität anpassen, so sicher ist es auch, daß wir dazu außerstande wären, wenn es sich bei ihnen um einen angeborenen Trieb handelte.
Die außerordentliche Bedeutung des vorliegenden Buches* be-

* Siehe Quellennachweis, S. 335; d. Red.

steht nun darin, daß es die Triebthese der menschlichen Aggressivität überzeugend widerlegt, und zwar mit der gleichen Methode, die auch Lorenz anwandte, nämlich mit den Mitteln der vergleichenden Verhaltensforschung. Wie das im einzelnen geschieht und zu welchen überraschenden Resultaten die Autoren kommen, darüber zu berichten bleibe ihnen selbst vorbehalten. Ihr Bericht ist nicht nur fesselnd zu lesen, er enthält auch eine Hoffnung für uns alle in einer fast hoffnungslos erscheinenden Situation unserer Geschichte.

(1971)

Der Mensch – Krone der Schöpfung?

Über die Evolution des Lebens

Heute lernen schon die Kinder auf der Schule als Faktum, was noch vor wenigen Generationen heiß umstrittene, als provozierend, ja geradezu blasphemisch empfundene Theorie war: die Tatsache, daß es eine Evolution gibt.
Rund zwei Milliarden Jahre nach ihrem Beginn hat die Evolution ein Wesen hervorgebracht, in dessen Bewußtsein sich das ungeheure Panorama dieser durch so unfaßbare Zeiträume bisher stumm und ohne Zeugen verlaufenen Geschichte des irdischen Lebens widerzuspiegeln beginnt: Der Mensch hat – in unseren Tagen! – das Faktum der Evolution entdeckt.
Das Ausmaß dieser Entdeckung macht den Stolz verständlich und verzeihlich, mit dem unsere Wissenschaft in den Vordergrund zu stellen pflegt, was wir über die Gesetze dieses geschichtlichen Prozesses in der lächerlich kurzen Frist der letzten hundert Jahre schon alles herausgefunden haben: von dem Zusammenspiel von Mutation und Selektion, der genialen Entdeckung Darwins, bis zu den ersten Erfolgen bei der Entschlüsselung der diesem Prozeß zugrundeliegenden molekularbiologischen Vorgänge in unseren Keimzellen, Erfolge, die wir den Anstrengungen einer ganzen Armee von Experimentatoren in allen Teilen der Erde verdanken. Das hier Geleistete findet in der bisherigen Wissenschaftsgeschichte in der Tat kein Beispiel, und die im Verlaufe dieser Arbeit neu erschlossenen Perspektiven sind einfach phantastisch.
Über der Fülle der zutage geförderten Details, die heute dann meist wie Siegesmeldungen und oft genug in sensationeller Aufmachung schon in der Tagespresse erscheinen, übersieht der staunende Zeitgenosse aber viel zu leicht, in welchem Umfange der gewaltige Entwicklungsprozeß, als dessen vorläufiges Ergebnis wir uns entdeckt haben, sich unserem Verständnis immer noch entzieht. Am erstaunlichsten mag dabei die Feststel-

lung wirken, daß wir bis heute noch nicht einmal sicher anzugeben vermögen, welches Ziel der Prozeß im Einzelfall eigentlich anstrebt.

Das aber ist gerade die Frage, die uns aus naheliegenden Gründen am meisten interessieren muß. Denn die Entdeckung der Evolution, der Tatsache, daß das Leben einem geschichtlichen Entwicklungsprozeß unterliegt, bedeutet doch auch dieses: daß wir selbst nicht das endgültige Ziel, daß der Mensch ganz sicher nicht die »Krone der Schöpfung« ist. Gerade diese Schlußfolgerung hat ja das eigentliche Motiv für die leidenschaftlichen Polemiken gegen den Darwinismus gebildet. Denn in dem gleichen Moment, in dem sich vor unserem Blick die ungeheure Perspektive dieses gewaltigen Ablaufs auftut, wird uns unmittelbar anschaulich, wie vermessen es wäre, an die Möglichkeit auch nur zu denken, die bisher vergangenen zwei Milliarden Jahre könnten etwa einzig und allein den Sinn gehabt haben, die Gegenwart und damit uns selbst hervorzubringen. Wir entdekken uns vielmehr als die zufälligen Zeitgenossen eines scheinbar willkürlich herausgegriffenen Punktes einer Entwicklung, die weit über uns hinausführen wird. Dadurch aber wird die Frage nach der inneren Gesetzlichkeit und nach dem Ziel der Evolution für uns unmittelbar bedeutungsvoll. Denn unser Selbstverständnis hängt ganz entscheidend ab von unserer Vorstellung über dieses zukünftige Ziel, dem die Evolution zusteuert, ganz so, wie wir ja auch unsere Urahnen Homo habilis, Java-Mensch und Neandertaler und ihre Rolle in der Geschichte der bisherigen Evolution an dem messen, was in uns verwirklicht worden ist.

Der angesehene amerikanische Biologe Slobodkin hat diese Schwierigkeiten, denen wir uns heute gegenübersehen, sobald wir nach dem Ziel der Evolution fragen, kürzlich in einem ebenso amüsanten wie geistreichen Gedankenexperiment veranschaulicht. Slobodkin malte sich und seinen Kollegen folgende Situation aus: »Stellen wir uns doch einmal vor«, so sagte er, »ich säße an meinem Schreibtisch, und plötzlich öffnete sich die Tür und irgendein beliebiges Lebewesen käme herein, setzte sich vor mich hin und sagte zu mir: Professor Slobodkin, Sie sind Evolutionsforscher. Ich möchte gern, daß die Weiterentwicklung meiner Art erfolgreich verläuft. Bitte, sagen Sie mir als Fachmann, welche Eigenschaften in unserem Falle dazu notwendig sind.« Glücklicherweise, so stellte der amerikanische Gelehrte abschließend fest, sei das eine absolut theoretische Situation, da diese Frage, konkret gestellt, sowohl ihn als auch seine Fachkollegen in die allergrößte Verlegenheit bringen würde.

Welche Antwort könnte ein Entwicklungsforscher in der geschilderten Situation geben? Verbesserung der physischen Widerstandskraft und der individuellen Lebensdauer? Das kann die richtige Antwort nicht sein. Eine der ältesten und erfolgreichsten Familien unter den Lebewesen ist die der Insekten – und ihre Individuen werden von denen fast aller höheren Arten in beiden Punkten vielfältig übertroffen. Die Fähigkeit zu überleben? Das klingt schon besser, nur: Welche Eigenschaften sind es denn eigentlich, die diese Chance verbessern? Die Fähigkeit, alle anderen Konkurrenten im Kampf ums Dasein besiegen zu können, ist es glücklicherweise offenbar auch nicht. Schon kurz nach der Jahrhundertwende hat ein englischer Biologe drastisch ausgemalt, was die Folgen wären: »Die Erde wäre längst von einer einzigen Gattung tonnenschwerer Dickhäuter beherrscht«, so schrieb er, »deren stecknadelkopfgroße Gehirne nur von dem einen einzigen Impuls beherrscht würden, alles niederzutrampeln, was nicht der eigenen Art angehört. Und wenn sie schließlich alles andere Leben auf der Erde so erfolgreich bekämpft und ausgerottet haben würden, daß sie verhungern müßten, dann würde ihr letzter Todesseufzer zweifellos eine Verwünschung der Darwinschen Lehre sein.« Dem Darwinismus wird dieses Argument in ähnlicher Form auch heute noch immer wieder vorgehalten. Sehr zu Unrecht, denn so ist der »Kampf ums Dasein« nie gemeint gewesen, auch nicht von Darwin selbst. Die »natürliche Auslese« ist nicht etwa ein Kampf aller gegen alle, sondern die Konkurrenz der verschiedenen Arten um eine optimale Anpassung an die Umwelt, um die bestmögliche Ausnutzung des vorgefundenen Lebensraumes.

Ist dann nicht einfach diese Fähigkeit zu einer optimalen Anpassung die Eigenschaft, welche im Ablauf der biologischen

Geschichte zum Erfolg führt? Ganz richtig, aber: Wie muß ein Lebewesen beschaffen sein, um sich optimal anpassen zu können? Welche Leistung ist es, die im Laufe der Evolution prämiert wird? Die einzige konkrete Antwort, die wir heute auf diese Frage geben können, lautet nach Slobodkin: Die Fähigkeit zur Homoiostase, also zur Konstanterhaltung der eigenen inneren Situation. Das bedeutet, daß nichts für ein Lebewesen so wichtig ist wie die Aufrechterhaltung seiner Fähigkeit, Energie aus der Umgebung aufzunehmen, sie zum Aufbau und zur Regeneration der eigenen Struktur zu verwenden und neue Strukturen hervorzubringen, welche über die gleichen Möglichkeiten verfügen. Am erfolgreichsten wären, wenn das Prinzip stimmte, also die Individuen und die Arten, denen es gelingt, diese grundlegenden Leistungen aller lebenden Organismen unter möglichst verschiedenen Umweltbedingungen aufrechtzuerhalten.

Das klingt einleuchtend, ja im ersten Augenblick fast trivial. Sogleich aber erhebt sich ein neuer Einwand: Ist das, was wir da eben formuliert haben, nicht ein durchaus statisches Prinzip? Wie ist die fortwährende Entstehung nicht nur immer neuer, sondern ganz offensichtlich auch immer höher entwickelter Organismen unter diesen Umständen zu erklären? Warum ist die Evolution nicht längst zum Stillstand gekommen, nachdem sie einige Experten der Anpassung wie zum Beispiel bestimmte Bakterien oder auch Insekten hervorgebracht hatte, wenn ihr Ziel tatsächlich »nur« Aufrechterhaltung der »inneren Bedingungen« des Organismus heißt?

Die Erklärung besteht darin, daß diese Aufrechterhaltung der inneren Bedingungen eines lebenden Organismus, die Homoiostase, unter allen vorkommenden äußeren Bedingungen gewährleistet sein muß und daß diese äußeren Bedingungen ihrerseits einer Entwicklung unterliegen. Und hier besteht die bemerkenswerteste Einsicht nun darin, daß es die Lebewesen selbst sind, welche diese laufende Veränderung der Umweltfaktoren verursachen und ununterbrochen in Gang halten.

Ich will diesen wichtigen Zusammenhang, durch den Organismen gewissermaßen die eigene Evolution in Gang halten, an zwei in den letzten Jahren entdeckten Beispielen kurz erläutern. Das erste bezieht sich auf das sogenannte »Plankton-Paradoxon«, ein erst heute gelöstes klassisches Problem der Biologie. Das Paradoxon besteht in folgendem Sachverhalt: Während die Evolutionstheorie die Vielfalt der existierenden Organismenarten durch die Vielfältigkeit der existierenden Umweltfaktoren erklärt, an die spezielle Anpassungsformen möglich oder notwendig sind, findet man auch im sogenannten Pelagium eines Sees, also im freien Wasser, eine verwirrende Fülle der verschiedensten Kleinlebewesen, die hier frei schwebend existieren, das »Plankton«. Paradox erscheint das deshalb, weil dieses Pelagium, das freie Süßwasser, eine denkbar monotone, gleichförmige Umwelt darzustellen scheint, zu der die Vielfalt der planktonischen Lebensformen im Widerspruch steht. Aber absolut gleichförmig ist eben auch das Pelagium nicht. Zum Beispiel ist es in Tiefzonen unterschiedlicher Helligkeit und in Schichten unterschiedlicher Temperatur eingeteilt. Wenn diese geringfügigen Differenzen aber erst einmal zur Entstehung von nur zwei verschiedenen Unterarten etwa von Wasserflöhen geführt haben, dann wird jede dieser Unterarten für jeweils die andere Art zu einem neuen, zusätzlichen Umweltfaktor. Ganz allgemein kann man sagen, daß zu den die eigene Entwicklung beeinflussenden Umweltfaktoren bei jedem Lebewesen immer auch alle Organismen zu rechnen sind, die nicht der eigenen Art angehören. Die Evolution bleibt also allein schon deshalb ständig in Bewegung, weil sie selbst zur Ursache dafür wird, daß es einen Stillstand im Hinblick auf die den eigenen Ablauf steuernden Umweltfaktoren niemals geben kann.

Aber es kommt noch ein Zweites hinzu. Nicht nur die belebte, auch die unbelebte Umwelt wird durch die Evolution ja verändert. In der Urzeit hatte die Erdatmosphäre keinen Sauerstoff. Die Entstehung der ersten organischen Moleküle wurde vielmehr von einer uns heute giftig erscheinenden Atmosphäre aus Wasserstoff, Methan, Ammoniak und Kohlendioxid begünstigt. Der heutige Sauerstoffgehalt ist einzig und allein das Produkt des Lebens selbst, nämlich bekanntlich der pflanzlichen Vegatation. Und theoretische Berechnungen sowie biochemische Überlegungen sprechen nun dafür, daß es diese allmähliche, sich über Hunderte von Jahrmillionen hinziehende Anreicherung der Erdatmosphäre mit Sauerstoff gewesen ist, die den Anstoß zur Entstehung der ersten Tiere und später der Warmblüter mit ihrer hohen Stoffwechselaktivität gegeben hat. Auf die Einzelheiten der Beweisführung kann ich hier nicht eingehen. Wichtig aber und von allgemeinem Interesse scheint mir folgendes zu sein. Alle diese Entdeckungen – es gibt noch einige weitere, die in die gleiche Richtung zielen – lassen einen völlig neuen, bisher von uns weitgehend übersehenen Aspekt der Geschichte des Lebens auf unserer Erde erkennen: Die Evolution ist nicht ein Prozeß, der aus sich heraus »auf« der Erde Leben entstehen läßt und seine ständige Entwicklung in Gang hält. Die Erde ist nicht bloß die Bühne in diesem gewaltigen Schauspiel, sie ist Mitakteurin, gleichberechtigte Partnerin in einem dialektischen Prozeß, der sich zwischen ihr und den jeweils verwirklichten Lebensformen abspielt und der verhindert, daß die Evolution jemals zum Stillstand kommen könnte.

(1967)

Blick durch die Röhre

Besprechung des Buches »Zwischenstufe Leben« von Carsten Bresch

Dies Buch ist ganz sicher kein »Ereignis«. (Das behauptet der Klappentext.) Der Ausflug des exzellenten Genetikers Carsten Bresch in die »Populärwissenschaft« leidet überdies an einer Reihe spürbarer Mängel. Und schließlich wirken gewisse hymnische Passagen am Schluß eher peinlich – wie eine Art aufgepfropfter Teilhard-de-Chardin-Verschnitt. Trotzdem – und ich wünschte sehr, daß diese Behauptung nach so gravierenden Einwänden um so überzeugender klingt – ist es ein wichtiges, stellenweise auch spannendes und beachtliches Buch geworden. Bringen wir das Negative hinter uns. Ich fühlte mich bei der Lektüre an eine Episode aus dem Nachkriegs-Berlin erinnert. Damals befremdete ein ehemaliger hoher Beamter der preußischen Finanzverwaltung, der nach dem Zusammenbruch als Makler zu arbeiten begonnen hatte, seine Umgebung durch die verschlagenen Methoden, deren er sich bei seiner neuen Tätigkeit bediente. Freunde äußerten den Verdacht, hier müsse eine rätselhafte, womöglich krankhafte Persönlichkeitsveränderung eingetreten sein. Die Erklärung war jedoch viel einfacher: Gerade diesem bislang bis zur Pedanterie korrekten Mann war die Welt der freien Wirtschaft stets als Dschungel erschienen, dessen Gesetzen er sich jetzt, nachdem das Schicksal auch ihn dorthin verschlagen hatte, anpassen zu müssen glaubte.

Ein ähnliches Mißverständnis wird bei Bresch an manchen Stellen spürbar. Anders ist zum Beispiel kaum zu verstehen, mit welcher Unbekümmertheit er sich eines Verfahrens bedient, das er beim Schreiben eines Fachbuches ohne jeden Zweifel als absolute Todsünde betrachten würde: Wer die Bücher kennt, die in den letzten Jahren zum Thema Evolution veröffentlicht wurden, stößt hier in jedem zweiten Kapitel auf alte Bekannte, auf ihm aus anderen Quellen geläufige Argumente, Metaphern, Schlußfolgerungen und sogar wörtliche Formulierungen, ohne

daß aus dem Text hervorginge, was vom Autor selbst stammt und was von anderen übernommen wurde.
Das ist schade, denn es könnte bei manchem Leser unnötige Zweifel wecken an der Urheberschaft der vielen wirklich originalen Gedanken, die das Buch ebenfalls enthält. Das ist aber auch ein verräterisches Symptom für ein totales Mißverständnis gegenüber dem, was »Populärwissenschaft« bedeutet.
Sie erscheint dem etablierten Forscher mitunter als Niederung, in die hinabzusteigen er sich nur mit einer gewissen Verlegenheit entschließt und in der er dann allzu leicht versucht ist, gerade die Regeln für ungültig zu halten, die ihm bei seiner eigenen Tätigkeit längst in Fleisch und Blut übergegangen sind. Auch manche formale und didaktische Ungeschicklichkeiten des Textes lassen vermuten, daß Bresch (von dem eines der besten existierenden Lehrbücher über moderne Genetik stammt!) sich von diesem Mißverständnis ebenfalls nicht ganz hat freimachen können.
Das Wesen einer populärwissenschaftlichen Darstellung ist nicht mit der Aufgabe gleichzusetzen, komplizierte Sachverhalte für ein vermindertes Begriffsvermögen zurechtzustutzen. Es besteht vielmehr in der sehr viel anspruchsvolleren Aufgabe, isolierte Erkenntnissplitter aus dem röhrenförmigen Gesichtsfeld des Spezialisten in einen interdisziplinären Kontext zu versetzen und auf diese Weise durch ihre Einordnung in den allgemeinen Bildungszusammenhang ihre Bedeutung sichtbar werden zu lassen. Kapitelweise ist dies auch Bresch übrigens überzeugend gelungen.
Viele störende Mängel also, die die Lesbarkeit und die thematische Faszination beeinträchtigen. Auch kein »Ereignis«, schon deshalb nicht, weil das Thema Evolution, auch in dem von Bresch gemeinten umfassenden Sinne eines den ganzen Kosmos einbeziehenden Entwicklungsprozesses – unter Einschluß also sowohl der materiellen wie auch der psychischen Ebene –, in den letzten Jahren mehrfach und mit den grundsätzlich gleichen Schlußfolgerungen dargestellt worden ist. Dennoch ein wichtiges und begrüßenswertes Buch.
Denn bisher sind eben alle noch so beredten Versuche, die Evolution als die Entdeckung der Geschichtlichkeit unserer Kon-

stitution der Aufmerksamkeit der Gebildeten unserer Gesellschaft zu empfehlen, im Grunde kläglich gescheitert. Die Bücher wurden zwar gelesen, manche von ihnen allem Anschein nach sogar in großer Zahl. Irgendeine Wirkung auf das Bewußtsein der Öffentlichkeit ist bislang jedoch nicht erkennbar.
Da formuliert allenfalls ein Redakteur des »Spiegel« seine Verwunderung darüber, daß »moderne Biologen offenkundig einen unüberwindlichen Hang zum Religiösen« hätten. So viel, immerhin, ist ihm aufgefallen. Aber daß er sich darüber wundert, zeigt doch wieder nur, daß er noch nicht verstanden hat, warum die aktuelle Diskussion über Evolutionsprobleme längst – und dies ebenso legitim wie ganz unvermeidlich – auf Fragen und Probleme übergegriffen hat, die alle Welt, im Banne einer tausendjährigen Bildungstradition, noch immer den philosophischen und theologischen Spezialisten vorbehalten wähnt.
Da verwahrt sich ein Kulturkritiker des größten deutschen Funkhauses gegen die Zumutung, ungerichtete Zufallsmutationen als Ursache der in der Richtung auf immer höhere Ordnungsstrukturen verlaufenden Evolutionsgeschichte akzeptieren zu sollen, und verrät damit nur, daß er gar nicht vollständig zur Kenntnis genommen hat, worüber er so selbstsicher spotten zu können glaubt. Da kann man mit der Hartnäckigkeit einer lebenden Gebetsmühle immer aufs neue versichern, daß der Mensch biologisch freilich nicht erklärt werden könne. Sobald man so kühn ist hinzuzufügen, daß man sein Wesen aber auch dann verfehle, wenn man sich weigere, die biologische Geschichte zur Kenntnis zu nehmen, die ihn hervorgebracht und in wesentlichen Eigenschaften geprägt hat, besteht die Antwort mit entmutigender Regelmäßigkeit in dem stereotyp wiederholten Vorwurf, man verkenne die Sonderstellung des Menschen als eines geistigen Wesens.
In dieser Bildungslandschaft kann es gar nicht genug Wissenschaftler geben, die, wie Bresch es jetzt getan hat, die Bedeutung dessen, was sie da entdeckt haben, persönlich in der Öffentlichkeit vertreten. Hier wird, wieder einmal, für jeden verständlich und mit unabweisbaren Begründungen, auf die Existenz jener Geschichte hingewiesen, die seit Jahrmilliarden in Gang ist und die wir in den letzten hundert Jahren erst ent-

deckt haben. Daß unsere Gegenwart und alles, was uns heute umgibt, nur eine durch den zufälligen Augenblick unserer Existenz herausgegriffene Momentaufnahme eines alles umgreifenden kosmischen Ablaufs darstellt, diese revolutionierende Einsicht werden spätere Generationen mit Recht einmal als den folgenschwersten und erhellendsten Beitrag unserer Epoche für die Entwicklung des menschlichen Selbstverständnisses bezeichnen. Unsere Gebildeten aber verschließen vor ihr die Augen.

Es ist ihnen zwar geläufig, daß man in eine Kultur nicht eindringen kann, solange man über ihre Geschichte nichts weiß. Sie stimmen zu, wenn gesagt wird, daß den Menschen nur verstehen könne, wer seine Historie kennt. Geschichtliches Wissen dieser Kategorie gehört daher auch zu den anerkannten Bildungsgütern.

Unzugänglich ist dem durchschnittlichen Gebildeten unseres Kulturkreises dagegen allem Anschein nach die Einsicht, daß Geschichte mehr ist als nur die Historie der Philologen, daß ihr Ablauf mehr umspannt als die letzten 6000 Jahre und daß ihr bestimmender Einfluß auf das Gesicht unserer Welt nicht da endet, wo wir nicht mehr auf die Spuren des heutigen Menschen stoßen.

Geschichte wird in einem allzu beschränkten Sinne definiert, solange sie nur als die Summe menschlicher Taten begriffen wird und solange die Einsicht fehlt, daß unter ihr auch jener Prozeß verstanden werden muß, der uns in unserer Besonderheit erst hat entstehen lassen.

(1977)

Wie die Erde Falten bekam

Entdeckungen der modernen Geologie

Als die Erdwissenschaftler etwa zu Beginn des 19. Jahrhunderts anfingen, sich den Kopf darüber zu zerbrechen, wie Gebirge entstehen, standen sie sofort vor einem ganzen Berg von Problemen. Die ursprüngliche Auskunft der Plutoniker, jener Geologen, die alle Erhebungen an der Erdoberfläche auf die Kraft des Vulkanismus zurückführen wollten, erwies sich allzubald als ungenügend.

Zwar gab es das, daran bestand kein Zweifel. Erst im Jahre 1538, aus geologischer Sicht also vor ganz kurzer Zeit, hatte sich bei Pozzuoli, in der Nachbarschaft des Vesuvs, vor den erschrockenen Augen der Zeitgenossen ein neuer Berg aufgetürmt, der Monte Nuovo. Aber er und einige andere Beispiele erwiesen sich rasch als Ausnahmen. Weder in den Alpen noch im Apennin waren Anzeichen vulkanischer Aktivität zu entdecken. Dafür gab es dort Indizien, die nicht nur eine Erhebung als Folge plutonischer Kräfte ausschlossen, sondern auch gleichzeitig auf einen ganz anderen, vorerst noch völlig rätselhaften Entstehungsmechanismus hinwiesen: Diese und alle anderen Gebirge, die man kannte, waren sichtlich geschichtet und gefaltet. Es sah so aus, als sei ihre Substanz Schicht auf Schicht als Ablagerung entstanden und anschließend durch gewaltige seitliche Kräfte verworfen, gefaltet und übereinander geschoben worden.

Diese Sedimentierung, der Schichtcharakter der Gebirge, war auch mit einer anderen, an sich einleuchtend erscheinenden Theorie nicht in Einklang zu bringen, die man als »Bratapfeltheorie« der Gebirgsentstehung bezeichnen könnte. Sie ging davon aus, daß infolge der fortschreitenden Erkaltung der Erde der Globus geschrumpft sei, und erklärte die Gebirgsbildung durch eine Faltung der auf diese Weise gewissermaßen zu weit werdenden Erdkruste.

Die offenen Fragen wurden vermehrt durch die alte Erfahrung, daß sich in den meisten Gebirgen eine Fülle von Fossilien finden ließ, bei denen es sich um die versteinerten Überreste von Muscheln, Wasserschnecken und anderem Meeresgetier handelte. Wie konnten solche Organismen in ein Gebirge geraten, in Höhen von Tausenden von Metern über dem Meeresspiegel? Jahrhundertelang hatten fromme Autoren gemeint, darauf durch den Hinweis auf die biblische Sintflut antworten zu können, die hier ihre mahnenden Spuren hinterlassen habe. Aber kritische und wissenschaftlich denkende Köpfe hatten immer wieder auch über ganz andere Möglichkeiten nachgegrübelt. Einer der genialsten, Leonardo da Vinci, hatte schon im 15. Jahrhundert den damals aberwitzig erscheinenden Einfall vorgebracht, daß über die italienischen Berge, die jetzt von Vogelscharen überflogen würden, einst gewaltige Fischschwärme gezogen sein könnten.
Als im Verlauf des 19. Jahrhunderts schließlich ein vollständiger geologischer Überblick über unseren Globus insgesamt entstand, kam eine weitere, nicht weniger schwierige Frage hinzu: Wie eigentlich war es zu erklären, daß die meisten Gebirge unserer Erde in der Form zweier riesiger Züge angeordnet sind, die große Teile unseres Planeten zusammenhängend überziehen? Da gibt es einmal einen den gesamten Pazifik umrahmenden Gürtel und daneben einen zweiten, der vom Atlas und den Pyrenäen über Alpen und Kaukasus bis hin zum Himalaya verläuft. Was war das für ein erdumspannendes Muster, das sich da abzeichnete?
Alle diese Fragen haben erst in den letzten fünfzehn Jahren eine überzeugende Antwort gefunden. Wenn auch immer noch viele Punkte offen sind, so glauben wir doch heute zu wissen, warum die großen Gebirge alle geschichtet (sedimentiert) sind und warum sie die Faltengestalt haben, die jedem unbefangenen Betrachter sofort auffällt. Wir wissen, daß über das Gestein, aus dem sie bestehen, einst tatsächlich Fischschwärme gezogen sind. Auch die Frage nach den Gründen, aus denen sie sich zu den mächtigen, den gesamten Globus umspannenden Zügen angeordnet haben, hat heute ihre Rätselhaftigkeit verloren. Und schließlich steht nunmehr definitiv fest, daß es Kräfte aus

dem Erdinneren sind, denen die Gebirge unseres Planeten ihre Entstehung verdanken, wenn sich die ursprünglichen Anschauungen der Plutoniker auch als viel zu einfach und als – im wahrsten Sinne des Wortes – viel zu oberflächlich erwiesen haben.
Auf die richtige Spur führte die berühmte Kontinentalverschiebungstheorie, die von dem deutschen Geologen Alfred Wegener in den zwanziger Jahren aufgestellt und begründet wurde. Ausgangspunkt dieser Theorie war, wie heute jeder weiß, die Passung zwischen den atlantischen Konturen des südamerikanischen und des afrikanischen Kontinents. Wegener konnte nachweisen, daß auch bestimmte geologische Strukturen an einander entsprechenden Stellen beider Kontinente übereinstimmen. Er leitete daraus die Theorie ab, daß beide Erdteile ursprünglich einmal eine Einheit gebildet haben müßten, bis sie vor langer Zeit auseinandergebrochen und anschließend wie Schollen auseinandergedriftet seien.
Die These fand seinerzeit durchaus Beachtung. Sie wurde in Kreisen der Geologen jahrelang weltweit diskutiert. Es ist also nicht wahr, daß Wegener einfach ausgelacht worden wäre, wie es eine Legende nachträglich behauptete. Wahr ist allerdings, daß die Lehre von der Drift kontinentaler Schollen in der wissenschaftlichen Diskussion schließlich durchfiel und ad acta gelegt wurde. Dies aus einem sehr einfachen und auch nachträglich noch hinzunehmenden Grund: Es gab niemanden, der eine Antwort auf die naheliegende Frage gewußt hätte, woher denn die gewaltigen Energien kommen sollten, die erforderlich waren, um ganze Kontinente auf der Erdoberfläche zu verschieben. Auch Wegener konnte die Frage nicht beantworten. Und deshalb war es wieder stiller um ihn geworden, als er, gerade fünfzigjährig, Ende 1930 auf einer Grönlandexpedition im Eis umkam, verbittert in dem Gedanken, daß es ihm versagt geblieben war, eine Theorie zu beweisen, von deren Richtigkeit er zutiefst überzeugt war.
Wir wissen heute, daß Alfred Wegener die richtige Erklärung gefunden hatte. Längst gibt es eine Fülle von Beweisen, die daran nicht mehr den geringsten Zweifel lassen. Einer der amüsantesten: In südamerikanischen und den ihnen gegenüberliegenden afrikanischen Flußmündungsgebieten wurden unter-

einander entfernt verwandte Arten von Kleinkrebsen entdeckt. Sie kommen auf der Erde nur an diesen beiden Stellen vor und sind als Süßwasserorganismen außerstande, den Atlantik auf irgendeine Weise lebend zu überqueren. Schlußfolgerung: Es dürfte sich um die Nachkommen einer ursprünglich einheitlichen Population handeln, deren Mitglieder gewissermaßen als kontinentale Trittbrettfahrer von den auseinandertreibenden Schollen verschleppt wurden und sich seitdem getrennt weiterentwickelten.

Auch die Frage nach der Energie, die die kontinentalen Schollen auf dem Globus wandern läßt, kann heute als geklärt gelten. Die Kraft stammt aus den Tiefen des Erdinneren. Mächtige Konvektionsströme, die aus dem glutflüssigen Inneren der Erde bis an die erkaltete Kruste heranreichen, liefern den Antrieb, nach dem Alfred Wegener seinerzeit noch vergeblich gesucht hatte.

In unserem Zusammenhang am wichtigsten ist jedoch die Feststellung, daß fast alle Fragen, mit denen sich die Erdwissenschaftler angesichts der Entstehung und Struktur von Gebirgen in der Vergangenheit herumgeschlagen haben, eine befriedigende Antwort fanden, seit vor noch nicht ganz zwanzig Jahren einige unerwartete Entdeckungen zum Anlaß wurden, die Theorie von der Wanderung kontinentaler Schollen erneut aufzugreifen und mit den nunmehr zur Verfügung stehenden Mitteln konsequent nachzuprüfen. Die Geschichte dieser Entdekkungen beginnt mit einem absolut unerwarteten, mit Recht als sensationell angesehenen Befund, der sich aus den Untersuchungen verschiedener ozeanographischer Forschungsreisen vor zwei Jahrzehnten abzuzeichnen begann. Es handelte sich um die Feststellung, daß alle Bodenproben, die man vom Grunde der Weltozeane heraufholte, im Vergleich zu dem Alter festländischer Gesteinsproben geradezu lächerlich jung waren.

Während es an vielen Stellen der Erde Gestein gibt, dessen Alter (bestimmt mit Hilfe der Zerfallsprodukte natürlich vorkommender radioaktiver Isotope) nach Jahrmilliarden zählt, konnte man im Boden des Pazifiks oder des Atlantiks bohren und fördern, wo immer man wollte, ohne eine Probe zu finden, die älter war als höchstens hundert Millionen Jahre oder nur wenig darüber. Warum aber sollte ozeanischer Boden grundsätzlich um ein Vielfaches jünger sein als die kontinentalen Teile der Erdkruste? Diese Frage war interessant genug, um ihr nachzugehen.

Im Verlaufe mehrjähriger Untersuchungen schälte sich dann aus einer Fülle von Befunden ein sehr seltsames Bild heraus. In der Mitte der beiden großen Weltmeere existierte, von Norden nach Süd verlaufend, eine Art unterseeischer Gebirgskamm aus vulkanischem Material. Hier war der Meeresboden am jüngsten, nur einige Millionen Jahre alt. Je weiter man sich nach Osten oder Westen von dem Kamm dieser ozeanischen Schwelle entfernte, als desto älter erwiesen sich die Bohrproben. Bemerkenswerterweise schien dieses Ansteigen des Alters der Proben beiderseits des Gebirgskamms symmetrisch zu erfolgen: Fand man einige hundert Kilometer östlich eine um einen bestimmten Betrag ältere Probe, so ließ sich vorhersagen, daß der Boden in der gleichen Entfernung auf der anderen, westlichen Seite des unterseeischen Gebirges etwa das gleiche Alter haben würde.

Für das alles gab es nur eine Erklärung. Auf irgendeine Weise mußte auf dem Kamm der ozeanischen Schwellen Ozeanboden neu entstehen und im Anschluß an seine Geburt nach rechts und links in Richtung auf die den Ozean begrenzenden Kontinente wandern. Genauere Untersuchungen, wie sie seit 1969 vor allem mit dem berühmten Forschungsschiff »Glomar Challenger« durchgeführt wurden, ergaben eine Einbruchszone auf dem unterseeischen Kamm sowie eine vergleichsweise stark erhöhte Bodentemperatur in dieser Region. Jetzt endlich wurde verständlich, was sich hier, Tausende von Metern unter dem Meeresspiegel, abspielte. Im gesamten Verlauf der Schwelle brach aus der Tiefe des Erdmantels vulkanisches Material nach oben, bildete neuen, jungen Ozeanboden, der durch das ständig aus dem Erdinneren nachdringende Material sofort zu beiden Seiten der Einbruchszone abgedrängt wurde und auf diese Weise langsam nach Osten beziehungsweise nach Westen abwanderte. Beide großen Ozeane, der Atlantik wie der Pazifik, öffnen sich auf diese Weise in zeitlupenhafter Langsamkeit.

Die ältesten, küstennächsten Gesteinsproben gestatten eine Rückrechnung bis zu dem Zeitpunkt der Erdgeschichte, an dem der Prozeß begonnen haben muß. Vor etwa hundert Millionen Jahren gab es noch keinen atlantischen Ozean. Damals hingen der amerikanische und der europäisch-afrikanische Kontinent noch zusammen, die seitdem mit einer Geschwindigkeit von einigen Zentimetern pro Jahr auseinanderwandern. Alfred Wegeners Theorie hatte sich, vierzig Jahre nach dem Tode ihres Urhebers, als richtig erwiesen. Die in getrennte Schollen zerfallene kontinentale Kruste schwimmt auf dem zähflüssigen (säkularplastischen) Material des äußeren Erdmantels. Dieser nimmt die einzelnen Schollen je nach der Richtung des an der jeweiligen Stelle aus dem Inneren aufsteigenden Konvektionswirbels wie ein Fließband mit.

Zum Verständnis der energetischen Situation, die Wegener solches Kopfzerbrechen bereitet hatte, brauchen wir uns nur einmal die Proportionen der an dem Phänomen beteiligten Erdschichten vor Augen zu führen. Die Kontinentalschollen sind durchschnittlich nur etwa dreißig Kilometer (in Ausnahmefällen bis zu achtzig Kilometer) dick; die Ozeanböden sogar nur fünf bis zehn Kilometer – kein Wunder, daß dies die Regionen sind, an denen die zähflüssigen Massen des Erdinneren die Kruste weiter aufsprengen und ihre Schollen auseinandertreiben. Der Erdmantel hat dagegen eine Schichtendicke von fast 3 000 Kilometern, und die in ihm ablaufenden Konvektionsströme – das Aufsteigen heißer Materie aus der Tiefe sowie das gleichzeitige Wiederabsinken abgekühlter Massen – umfassen entsprechend riesige Abschnitte des Mantels.

Auf eine Kugel von 120 Zentimeter Durchmesser übertragen, bedeutet das eine maximale Krustendicke von drei Millimetern bei einer Manteldicke von dreißig Zentimetern. Der Boden unter unseren Füßen ist in Wirklichkeit eben nicht so fest, wie es der Volksmund versichert: Die Erde, auf der wir leben, ist in Wahrheit ein Raum frei schwebender Tropfen aus glutflüssiger Materie, der von einer hauchdünnen, abgekühlten Kruste überzogen ist. Stabil ist dieser Tropfen nur, weil er frei schwebt. Könnte jemand die Erde auf einer festen Unterlage absetzen, sie würde schon im nächsten Augenblick zu einer glühenden Lache auseinanderfließen. Kein Wunder also, wenn einzelne Fetzen der hauchdünnen Abkühlungskruste durch die Glut, die sie einhüllt, in Bewegung geraten können.

Dieses erst seit etwa zehn Jahren abgeklärte Bild löst nun fast alle Probleme und Rätsel, denen sich die Erdwissenschaftler bei der Erforschung der Gebirgsbildung gegenübergesehen hatten. Es kann kein vernünftiger Zweifel mehr daran bestehen, daß die meisten Gebirge dieser Erde nichts anderes sind als Aufwerfungen oder Stauchungen der Erdkruste an den Stellen, an denen zwei Kontinentalschollen bei ihrer Verdriftung aufeinanderprallen.

Wenn wir sehr viel länger lebten, wenn unsere Lebensspanne Jahrmillionen und nicht nur einige Jahrzehnte betrüge, dann würden wir sehen können, daß die Erdoberfläche in ständiger Bewegung ist; daß auf ihr eine Vielzahl selbständiger Schollen oder Krustenplatten in verschiedenen Richtungen und mit unterschiedlichen Geschwindigkeiten umhertreibt; daß sich diese Krustenplatten dabei gegenseitig stoßen und an ihren Rändern verformen und stauchen. In Wirklichkeit ist unsere Situation mit der eines hypothetischen Mikroorganismus vergleichbar, der mit einer Lebenserwartung von nur einer Tausendstelsekunde auf dem Kamm einer Brandungswelle existiert. Auch diesem hypothetischen Lebewesen würde seine Umwelt als starr und unbeweglich erscheinen. Und wenn es sich einen größeren Überblick über die Welt verschaffen könnte, auf der es sich vorfindet, würde es vermutlich ebenfalls sehr lange brauchen, um zu verstehen, warum diese Welt ausgerechnet die Form eines Brechers aufweist.

Plattentektonik – das ist also das Zauberwort, mit dem viele Geologen heute alle Probleme der Gebirgsentstehung erklären zu können glauben. Tatsächlich ist ihnen das an vielen Stellen der Erde auch bis in erstaunliche Details hinein gelungen. Ein besonders eindrucksvolles Beispiel dafür bildet die Entdeckung sogenannter Subduktionszonen. Die Suche nach ihnen hatte gleich nach der Entdeckung der Fließbandbewegung des Ozeanbodens begonnen, denn seit diesem Augenblick stand theoretisch fest, daß es sie geben mußte.

Das Ganze war gewissermaßen einfach eine Frage der Bilanz: Wenn irgendwo ozeanischer Boden fortlaufend neu gebildet wird, dann steht fest, daß irgendwo anders gleichzeitig und in gleichem Maße Ozeanboden vernichtet werden muß, denn die Erdoberfläche vergrößert sich ja nicht. Die erste Region, an der das tatsächlich geschieht, war rasch gefunden. Offensichtlich stellt die gesamte ostpazifische Küste, von Alaska bis zum Südzipfel des amerikanischen Kontinents, eine solche Subduktionszone dar, in der von Westen herandringender junger Ozeanboden unter die den amerikanischen Kontinent bildenden Schollen gedrückt wird und langsam wieder im Erdinneren verschwindet.

Das ist der jetzt endlich einsichtige Grund dafür, daß der zirkumpazifische Gürtel eines der aktivsten irdischen Bebengebiete darstellt. Die Reibung der Krustenplatten beim Untertauchen der ozeanischen unter die kontinentalen Schollen geht eben nicht ohne Erschütterung ab. Außerdem ist jetzt auch ohne weiteres einzusehen, warum im Verlauf der gleichen Bruchzone eine so große Zahl aktiver Vulkane existiert. Hier wird am Rande kontinentaler Platten in den oberen Erdmantel absinkender ozeanischer Boden eingeschmolzen, aber auch mitgeführtes kontinentales Krustenmaterial. Die dabei in gewaltigen Dimensionen sich abspielenden Entmischungen und Entgasungsprozesse führen an vielen Stellen zum Durchbruch von Schmelzmaterial an die Oberfläche.

Die wesentlichen Erhebungen sind aber eben auch hier nicht etwa unmittelbar vulkanischen Ursprungs. Der sich über gut 15 000 Kilometer von Norden nach Süden erstreckende Gürtel der Kordilleren wurde nicht etwa direkt durch die Erdwärme bis zu Höhen von mehr als 6 000 Meter aufgetürmt, sondern durch den Zusammenstoß von pazifischen und kontinentalen Platten. Das gleiche gilt nun nach Auffassung der Plattentektoniker für alle anderen großen Gebirge unserer Erde. Die Pyrenäen sind die Folge eines Zusammenstoßes der iberischen mit einer westeuropäischen Platte. Die Alpen sind die Folge davon, daß sich eine mittelmeerische Platte langsam nach Norden bewegt und dabei die mitteleuropäische Kruste aufstaucht. Der Himalaya verdankt seine Entstehung der Tatsache, daß der indische Kontinent mit einer riesigen asiatischen Festlandplatte kollidiert. Und so fort...

Wie aber fügt sich nun die Sedimentierung nahezu aller nichtvulkanischen Berge und Gebirge in dieses Bild ein? Auch dafür bietet sich jetzt eine zwanglose Erklärung an. Das hohe Alter vieler Festlandgesteine ist zugleich ein Beweis dafür, daß die Kontinente relativ stabil sind, daß sie im Unterschied zu den sehr viel dünneren ozeanischen Platten von den bei diesen entdeckten Einschmelzungs- und Neubildungsprozessen verschont geblieben sind. Die meisten Geologen halten die Kontinente denn auch für relativ starr. Sie glauben also, daß die heutigen Kontinente ihre Form auch über erdgeschichtliche Epochen hinweg im wesentlichen unverändert beibehalten haben, wenn man einmal von der Entstehung neuer Konturen durch das Auftreten neuer Bruchspalten und die damit einhergehende Aufsplitterung absieht. (Dies übrigens in Abwandlung der ursprünglichen Annahmen Alfred Wegeners, der bei seinem Versuch, einen in der Urzeit zusammenhängenden Superkontinent Pangäa zu rekonstruieren, von einer relativ großen Flexibilität der kontinentalen Schollen ausgegangen war.)

Aber mag die Erdkruste im Bereich der Kontinente nun auch grundsätzlich formstabil sein, so ist sie doch auch hier nicht unelastisch. Die gewaltigen Kräfte aus der Tiefe zerren auch an ihrem Untergrund. Als Folge davon spielen sich an allen Stellen der Kontinente fortlaufend vertikale Bewegungen ab, die dazu geführt haben, daß es hier praktisch keine Region mehr gibt, die nicht in irgendeiner Epoche der Erdvergangenheit einmal für längere Zeit unter Wasser geraten wäre. Während dieser Epochen aber lagerten sich dann die für jeden Meeresboden charakteristischen Sedimente ab, die im Laufe der folgenden Jahrmillionen zu Gestein wurden und, wenn sie sehr viel später durch Plattentektonik zu einem Gebirge aufgeworfen wurden, diesem den einst so schwer zu erklärenden Sichtcharakter gaben. Und vor der Anhebung strichen über den Meeresboden, der erst soviel später zu einem Gebirge werden sollte, tatsächlich riesige Fischschwärme hin, und in der gleichen Zeit sammelten sich in den Bodensedimenten auch die sterblichen Überreste der verschiedensten Meeresorganismen an.

So scheint das geologische Konzept der Plattentektonik auf alle Fragen nach den Besonderheiten der Gebirgsbildung eine einleuchtende Antwort parat zu haben. Steinchen für Steinchen fügte sich in den letzten zwanzig Jahren alles zu einem geschlossenen, alle überzeugenden Bild. Doch es scheint nur so. Bei näherer Betrachtung weist das Bild einige Schönheitsfehler auf. Niemand bestreitet, daß die plattentektonische Analyse der Erdkruste eine neue Epoche der Geologie eingeleitet hat, die eine kaum übersehbare Fülle der interessantesten und erhellendsten Einsichten mit sich brachte. Aber wie stets in der Wissenschaft, so hat auch diese fruchtbare neue Theorie nicht nur viele alte Probleme gelöst, sondern zugleich auch einige neue aufgeworfen.

Viele Geologen glauben heute, mit der Plattentektonik eine Art Patentrezept zum Verständnis aller sich in der Erdkruste abspielenden Prozesse in der Hand zu haben. Aber es gibt inzwischen auch Stimmen, die daran erinnern, daß die Wissenschaft keine Patentrezepte, keine Pauschalantworten für alle Fragen kennt. Der erste, der sich in diesem Sinne schon 1970 äußerte, war der sowjetische Geologe Wladimir Belussow. Seitdem spielt sich am Rande der geologischen Forschung eine Auseinandersetzung zwischen den Plattentektonikern und einer kleineren, seit dem ersten Njet Belussows aber langsam anwachsenden Schar von Kritikern ab. Der Streit wird nicht ohne Leidenschaft geführt. Gerüchte besagen, daß man an manchen Universitäten und Instituten die Plattentektoniker von ihren Kontrahenten leicht dadurch unterscheiden kann, daß man darauf achtet, wer wen noch grüßt.

Dabei kommt es den Kritikern keineswegs etwa in den Sinn, der Plattentektonik ihre großen Verdienste rundweg abzusprechen. Sie meinen nur, daß viele ihrer Kollegen in ihrer Begeisterung über die Fortschritte der letzten Jahre die neue Theorie überschätzen könnten. Sie begründen das durch Hinweise auf gewisse Widersprüche. So stimmen sie zu, wenn die Anhänger der neuen Konzeption feststellen, daß ihre Theorie auch die Konzentration der wichtigsten Gebirge der Erde auf die zwei schon erwähnten globalen Gürtel erklären könne. Auch sie sind der Meinung, daß der Verlauf dieser Züge die Folge riesiger zusammenhängender Risse in der Erdkruste sein dürfte, von Plattengrenzen, die eben ein erdumspannendes Ausmaß haben. An ganz bestimmten Stellen aber, und darauf hatte Belussow unter anderem aufmerksam gemacht, kommt man mit diesem Konzept in Schwierigkeiten. Ein Beispiel ist der afrikanische Kontinent, der nach Ansicht der Plattentektoniker eine einzige, mit Ausnahme des in Verlängerung des Roten Meeres verlaufenden ostafrikanischen Grabens, starre Krustenplatte ist. Diese Platte müßte nun, von der mittelatlantischen Schwelle aus gesehen, nach Osten driften, von der zentralindischen Schwelle aus dagegen nach Westen und außerdem noch – um zur Entstehung von Atlas und Alpen führen zu können – nach Norden. Das aber ist selbst für einen exotischen Kontinent ein bißchen zuviel.

Manche Geologen behelfen sich in dieser Lage dadurch, daß sie die Erdkruste in immer zahlreichere, immer kleinere Krustenplatten aufteilen, denen sie dann unabhängig von ihren Nachbarn die jeweils erforderliche Driftrichtung zusprechen. Mit diesem Vorgehen aber nähert man sich bereits dem in der Wissenschaft streng verpönten Verfahren einer *petitio principii*: Dabei wird das, was man ursprünglich beweisen wollte, als feststehend vorausgesetzt, und der vorliegende Befund so interpretiert, daß das gewünschte Resultat herauskommt.

Belussow ist, wie schon angedeutet, nicht der einzige geblieben, der angesichts dieser Schwierigkeiten den Verdacht geäußert hat, daß es noch andere, bisher unentdeckte Mechanismen der Gebirgsentstehung geben müsse. Der interessanteste Versuch in dieser Richtung stammt von dem Tübinger Geologen Hans-Georg Wunderlich. Wunderlich arbeitete mehrere Jahre lang in einem typischen Problemgebiet, das alle jene Besonderheiten aufweist, durch welche die Plattentektoniker in Schwierigkeiten gebracht werden: im Bereich des nördlichen Apennin und der sich anschließenden Alpenkette.

Die norditalienische Po-Ebene wird hier von einem U-förmig verlaufenden Gebirgszug eingefaßt, der südlich vom Apennin, westlich von den Seealpen und nördlich von den Alpen gebildet wird. Dieser geschwungene Gebirgsverlauf auf engstem Raum ist mit dem plattentektonischen Konzept beim besten Willen

nicht mehr zu erklären, wenn man nicht zu mehr oder weniger willkürlichen Hilfshypothesen seine Ausflucht nehmen will. Wunderlich fand bei seinen mehrjährigen Untersuchungen (vor allem zahllosen gravimetrischen Messungen) in dieser Region dagegen Schwerkraftanomalien, die insgesamt für eine wirbelartige Rotationsbewegung sprechen, die hier – selbstverständlich ebenfalls mit der für geologische Prozesse charakteristischen, sich nach Jahrmillionen bemessenden Zeitlupengeschwindigkeit – in der Erdkruste abläuft. Seitliche Stauchungen als Folge eines solchen Rotationsprozesses aber würden die hier existierenden Gebirge und die Besonderheiten ihres Verlaufs ohne weiteres verständlich machen.
Wie aber soll ein solcher Wirbel in der säkularplastischen, Jahrmillionen langem Druck eben doch schließlich langsam nachgebenden Erdkruste entstehen? Wunderlich gab hierauf die verblüffende Antwort: genauso wie in der Atmosphäre! Unter Einwirkung der Erdrotation bilden sich in dieser innerhalb von Tagen riesige Wirbel, wenn Luft auf einen bestimmten Punkt über der Erdoberfläche zuströmt. Bei Wolkenbildung sind sie auf einem Satellitenfoto und sonst, rekonstruiert, auf der Wetterkarte als Tief deutlich erkennbar. Was sich in der Atmosphäre seiner Schnelligkeit wegen für unsere Augen sichtbar abspielt, ereignet sich, so Wunderlichs faszinierende Hypothese, grundsätzlich in der gleichen Weise eben auch in der Lithosphäre, der felsigen Erdkruste, wenn thermische Konvektionsströme aus der Tiefe zu Hebungen oder Absenkungen größeren Ausmaßes führen. Der extremen Langsamkeit wegen ist das für uns im Falle der Lithosphäre eben nur sehr viel schwerer zu entdecken.
Untersuchungen in den Karpaten und auf dem Balkan führten zur Entdeckung eines weiteren dieser lithosphärischen Wirbel. Leider starb Wunderlich jedoch 1974, vor dem Abschluß seiner Untersuchungen, im Alter von nur sechsundvierzig Jahren. Es ist zu hoffen, daß sich bald ein Geologe findet, der diese neue Spur aufgreift und die Arbeiten des Tübinger Geologen fortsetzt.
Daß sich in der Wissenschaft mit jeder neuen Erklärung immer auch neue Fragen und Probleme einstellen, läßt sich schließlich

gerade an der Theorie der Gebirgsentstehung noch in einem weiteren Punkt zeigen, der sich aus Veröffentlichungen der allerjüngsten Zeit ergibt.
Ende 1977 machte Herbert Frey, ein amerikanischer Astrophysiker, auf ein im Grunde sehr naheliegendes, bisher aber unbeachtet gebliebenes Problem aufmerksam: Die relativ dicken und stabilen kontinentalen Platten können ja allein deshalb von den äußersten Schichten des Erdmantels wie von Förderbändern in dieser oder jener Richtung transportiert werden, weil der dazu erforderliche Platz vorhanden ist. Anders, wissenschaftlicher ausgedrückt: Der plattentektonische Mechanismus konnte auf unserem Planeten nur deshalb in Gang kommen, weil die Erdoberfläche nur zu etwa vierzig Prozent von kontinentalen Platten bedeckt ist. Die übrigen sechzig Prozent werden von den relativ dünnen, in ständiger Umsetzung begriffenen ozeanischen Platten gebildet, die von den Kontinentalschollen mühelos durchpflügt werden können. Voraussetzung dafür, daß das Ganze im Sinne der Theorie funktioniert, ist also ein Defizit an kontinentaler Kruste, das bei der Erde etwa sechzig Prozent beträgt. Wo sind die Krustenanteile – deren Vorhandensein bei der ursprünglichen Entstehung der Erde vor nahezu fünf Milliarden Jahren vorausgesetzt werden kann – eigentlich geblieben, wie sind sie der Erde abhanden gekommen?
Hier erinnert Frey nun an den von der modernen Weltraumforschung gelieferten Nachweis, daß es sich bei den Kratern auf dem Mond überwiegend um Einschlagskrater handelt und daß nicht nur dieser Himmelskörper, sondern auch Mars und Merkur eine von Kratern übersäte Oberfläche aufweisen. Offenbar ist also zumindest der innere Teil unseres Sonnensystems in einem sehr frühen Zeitpunkt seiner Geschichte einem massiven meteoritischen Bombardement ausgesetzt gewesen. Das muß auch für unsere Erde gegolten haben, wenn auf ihrer Oberfläche die ursprünglichen Einschlagskrater inzwischen auch infolge der Erosion durch Wind und Wetter längst nicht mehr sichtbar sind.
Frey nennt in diesem Zusammenhang einige interessante Zahlen. Der Anteil der durch Meteoriteneinschläge zerstörten ur-

sprünglichen Kruste hängt von der Größe des Zielobjekts, des bombardierten Himmelskörpers also, ab und nimmt mit dessen Größe zu. Beim Mond und beim Merkur beträgt dieses durch Einschläge verursachte Krustendefizit nur rund dreißig Prozent, beim Mars ergab die Auswertung der Sondenphotos eine Verlustquote von vierzig Prozent, bei der Erde sollten es nach den Berechnungen des Astronomen rund sechzig Prozent sein.

Diese Zahl aber entspricht den bei uns tatsächlich herrschenden Verhältnissen erstaunlich genau. Das läßt an die Möglichkeit denken, daß die irdischen Meere mit ihren dünnen, sich fortwährend erneuernden Böden den Mond-»Meeren«, denen sie ihren Namen verliehen haben, immerhin insofern verwandt sind, als beide auf die grundsätzlich gleiche Weise entstanden. Vielleicht also war ein heute fast fünf Milliarden Jahre zurückliegendes gewaltiges kosmisches Bombardement das erste Kapitel in der Entstehungsgeschichte der irdischen Gebirge.

Dies ist das Bild, wie es sich heute darbietet. Es ist das Resultat revolutionierender geologischer Entdeckungen, die fast alle erst in den letzten beiden Jahrzehnten gemacht worden sind. Ihre Ergebnisse haben uns, wie es scheint, die Antwort auf die meisten der Fragen beschert, mit denen sich frühere Geologengenerationen vergeblich herumgeschlagen haben, weil ihnen die Möglichkeit versagt war, die Erdoberfläche mit den ausgefeilten technischen und wissenschaftlichen Hilfsmitteln und Methoden zu untersuchen, die uns heute zu Gebote stehen. Aber auch heute gibt es noch viele offene Fragen, deren Beantwortung wiederum neue Probleme aufwerfen wird.

Eine Erkenntnis jedoch dürfte bei allen noch so unvorhersehbaren Entdeckungen der Zukunft Bestand haben: Es gibt in der Erdgeschichte keine »orogenen Phasen«, Epochen aktiver Gebirgsbildung also, die von langen Zeiten geologischer Ruhe unterbrochen würden, wie man es sich bis vor kurzem noch vorgestellt hat. Die Erdoberfläche ist vielmehr ständig in Bewegung. Auch in unserer Gegenwart sind die Kräfte ununterbrochen wirksam, die Gebirge entstehen lassen und wieder abtragen. Wir leben nur eine viel zu kurze Zeit, um das anders als indirekt, mit der Hilfe ausgeklügelter Untersuchungstechniken und geistreicher wissenschaftlicher Schlußfolgerungen, feststellen und als realen Ablauf rekonstruieren zu können.

(1978)

Das magische Fenster

Was wir beim Sehen übersehen

Vor einigen Jahren war ich Zeuge eines erschütternden biologischen Experimentes: Wolfgang Schleidt, damals Mitarbeiter von Konrad Lorenz im berühmten Seewiesener Max-Planck-Institut für Verhaltensphysiologie, wollte herausbekommen, woran eine Putenhenne eigentlich ihre Küken erkennt.
Der junge Verhaltensforscher präsentierte zu diesem Zweck einer Reihe auf dem Nest hockender Hennen Kükenattrappen, Nachbildungen in allen nur denkbaren Variationen: ausgestopfte Küken in verschiedenen Farben, Küken aus Pappmaché, Plastik oder Holz, mit und ohne Federn, Küken mit eingebautem Lautsprecher, die arteigenes und fremdes Zwitschern von sich gaben, Kükenriesen und Winzlinge.
Doch nur bei den Küken mit eingebautem Lautsprecher hatten die Hennen Ansätze mütterlicher Reaktionen gezeigt, während alle anderen Nachbildungen heftig von ihnen attackiert worden waren.
Zur Überprüfung seiner Vermutung, daß die Hennen ihre Jungen an deren typischem Piepsen erkennen, erdachte der Wissenschaftler ein neues Experiment. Mir, dem zufällig hereingeschneiten Besucher, wurde gestattet, den entscheidenden Augenblick mitzuerleben: Wolfgang Schleidt, durch dicke Lederfäustlinge gegen die wütenden Schnabelhiebe der Henne geschützt, nahm einer auf ihrem Nest förmlich »klebenden« Pute ein eben geschlüpftes Küken weg.
Es dauerte Minuten, bis das Tier sich danach wieder beruhigt hatte. Dann erst setzte der Verhaltensforscher das Küken einige Meter vom Nest entfernt vorsichtig auf den Boden. Es piepte herzzerreißend, wedelte heftig mit den kurzen Flügelstummeln, sah sich ein paarmal um und marschierte dann, zielsicher und unbeirrt, auf das Nest und seine darauf thronende Mutter los.

Die Katastrophe ereignete sich so schnell und unerwartet, daß niemand von uns eingreifen konnte. Die Putenhenne richtete sich steif auf, fixierte das dem Nest zustrebende Küken erst mit dem einen, dann mit dem anderen Auge – und hackte zu. Mit voller Kraft. Zweimal. Sie gab erst Ruhe, als sie sich vergewissert hatte, daß das kleine blutende Federknäuel sich nicht mehr rührte. Bald darauf setzte sie dann als fürsorgliche Mutter ihr Brutgeschäft fort.
Die Szene wirkte in ihrer paradoxen Brutalität auf uns wie ein Schock. Auch Wolfgang Schleidt war betroffen. Um herauszukriegen, wie groß die Bedeutung akustischer Signale für das Erkennen zwischen Henne und Küken ist, hatte er nämlich eine ganz simple Manipulation vorgenommen: Er hatte der Henne vor dem Versuch die Ohren zugeklebt.
Wie kann jedoch ein scheinbar harmloser Eingriff das Instinktgefüge der Pute derart aus den Fugen bringen, daß sie zur Kindesmörderin wird? Als ich darüber nachdachte, dämmerte mir, daß der Schock, den wir erlebt hatten, nur darauf beruhte, daß wir das Auge fälschlich immer für eine Art Fotoapparat halten. Augen stecken, so etwa stellt man sich das doch vor, wie kleine Kameras vorn im Schädel. Sie registrieren optisch, was »draußen« vor sich geht, und reichen die aufgenommenen Bilder via Sehnerv an das Gehirn weiter.
So einfach aber liegen die Dinge eben nicht. Gewiß, ein Auge läßt sich, jeder weiß das, als kleine »Camera obscura« beschreiben. Als Konstruktion, die dem Zweck dient, auf dem Nervengeflecht des Augenhintergrundes ein verkleinertes Abbild der Außenwelt entstehen zu lassen. Die Pupille als Einfallsöffnung mit variabler Blendengröße, die Augenlinse zur Bündelung der einfallenden Lichtstrahlen, eine Pigmentumhüllung, die das Eindringen von Nebenlicht in den Augapfel verhindert, und schließlich die Netzhaut als »Projektionswand«: die Anordnung ist unter technischem Aspekt ebenso einleuchtend wie zweckmäßig.
Auch im Auge der Pute war so das Abbild des herannahenden Kükens entstanden. Ohne jede Frage hat auch die Pute das Küken »gesehen«, denn, so Wolfgang Schleidt: »Sonst hätte sie es ja nicht tothacken können.« Keine Frage aber auch, daß das

Tier dennoch etwas unvorstellbar anderes gesehen haben muß als die menschlichen Augenzeugen.
In der Veröffentlichung Schleidts hieß es später knapp und sachlich nur, daß das entscheidende Signal für das Erkennen der eigenen Küken bei Puten offensichtlich akustischer Natur sei. Die Feststellung enthält stillschweigend die Einsicht, daß nicht alle Augen das gleiche sehen.
Der Vorgang, den wir »Sehen« nennen, ist weitaus geheimnisvoller, als wir es uns träumen lassen. Augen bilden die Welt nicht ab. Sie legen sie für uns aus – ohne unser Zutun, ohne daß wir es in der Regel überhaupt bemerken. Es ist, als ob die Natur uns optisch entmündigt hätte. Was wir zu sehen bekommen, ist eine von unseren Sehorganen redigierte Version der Welt, bearbeitet zum Nutzen höchst anfälliger und in ihrer Umwelt durch allerlei Risiken bedrohte Kreaturen. Das Interesse der Natur gilt nicht der Erkenntnisfähigkeit ihrer Geschöpfe. Es gilt ihren Überlebenschancen. Dieser Unterschied ist beträchtlich.
Augen führen uns die Realität daher nicht wie ein fotografischer Apparat passiv vor. Wir blicken auf die Welt wie durch ein magisches Fenster. Nichts von dem, was wir sehen, stellt sich uns so dar, wie es ist. Alles ist verwandelt, umgedeutet, so zurechtgebogen, wie es einer Entwicklung tunlich schien, die sich für den Bau unseres optischen Sinnes etliche hundert Millionen Jahre Zeit nahm und die erst in der allerletzten Phase dieses Prozesses auf den Einfall kam, daß man das Auge auch zum »Sehen« benutzen kann.
Das mag aller gewohnten Vorstellung widersprechen. Eine ganze Reihe von Argumenten macht diese Auffassung dennoch unwiderlegbar. Augen liefern, ungeachtet ihres bei allen Wirbeltieren grundsätzlich gleichen Baus, völlig verschiedene Resultate – je nachdem, in wessen Schädel sie stecken.
Nicht das Auge »sieht«, sondern das Gehirn. Im Gehirn aber ist es dunkel. Da gibt es auch kein Bild. Wer sollte es schon betrachten? Die von den Netzhäuten kommenden Informationen werden dort nach Prinzipien verarbeitet, die heute noch immer rätselhaft sind. Wie sehr, das erfuhren einige blinde Patienten, denen ein englischer Hirnspezialist durch einen wagemutigen Eingriff wieder zum Sehen verhelfen wollte.

Die Idee von Professor Giles S. Brindley, Neurologe am renommierten Maudsley Hospital in London, war ebenso einfach wie kühn. Wenn wir, so folgerte der Wissenschaftler, mit dem Gehirn sehen und nicht mit den Augen, müßte es eigentlich möglich sein, ein zerstörtes Auge durch eine Fernsehkamera zu ersetzen.

Es fanden sich einige blinde Versuchspersonen, die das futuristisch anmutende Experiment über sich ergehen lassen wollten. Professor Brindley ließ eine winzige Fernsehkamera konstruieren, die auf ein Brillengestell montiert werden konnte. Die von dieser Kamera eingefangenen Bilder wurden, in grobe Rasterpunkte zerlegt, in einen ebenfalls winzigen Sender geleitet. Dieser klebte an einer glattrasierten Stelle des Hinterkopfs, genau über der »Sehrinde«, dem etwa briefmarkengroßen Areal der Großhirnrinde, Endstation für die von den Netzhäuten kommenden Nervenimpulse. Die Sehrinden der Patienten aber waren vorher präpariert worden. Durch ein kleines Loch in der Schädeldecke hatte ein Hirnchirurg sie mit einer papierdünnen Plastikfolie bedeckt, in die Elektroden eingeschweißt waren. Die Elektroden sollten das vom Sender ausgestrahlte Rasterbild auf die Hirnzellen übertragen.

Brillant ausgeklügelt und perfekt realisiert, endete das Unternehmen dennoch mit einer Enttäuschung.

Alles, was die blinden Versuchspersonen zu sehen bekamen, waren grelle Blitze und huschende Lichtpunkte. Man war also an der richtigen Stelle. Auch technisch gab es keine Mängel. Der Fehler lag ganz woanders: Er bestand in der aberwitzigen Idee, daß man die geheimnisvolle Art und Weise, in der unsere Sehrinde die vom Netzhautbild stammenden Nervenimpulse in psychische Wahrnehmungserlebnisse umwandelt, mit technischen Mitteln nachvollziehen könne.

Das von der Natur ursprünglich gar nicht zum »Sehen« entwickelte Auge ist der späte Abkömmling eines Lichtsinns, der im Verlaufe des unvorstellbaren Zeitraums von kaum weniger als zwei Milliarden Jahren nach und nach alle möglichen Funktionen übernommen hat: die eines Auslösers für gerichtete Bewegungen, eines Zeitgebers, der den Organismus mit seiner Umwelt in Einklang zu bringen hat, einer Alarmeinrichtung, und dann auch, sehr viel später erst, die eines Organs zur Information über Vorgänge in der Außenwelt. Keine der genannten archaischen Funktionen ist unseren Augen gänzlich verlorengegangen. Sie alle übersehen wir, wenn wir »Sehen« gedankenlos mit »objektiv Abbilden« gleichsetzen.

John Glenn, der erste amerikanische Astronaut, berichtete nach dem gelungenen Mercury-Flug im Februar 1962 über Beobachtungen, die den Nasa-Verantwortlichen erhebliches Kopfzerbrechen bereiteten. Er hatte, so erzählte der Raumfahrer unbefangen, während seines Fluges mehrfach Schiffe und einmal sogar einen Lastwagen mit bloßem Auge als winzige Punkte entdecken können. Das konnte, so die Experten, unmöglich stimmen. Denn bei einer Flughöhe von 160 Kilometern über der Erdoberfläche liegt ein normaler Frachter weit unterhalb des Auflösungsvermögens des menschlichen Auges – von einem Lkw ganz zu schweigen.

Als bei späteren Gemini-Flügen andere Astronauten dann aber das gleiche behaupteten, stellte man sie auf die Probe. Ohne ihr Wissen wurden an verschiedenen Stellen der Erdoberfläche Markierungen von der Größe der von ihnen angeblich gesichteten Objekte angebracht. Wenn ihre Kapsel einen dieser Punkte überflog, forderte man sie auf, danach Ausschau zu halten. Zur Verblüffung der Experten wurden die Männer in den meisten Fällen fündig – obwohl ihnen das theoretisch gar nicht möglich sein durfte.

Neurophysiologen lösten schließlich das Rätsel. Im Unterschied zu einem fotografischen Film liefert eine Netzhaut ihre größtmögliche Bildschärfe nicht dann, wenn sie absolut stillsteht. Unsere Augen führen vielmehr fortwährend feinste, von uns gar nicht bemerkte Zitterbewegungen aus, etwa 50 pro Sekunde. Das läßt einen optischen Reiz auf der Netzhaut zwischen zwei benachbarten Sinneszellen blitzschnell hin- und herhuschen. Erst dieser permanente Reizwechsel nutzt die Empfindlichkeit und die räumliche Trennschärfe dieser Zellen optimal aus. Im Zustand der Schwerelosigkeit aber nimmt die Schnelligkeit dieser unsichtbar feinen Zitterbewegungen deutlich zu, weil der schwerelose Augapfel in der Augenhöhle dann eine geringere Reibung zu überwinden hat. Das Resultat: eine »übernatürliche« Steigerung der Bildschärfe.

Ein anderes Phänomen macht deutlich, daß das Auge zunächst zu einem anderen Zweck als dem Sehen herausgebildet wurde. Jeder kennt den Stimmungsumschwung, der sich einstellen kann, wenn an einem trüben Tag plötzlich die Wolkendecke aufreißt. Die Sonne löst dann in uns eine freudige Spannung aus. Was wir in einem solchen Augenblick erleben, ist die archaischste Form der Verbindung zwischen einem lebenden Organismus und seiner Umwelt: die Verbindung durch Licht. Auch wir sind durch das in unsere Augen fallende Licht mit der Umwelt noch immer auf eine Weise verbunden, an die wir nie denken, wenn wir von »sehen« reden. Licht läßt nicht nur Pflanzen wachsen, sondern auch Menschen. Das Phänomen der Entwicklungsbeschleunigung bei Jugendlichen ist nicht nur Folge einer immer eiweißreicheren Ernährung. Zu den Wachstum und Pubertät stimulierenden Umweltreizen gehört auch die unnatürliche Lichtmenge, der wir uns in unserer zivilisatorischen Kunstwelt aussetzen. Mit dieser künstlich erzeugten Lichtmenge hängt auch das Zivilisationsübel »Schlafstörung« zusammen. Der Helligkeitswechsel, der durch die Umdrehung der Erde verursacht wird, stellt einen natürlichen Zeitgeber dar. Daß Tulpen im Frühjahr blühen und Dahlien unfehlbar erst im Spätsommer, wird von diesem kosmischen Metronom gesteuert. Blumen können – Experimente unter künstlichen Beleuchtungsverhältnissen haben es bewiesen – die Tageslänge minutengenau »messen«.

Der Tag-Nacht-Rhythmus ist für die zeitliche Ordnung in der gesamten lebenden Natur von fundamentaler Bedeutung. Der Wandertrieb der Zugvögel wird von ihm ebenso bestimmt wie die Brunftzeit der meisten wildlebenden Säuger oder die nächtliche Schlafbereitschaft. Ein Lebewesen schläft nicht deshalb ein, weil es dunkel wird. Es fällt abends in Schlaf, weil der ihm angeborene Rhythmus von Wachen und Schlafen mit dem natürlichen Wechsel von Tag und Nacht synchronisiert ist. Bedarf es unter diesen Umständen einer Erklärung, weshalb die biologische Schlafautomatik mehr und mehr versagt, seit wir angefangen haben, die Nacht mit künstlichen Beleuchtungsquellen abzuschaffen? Es ist alles andere als ein Zufall, daß Glühbirne und Schlaftablette im gleichen Augenblick erfunden worden sind.

Körperlich faßbar ist die Beziehung zwischen Licht und Leben

an den Nervenfasern, die von der Netzhaut unserer Augen zum Zwischenhirn führen. Sie enden nämlich nicht in jenem am Hinterkopf gelegenen Stück Großhirnrinde, mit dem wir »sehen«. Ihre Endstation liegt vielmehr in jenem Hirnteil, der Wachstum und Reifung, den Stoffwechsel und weitere vegetative Funktionen steuert. In der Netzhaut selbst fand sich ein körperliches Indiz für eine weitere überlebenswichtige – wenn von uns auch kaum je registrierte – Funktion. Einige Millionen lichtempfindlicher Zellen säumen den Netzhautrand. Sie sind jeweils zu Hunderten durch Nervenverbindungen fest miteinander »verdrahtet«. Daß ein solches Geflecht im Dienste einer Bildübertragung wenig Sinn machen würde, liegt auf der Hand. Welchem biologischen Zweck also dient das Arrangement?
Die Antwort ergibt sich aus der räumlichen Anordnung: Das Netzwerk liegt an der Grenze der Netzhäute und damit des Gesichtsfeldes. Es ist ein Alarmsystem, sinnvoll postiert an jener Scheidelinie, an welcher der Teil der Außenwelt beginnt, den wir nicht mehr »im Auge« haben. Optische Reize, die diesen Netzhautrand treffen, werden, wenn überhaupt, nur höchst vage gesehen. Sie bewirken indessen etwas ganz anderes: eine automatische Hinwendung des Blicks, wenn an dieser prekären Grenze plötzlich ein Reiz neu auftaucht. Über die biologische Nützlichkeit der Einrichtung ist kein Wort zu verlieren. Ohne diesen Schutzmechanismus wäre unser Geschlecht längst ausgestorben. Niemand von uns käme ohne ihn auch nur heil über eine Straße.
Warum aber hat die Evolution das ursprüngliche Gesichtsfeld von 360 Grad aufgegeben? Bei Fischen und Eidechsen, fast allen Vögeln und den meisten Säugetieren stehen die Augen seitlich im Kopf. Das hat unbestreitbare Vorteile: Die Tiere überblicken fast den ganzen Horizont. Welcher Vorteil kann die Gefahren wettgemacht haben, die aus dem Verzicht auf diese optische »Rundumsicherung« unvermeidlich erwuchsen? Es steht fest, daß erst zwei in der gleichen Richtung nach vorn blickende Augen jene Leistung zuwege bringen konnten, die wir »Sehen« nennen: das Erleben einer plastisch-räumlichen, vor den Augen liegenden Welt. Doch auch eine solche Leistung war ganz gewiß nicht beabsichtigt, denn die Evolution ist blind

für die Zukunft. Was also kann sie dann veranlaßt haben, bei einigen ihrer Arten die Augen im Verlaufe langer Zeiträume nach vorn wandern zu lassen?
Die plausibelste Antwort haben wir vor uns, wenn wir die Augen schließen. Was wir dann sehen – auch noch in tiefster Nacht –, ist nämlich nicht absolute Dunkelheit. Es ist das »Eigengrau« unserer Netzhäute. Ihr »optisches Rauschen«, wie es ein Nachrichtentechniker bezeichnen würde. Die durch ihre elektrische Eigenaktivität hervorgerufene optische Empfindung wallender Grauschleier und feiner tanzender Lichtpunkte. Für den »Normalbetrieb« – die optische Orientierung am hellichten Tag – ist das belanglos. Nicht so für einen nächtlichen Jäger. Wer sich auf die Beutejagd im Dunkeln spezialisiert hat, ist darauf angewiesen, die Lichtempfindlichkeit seiner Augen maximal auszunutzen. Diesem Bestreben aber setzt das Eigenrauschen der Netzhaut rasch eine Grenze. Wie soll ein extrem schwacher optischer Reiz aus der Umwelt eigentlich noch von einem der Lichtpunkte unterschieden werden, die im Wahrnehmungsorgan selbst fortwährend entstehen?
Die Evolution hat das Problem der Trennung von »Rauschen« und »Signal« auf elegante Weise gelöst: Sie hat die Augen der nächtlichen Jäger nach vorn verlegt. Das bedeutet zwar den Verzicht auf Sicherung nach hinten. Dafür aber bestreichen beide Augen denselben Ausschnitt der Außenwelt, so daß ein Auge das andere kontrollieren kann. Dadurch läßt sich sehr zuverlässig entscheiden, ob ein schwaches Signal »echt« ist, ob es also von außen kommt oder aus der eigenen Netzhaut. Dazu genügt ein Programm, das alle Reize verwirft, die nur von einem einzigen Auge gemeldet werden. Weitergeleitet ans Gehirn werden nur die Impulsmuster, in denen beide Netzhäute übereinstimmen. Tatsächlich sind es – von der Katze bis zur Eule – die »Nachtjäger«, bei denen sich die »moderne« Augenstellung findet.
Aus der zur maximalen Steigerung der Lichtempfindlichkeit entwickelten Augenstellung ergab sich mit einem Male aber auch die Möglichkeit einer revolutionierend neuartigen Verarbeitung der auf den Augenhintergrund projizierten Bilder. Ihre fast identische Doppelnatur ließ sich vom Gehirn zur Realisie-

rung jenes Wahrnehmungsaktes benutzen, den wir »Sehen« nennen. Er erschloß dem Individuum erstmals die räumlich erlebte Außenwelt von Objekten und Gestalten. Wie »schöpferisch« unser Gehirn an deren Ausmalung beteiligt ist, wie wenig sicher wir folglich sein können, daß unsere Wahrnehmung mit der Wirklichkeit übereinstimmt, wurde durch ein erstaunliches Experiment des amerikanischen Physikers Edwin H. Land bewiesen. Der Wissenschaftler präsentierte seinen Studenten Farbdias. Ohne daß diese Zuschauer es wußten, nahm Land aber keine gewöhnlichen Diapositive. Er benutzte »Farbauszüge«: für jedes Bild drei verschiedene Dias, von denen das erste nur die Schwarzweißzeichnung, das zweite nur die roten und das dritte ausschließlich die blauen Töne des gleichen Bildmotivs enthielt. Die drei Dias wurden mit Hilfe von drei Projektoren auf der Leinwand exakt übereinanderprojiziert. Verblüffenderweise sahen die Betrachter übereinstimmend alle auf den Bildern natürlicherweise vorkommenden Farben: Nicht nur die rötlichen Töne von Backsteinhäusern, Blüten oder Gesichtern und nicht nur das Blau des Himmels, sondern ebenso deutlich auch das Grün von Wiesen und Blättern – obwohl die Farbe Grün sich aus den Farben der verwendeten Dias nicht mischen läßt. Unser Gehirn ist also offenbar fähig, Farben, die wir aus Erfahrung erwarten, auch dann zu »sehen«, wenn sie in Wirklichkeit gar nicht vorhanden sind.

Der Schritt zur räumlichen Wahrnehmung gelang, bedenkt man die vorangegangenen Zeiträume der Entwicklung, erst relativ spät. Und Jahrmilliarden alte Gewohnheiten verlieren sich nicht von einem Tag auf den anderen. Über Jahrmilliarden hinweg war jede Optimierung des Systems allein unter den Gesichtspunkten einer verbesserten biologischen Anpassung an die Umwelt erfolgt. Jetzt eröffnete sich plötzlich die Möglichkeit, diese Umwelt »zu erkennen«. Ist es ein Wunder, wenn der Schritt nicht auf Anhieb zum Ziel führte? Wenn da Konturen betont und Kontraste verstärkt werden, Höhen übertrieben und Proportionen verzerrt, ohne jede Rücksicht auf den »objektiven Tatbestand«, so geschieht das nicht in Täuschungsabsicht. »Optische Täuschungen« sind keine Täuschungen. Es sind Ausnahmefälle, an denen wir andeutungsweise zu Gesicht

bekommen, in welchem Umfang unsere Augen – und unser Gehirn – uns beim Betrachten der Welt anleiten. Es handelt sich auch nicht etwa um atypische Fälle. Die eigentliche Bedeutung all dieser Phänomene verkennt man total, wenn man nicht begreift, daß sie Gesetze unseres Sehens demonstrieren, die immer wirksam sind, auch dann, wenn wir ihre Wirksamkeit überhaupt nicht bemerken.
Wir sehen die Welt nicht so, wie sie ist. Wir sehen lediglich das, was Augen und Gehirn aus ihr machen. Wir sind, das ist unbestreitbar, der Wahrheit dieser Welt nähergekommen als alle anderen irdischen Lebewesen, zu Gesicht aber bekommen auch wir sie noch immer nicht.

(1981)

Das Spukschloß des Aberglaubens

Besprechung des Buchs »Kabinett der Täuschungen« von Martin Gardner

In dem soeben bei Ullstein erschienenen Buch »Kabinett der Täuschungen« beschäftigt Martin Gardner sich mit seinem Lieblingsthema, der Entlarvung pseudowissenschaftlicher Thesen und sogenannter okkulter Phänomene. Vom gabelverbiegenden Uri Geller bis zu J. B. Rhine, dem Schutzpatron aller Psi-Gläubigen, von Velikovsky, der die Erdgeschichte durch kosmische Katastrophen erklärt, bis zu jener russischen Studentin, die angeblich mit den Fingern lesen kann – wer immer aus der Subkultur des Übersinnlichen oder Paranormalen in Gardners Visier gerät, hat nichts mehr zu lachen. Mit erbarmungsloser Gründlichkeit und einer Zähigkeit, die vor keiner noch so mühseligen Recherche zurückschreckt, zerpflückt er, eine nach der anderen, die buntschillernden Sumpfblüten, die auf dem Morast des Aberglaubens seit eh und je so üppig sprießen.

Das Instrument, mit dem er sie seziert, ist Ockhams Rasiermesser. Es ist als logisches Prinzip seit mehr als sechs Jahrhunderten bewährt und besteht in der Empfehlung, alles, was zur Erklärung eines Phänomens oder einer Theorie nicht unbedingt notwendig ist, wie mit einem Rasiermesser wegzuschneiden. Was nach dieser Prozedur, die auf den englischen Theologen Wilhelm von Ockham zurückgeht, übrigbleibt, das ist dann nicht nur die einfachste, es ist aller Wahrscheinlichkeit nach auch die zutreffendste Erklärung.

Zur Veranschaulichung ein willkürliches Beispiel: Wenn mir auf der Hauptstraße meines badischen Wohnortes eines Tages ein lebender Kolibri begegnete, dann könnte ich auf den Gedanken kommen, daß ich vielleicht privilegierter Zeuge eines kosmisch ganz und gar unwahrscheinlichen, aber vielleicht doch nicht ganz unmöglichen Geschehens geworden sei. Vielleicht hat sich soeben, so könnte ich theoretisieren, zufällig eine raumzeitliche Verwerfung (was immer das sein mag) ereignet und den unglücklichen Vogel unter mißbräuchlicher Ausnutzung einer vierten Dimension aus seiner tropischen Heimat vor meine Füße »teleportiert«. Wer könnte diese Hypothese schon widerlegen? Dennoch hätte meine Umgebung Grund, mich zum Psychiater zu schaffen, wenn ich mich mit dieser Vermutung begnügte. Geistige Normalität verrät sich in dieser Situation durch den instinktiven Griff nach Ockhams Rasiermesser, das heißt durch die Suche nach anderen, einfacheren Möglichkeiten der Erklärung. Die Empfehlung, den Gang zum Psychiater anzutreten, erübrigt sich in diesem Falle dann, wenn ich die Annahme der Mitwirkung einer vierten Dimension beim Zustandekommen des Vorfalls mit dem logischen Rasiermesser als überflüssig beseitige und die Möglichkeit in Erwägung ziehe, den Anblick des Kolibris damit zu erklären, daß in der Zoohandlung drei Häuser weiter vielleicht jemand eine Tür nicht sorgfältig genug geschlossen hat.

Es läßt sich denken, daß die Anwendung dieses elementaren logischen Prinzips bei den Ufo-Freunden, den Parapsychologen, Astrologen und sonstigen Pseudowissenschaftlern streng verpönt ist. Die Phänomene, an denen man sich in diesen Kreisen delektiert, würden den Test nicht einen Augenblick überleben. Für sie alle gibt es, ohne jede Ausnahme, andere, einfachere Erklärungen. Gardner dokumentiert das an einer fast unübersehbaren Fülle von Beispielen. Sein Buch – das übrigens leider außerordentlich mäßig übersetzt wurde – ist mit einer Fülle von Daten, Namen und Literaturstellen gespickt und damit eine hervorragende Fundgrube für jeden, der etwa wissen will, warum immer wieder behauptet wird, Einstein habe an die Möglichkeit von Gedankenübertragung geglaubt, oder der an den Quellen interessiert ist, die verständlich machen können, wie Wissenschaftler des angesehenen Forschungsinstituts in Stanford dazu gebracht werden konnten, die Realität von Psi-Phänomenen zu bescheinigen.

Das Spukschloß des Aberglaubens wird auch dieses Buch ohne zu wanken überstehen. Unlogik läßt sich durch Logik eben in keiner Weise erschüttern. Wer jedoch in die Verlegenheit kommt, auf Fragen und Zweifel von Mitmenschen antworten zu müssen, die durch die Fülle provozierender Behauptungen aus dem Lager der Paranormalität verunsichert sind, für den ist Gardners Buch eine Zeit und Mühen ersparende, nahezu unerschöpfliche Quelle.

(1983)

GOTT UND DIE WISSENSCHAFT

Zwischen Wissen und Erleben

Sterben aus Mangel an Phantasie

Lots Weib wurde zur Salzsäure, als sie sich umwandte und sah, ihre beiden Begleiter entgingen diesem Schicksal, obwohl auch sie wußten, was geschah. So groß ist der Unterschied zwischen Wissen und Erleben. Die zwischen beiden Begriffen klaffende Spalte kann von der bloßen Vorstellung nicht überwunden werden. Das lehrt jede Erfahrung. Die Vorstellung, die angewiesen bleibt, mit dem zu spekulieren, was sie im Intellekt als die Summe seiner Erfahrungen vorfindet, mag ein annäherndes Bild entwerfen. Aber dieses Bild bleibt ohne Farbe. Es ist kaum ein Bild, eher eine abstrahierte, unpersönliche Information ohne die Kraft, zu ergreifen. Das Wissen, und sei es vollständig und exakt, scheint den Menschen nicht ergreifen und also auch nicht verwandeln zu können. In Wirklichkeit berührt nur das Erleben.

Die alten aristotelischen Begriffe von Potenz und Akt sind voneinander nicht nur durch den Grad der Wahrscheinlichkeit getrennt, mit dem sie ineinander übergehen werden. Mögliches und sich Ereignendes, so verwandt sie einander sind, sprechen grundsätzlich und scharf voneinander getrennte Sphären des Menschen an.

Die Möglichkeit tangiert den Intellekt und erschöpft sich in ihm. Die Vorstellung allein bleibt eine stets unverbindliche Information. Das Ereignis ergreift die Seele des Menschen. Das Ereignis greift in die Sphäre hinein, in der eine wirkliche Berührung erfolgt, die zur Wandlung führt.

Potenz und Akt sind miteinander durch Kausalnexus und Wahrscheinlichkeit verbunden. Ihre enge Verwandtschaft enthüllt sich in der wechselseitigen Verwandlung ineinander im Ablauf der Zeit. Die Zeit ist der gemeinsame Faktor, durch den sich auch im menschlichen Bewußtsein diese Verwandtschaft erfüllt. Was eben noch als bloße Möglichkeit den Intellekt unverbindlich und äußerlich beschäftigte, ist oft schon wenige Augenblicke später Ereignis, das den Menschen ergreift. Der Übergang im Bewußtsein erfolgt sprunghaft. Die Verwandlung dauert nur den Augenblick der Gegenwärtigkeit und vollzieht sich, ohne selbst Zeit zu beanspruchen, auf der schmalen Schneide, die unmittelbar eben noch Zukünftiges zu jetzt schon Vergangenem macht. Dies ist eine Eigenart unseres Bewußtseins, die wir auch so beschreiben können, daß wir sagen, unserem Bewußtsein fehle ein Analogon zum Kausalnexus sowohl wie auch zur Wahrscheinlichkeit.

Potenz und Akt, Möglichkeit und Wirklichkeit sind auch dem Bewußtsein scharf getrennte Begriffe. Aber ihre Verwandtschaft, die Notwendigkeit ihrer Beziehung, ist dem Verstande stets gegenwärtig. Wir wissen, daß der Zusammenhang der Ursachen die Weise ihrer Beziehung bedingt, und können etwa beurteilen, mit welcher Wahrscheinlichkeit sie diesem Zusammenhang unterliegen werden.

Für unser Erleben existiert diese Beziehung erstaunlicherweise nicht. Hier steht Möglichkeit fremd neben Geschehen, und nichts scheint auf gegenseitige Abhängigkeit hinzuweisen. Diese Tatsache ist dadurch bewiesen, daß immer und immer das Ereignis überrascht. Es hilft auch nichts, wenn der Verstand es jedesmal sich als Möglichkeit in der Zukunft abzeichnen sieht. Als Geschehen ergreift es uns in der Sphäre des Erlebens, und diese hat mit dem Verstande nichts gemein. Auch was für andere schon Ereignis ist, bleibt meinem Erleben absolut verschlossen, solange es für mich bloß erst Möglichkeit im Verstande ist. Das Ereignis überrascht stets. Es gäbe kein Entsetzen ohne diese Überraschung. Lots Weib erstarrte, nicht weil sie wußte, sondern als sie sah.

Diese Kluft zwischen Wissen und Erleben ist erstaunlich. Sie ist die gemeinsame Wurzel für wohl alle erstaunlichen Phänomene menschlicher Verhaltensweise. Auf das Erleben erst und nur auf das Erleben reagiert der Mensch wirklich. Das ist tragisch, denn die Reaktion erfolgt so stets erst auf das, was als Geschehnis den Charakter des als erst Möglichen und Veränderlichen schon vertauscht hat mit der Unerbittlichkeit des bereits Vollzogenen.

Der Verstand übersieht, wie in den Naturwissenschaften, klar die Beziehung zwischen Möglichkeit und Ereignis. Er hat so die Möglichkeit, durch Beeinflussung des noch Veränderlichen seine Ansprüche und Forderungen auf das zukünftig Vollendete rechtzeitig geltend zu machen. Das Leben, ausschließlich beeinflußt durch die menschliche Reaktion, gibt uns diese Möglichkeit nur theoretisch. Das Leben beginnt tatsächlich erst mit dem Augenblick der Gegenwart und ist alsbald nach diesem Augenblick in seinen Bedingungen als immer schon vollzogene Bedingungen petrefact. Unserem Erleben begegnet das Ereignis immer und immer erst dann, wenn es sich zu solchem endgültig verwandelt hat. Immer sind wir überrascht. Sobald wir es bemerken, ist es auch schon zu Stein geworden, ein historisches Fossil, und unsere Reaktion trifft auf ein ungeeignetes Objekt. Wir sind wie ein Mann im Nebel, der von allen Seiten Schläge bekommt, ohne sehen zu können, wann und woher sie fallen. Wir haben uns an diesen Zustand gewöhnt. Aber manchmal ahnen wir doch mit einem sechsten Sinn, daß etwas im Anzuge ist, und dann möchten wir wissen. Diese Ahnung ist durchaus ein sechster Sinn, denn unser Erleben ist das Zukünftige, eine vierte Dimension.

So haben wir einen Teil in uns, der das Zukünftige als Mögliches wohl erkennt: den wissenden Intellekt. Und einen anderen Teil, der das Geschehen als vollzogen anerkennt: das erlebende Bewußtsein. Dieses erst vermag, uns unserer Konstitution nach zu ergreifen. Dieses erst mobilisiert in uns alle unsere Energien zur Erwiderung, indem es uns verwandelt. Aber immer kommen wir zu spät. Das will es besagen, wenn wir spüren, daß wir den Ereignissen ausgeliefert sind.

Wir suchen nach einer wirksamen Verbindung zwischen einsehendem Verstand und erlebendem Bewußtsein, analog der Verbindung von Akt und Potenz durch den Kausalzusammenhang. Wo fänden wir eine Möglichkeit, den Verstand und seine Einsicht auf unsere Erlebensfähigkeit wirken zu lassen? Der bloßen Einsicht des Verstandes schon Erlebniswert zu verschaffen, da ist ein Ausweg. Unseren Wirklichkeitssinn, unsere Erlebnisfähigkeit gleichsam zu täuschen, indem wir das mit dem Verstande als erst und noch Mögliches als bereits geschehen uns selbst gegenüber ausgäben, da wäre ein Ausweg. Wir hätten dann unsere Reaktion auf noch Beeinflußbares ausgelöst, und der Nebel würde sich lichten.

Diese Möglichkeit gibt es. Es ist die Phantasie. Die Phantasie ist die einzige Verbindung der menschlichen Erlebenssphäre mit den Möglichkeiten der Zukunft. Sie ist fruchtbare Selbsttäuschung. Sie ist illusionäre Vorwegnahme des noch Zukünftigen, das sie als scheinbar Gegenwärtiges allein in die Sphäre des erlebenden Bewußtseins hinüberzunehmen vermag. Die Phantasie ist die großartigste unter den Eigenschaften, die den Menschen vor dem Tiere auszeichnen.

Es deutet vieles darauf hin, daß die Stelle der Phantasie für die heutigen Menschen mit zunehmender Schnelligkeit an Bedeutung gewinnt. Voraussichtlich wird in nicht allzu ferner Zukunft einmal die Frage der Weiterexistenz der Menschheit davon abhängen, ob diese genug Phantasie besitzt, auch dem noch zukünftigen Ereignis jene Realität beizumessen, die sie befähigen und veranlassen wird, Schritte zur Abwendung des sich Anbahnenden zu unternehmen. Nur die Phantasie wird die Menschheit vor dem Selbstmord bewahren können. Es soll keinesfalls behauptet werden, daß eine derartige Entscheidung in absehbarer Zeit verlangt werden könnte. Aber die Ereignisse scheinen zu beweisen, daß die Entwicklung der menschlichen Fähigkeiten sich einem kritischen Stadium nähert. Wir erleben das Finale des menschheitsewigen Wettlaufs zwischen ethischer Weiterentwicklung und technischer Machtentfaltung des Menschen.

Wir kennen heute den Favoriten. Das sollte ein Alarmzeichen sein. Die phänomenale Außerachtlassung des zukünftig Möglichen als zukünftig Tatsächlichem hat bisher stets zu mehr oder minder großen Katastrophen geführt. So furchtbar sie auch waren, es muß die Erkenntnis unserer Generation werden, daß es dabei nicht immer bleiben wird. Wenn die Menschen nicht endlich Ernst machen, wenn sie ihre Phantasie nicht dazu benutzen, das, was als nervenkitzelnde Sensation heute diskutiert wird, ernsthaft als Tatsache der Zukunft anzuerkennen, dann wird einmal eine Überraschung die letzte sein. Die Vorwegnahme des heute erst Möglichen durch die Phantasie, die

Vorwegnahme des kommenden Entsetzens in vorgestelltem Erleben, sind allein mächtig genug, wirklich Wandel zu schaffen. Μετανεεττε! Ändert Eure Gesinnung! Es hat noch keinen Appell an die Vernunft gegeben, der das zuwege gebracht hätte. Bisher blieb immer die Illusion der Hoffnung auf das nächste Mal. Das können wir uns nicht mehr beliebige Zeit lang leisten. Es muß heute schlecht, lebensgefährlich schlecht um die menschliche Phantasie bestellt sein. Wenn man sie alle miteinander in schwitzender Eilfertigkeit am gegenseitigen Selbstmord arbeiten sieht, kann man es mit der Angst bekommen. Dabei weiß man so sicher, daß, ist es einmal soweit, sie wieder einmal überrascht und entsetzt sich suchend nach dem Schuldigen umsehen werden. Sie arbeiten an ihrem Selbstmord, aber sie wissen nicht, was sie tun. Es fehlt ihnen die Phantasie, sich etwas Derartiges ernsthaft vorzustellen, und darum glauben sie es nicht. Bis es wieder einmal zu spät sein wird.

Ein Toter ist eine Katastrophe. Hunderttausend Tote sind eine Statistik. Das ist es. Was sich aufgrund mangelhaft entwickelter Phantasie dem menschlichen Erleben entzieht, wird an den bloßen Intellekt verwiesen. Der registriert, und niemand wehrt sich. Es ist eine Tatsache, daß die Menschheit in absehbarer Zeit die Mittel in der Hand haben wird, sich selbst auszulöschen. Es ist dies eine Tatsache! Diese Erkenntnis ist jedem zugänglich. Aber wer hat die Phantasie, sich vorzustellen, was das heißt? Scheut man sich, die Details auszudenken? Warum? Zieht man es vor, sich ahnungslos überraschen zu lassen, in der Hoffnung, daß zum Entsetzen keine Zeit mehr sein wird? Das Gegenteil ist richtig! Je deutlicher die Phantasie schaudernd jeden das alles vorwegnehmen läßt, um so eher besteht die Hoffnung, daß wir uns wandeln. Nur dadurch können wir noch rechtzeitig das Kommende abwehren. Daß wir es als das nehmen, was es ist: als die unerbittliche Realität der Zukunft.

Aber wir müssen es kraft unserer Phantasie ernst nehmen, uns vorstellen, was es heißt, daß es sonst zum letzten Mal zu spät ist.

Die Kluft zwischen Wissen und Erleben ist entsetzlich weit. Die Vernunft hat sich zu oft vergeblich gemüht, sie zu überspannen. Wandeln tut den Menschen nur das Erleben. Wir sind in einer Lage, in der wir das Erleben in unserer Phantasie vorwegnehmen *müssen*, wenn wir überleben wollen. Wir sind nicht verloren. Das ist nicht wahr. Die intransitive Form des Verbs ist eine allzu bequeme Entschuldigung. Aber wir sind dabei, uns zu verlieren aus Mangel an Vorstellungskraft.

Die Wissenschaftler berichten sachlich, die letzten Stunden der durch radioaktive Strahlung unrettbar zum Tode Verdammten seien von unstillbarem Erbrechen begleitet gewesen. Es steht schlecht um die Phantasie des Berichtenden, dessen Sachlichkeit bei dieser Mitteilung nicht im eigenen Brechreiz erstickt. Die Nüchternheit, mit der heute tatsächlich derartige Berichte veröffentlicht und zur Kenntnis genommen werden, ist wohl das alarmierendste Zeichen der Gefahr, in der wir schweben.

Die Wissenschaft berichtet ferner, daß in Hiroshima und Nagasaki überlebende Kinder eine vorzeitige Verknöcherung der Hypophysenfugen aufweisen. Das bedeutet, daß diese unsere Mitmenschen Zeit ihres Lebens so klein bleiben werden, wie sie im Augenblick des Bombenabwurfs waren. Wer diese Nachricht lesen kann, ohne von Entsetzen gepackt zu werden, hat schwerlich Phantasie.

Nach heutigen Erkenntnissen würde sich das Ende durch eine Atomkatastrophe wahrscheinlich so abspielen, daß die Überlebenden durch die Strahlung kastriert, kinderlos blieben. Man bringe doch einmal den Mut auf, sich diese letzten vorzustellen, deren fistelnde Eunuchenstimmen nicht einmal ein würdiges Abtrittswort zustande brächten.

Unser Sodom und Gomorrha wartet auf uns. Wenn man sieht, wie in dieser Situation nach Steinzeitmethoden Politik betrieben wird, wenn man sieht, wie in wissenschaftlicher Sachlichkeit jeder Bedrohung Vorschub geleistet wird, wie nirgends Anzeichen sichtbar sind dafür, daß irgend jemand erfaßt hat, was sich anbahnt, dann möchte man resignieren. Sie haben alle den Kopf in der Gegenwart vergraben.

Es sind aber die Wirklichkeiten von morgen, um die es geht. Noch sind es Möglichkeiten bloß, variierbar und menschlichem Einfluß unterworfen. Aber bald kann es zum letzten Mal zu spät sein. Laßt uns heute Phantasie gebrauchen, dann werden entsetzensstarren Händen Logarithmentafeln, Parteipro-

gramme und Waffen entfallen. Wenn es nicht das Entsetzen ist, was uns aufhält in unserem mörderischen Tun, dann laßt alle Hoffnung fahren.
Aber andererseits ist es kaum vorstellbar, daß jemand, der in seiner Phantasie das vorwegnehmend erlebt, was uns allen bevorsteht, nicht im Innersten seines Wesens verwandelt würde. Wenn wir aneinander umkommen werden, so sterben wir aus Mangel an Phantasie. Das ist typisch und ziemlich lächerlich.

(1946)

Wissenschaft als Symbol

Versuch einer kosmischen Teleologie

I. Teil

(1) Das Heimweh nach dem verlorenen Paradies ist das Grundthema des menschlichen Lebens. Als Teil der Natur und doch durch sein Bewußtsein aus ihrem Schoße geworfen, kämpft der Mensch vom Anbeginn seiner Zeit um die verlorene Erkenntnis seiner Stellung innerhalb des Ganzen.

Es gab eine Zeit, in der der Mensch noch kein menschliches Bewußtsein hatte, eine Zeit, in welcher der menschliche Geist noch so wenig entwickelt war, daß er sich noch nicht das Wissen vom »Ich« ermöglichte. In welcher die Erkenntnis des Einzel-Seins, des Gesondert-Seins noch in der Zukunft lag. In dieser Zeit war der Mensch in Wahrheit noch ein Teil der Natur, war er mit der Natur identisch.

Es ist die Zeit des Paradieses. Harmonisch und selbstverständlich in den Rahmen des Ganzen eingefügt, genoß der Mensch das unbewußte Glück der Gerechtigkeit, die nur dort ist, wo zwischen verwandten Elementen kein fremdes sich befindet. Es gab kein Bewußtsein, keine Zeit, kein Gut und kein Böse und also auch kein Leben, aber es gab Glück und Gerechtigkeit. Da erwachte mit einem Male der Geist, und der Mensch erkannte sein »Ich«. Und das, worin er bisher aufgegangen war als Teil des Gesamtgeistes, zeigte ihm sein eigener Geist nun als »Nicht-Ich«, er erwacht und sieht sich sogleich von Fremden umgeben. Er lernt das nicht mit ihm Identische kennen, das, was anderen Gesetzen gehorcht und Gewalt hat über das, was an ihm »Ich« ist. So lernt er die Angst kennen vor den fremden, feindlichen Geistern seiner Umwelt, denen er machtlos, weil beziehungslos gegenübersteht. Sein Geist vertreibt ihn aus dem Paradies, die Erkenntnis von Gut und Böse liefert ihn der Ungerechtigkeit aus, und er muß sterben, weil er begonnen hat zu leben.

Seitdem geht dieser Kampf, der ein Zeichen ist für das dem Menschen angeborene Wissen von seiner Herkunft aus der Natur.

(2) Der Mensch ringt um Wahrheit. Seine angeborene Sehnsucht nach ihr ist so stark, daß er keinen Augenblick an ihr zweifelt oder daran, daß er sie erkennen könnte. Er will wissen, welches seine Rolle im Kosmos ist, welche Stellung er im Rahmen der gesamten Natur einnimmt. Die ganze menschliche Geschichte ist die Geschichte der Versuche, die der Mensch unternommen hat, um seinen Platz zu finden, um die Haltung zu finden, die ihn selbstverständlich in das natürliche Geschehen aufnimmt, ohne daß Reibungen entstehen könnten. In rastlosem Suchen setzt er alle seine Möglichkeiten für dieses Ziel ein, teils bewußt und überlegt, teils instinktiv.
Am Anfang unserer – der naturwissenschaftlichen – Epoche wurde der Mensch aggressiv. Tradition und Pietät vor dem Alten, Aberglaube und Sentimentalität, aber auch die Religion wurden in ihre Schranken gewiesen durch die Vernunft, die sich daran machte, allein die Rätsel der Umwelt des Menschen zu lösen. Die Urform der Gemeinsamkeit, die Identität, war durch die Erkenntnis des Ich verloren. Seitdem hieß es endgültig: Hier Natur – hier Mensch. Aber es blieb eine Möglichkeit: Der Mensch hing über das Geschehen der Natur das System seiner Erkenntnis, um sie sich zurückzugewinnen, indem er sie zu seinem Geistesinhalt machte. Eigenartiger Widerspruch, der darin liegt, daß eben der Geist, dessen erstes Auftreten den Menschen aus dem Paradies vertrieb, in seiner extrem ausgebildeten Form dazu dienen soll, das Wesen der Natur der Menschheit wiederzugeben.

(3) Wir erkennen heute, daß wir der Wahrheit nie ferner gewesen sind als jetzt, da unsere Vernunft uns beweist, daß es nichts Absolutes gibt. Der Mathematik der Vernunft hält nicht einmal die Materie stand, sie entschwindet in das Reich des Abstrakten, des Unvorstellbaren. Gut und Böse, Schönheit und der Sinn der Natur sind dabei, sich im Nebel der Beziehungslosigkeit aufzulösen. Wir erklären die Natur nach unseren Regeln,

um sie zu beherrschen. Sie wird immer ärmer an Wunderbarem, welches für unser Denken ja eine Herausforderung ist. Der Geist entzaubert die Welt, und ihre heutige Armut an Wundern ist kennzeichnend für den bisherigen Erfolg des Kampfes, den der menschliche Geist führt. Das Bedauern, mit dem der Mensch die Entzauberung hinnimmt, ist der Beweis dafür, daß er ahnt, daß sein Kampf ihn wohl von dem erdrükkenden Unterlegenheitsgefühl gegenüber einer geistig nicht faßbaren, dämonischen Natur bewahrt, ihn aber zugleich und notwendig auch von der Urform der Gemeinsamkeit mit der Natur, dem Paradies, immer weiter entfernt. Der vernünftige Mensch vertreibt sich noch heute aus dem Paradies. Unsere Tragik liegt darin, daß unsere Seele immer noch einen Teil enthält, durch den wir ein Teil sind des Gesamtgeistes. Gegen diesen Teil unserer Seele müssen wir ankämpfen. Wir sind der Natur noch nicht so fremd, daß uns dieser letzte Schnitt nicht doch Schmerzen bereitete. Wir setzen aber voraus, daß wir ihn führen müssen, das ist die Konsequenz unserer Einstellung und ihr Widersinn.

Jedoch ist dieser Schritt so radikal gar nicht möglich. Alle Werkzeuge des Geistes zerbrechen an der Tatsache, daß wir immer noch Glieder der Natur sind. An der Peripherie des Erkannten finden wir nicht Lösungen, die allein fähig wären, den Bau des Wissens zu tragen, es kommt aber auch nicht zu einer Grenze des Erkennbaren. An diesen Randgebieten verlieren die Endglieder der Kette menschlichen Denkens ihren Sinn. Und das, was ein Bau werden sollte, ist ein schwebender Ring geworden, der sich selbst trägt ohne Fundament im Absoluten. Ja, die Wissenschaft beweist sogar selbst von sich selbst, daß es so sein muß. So widerlegt sie sich auch selbst.

Sind wir denn krank, daß wir die Ahnung vom Absoluten haben? Heißt das denn Erfüllung und Ziel, wenn uns die Wissenschaft beweist, daß es das gar nicht gibt, was sie uns helfen sollte zu finden? So ist es doch, *wir wollten Wahrheit, ihr Ergebnis aber sind Beziehungen*.

(4) Wir wollen die Einsicht in die Wahrheit der Welt und unsere Wahrheit. Die eine Einsicht, die auch vor der höchsten

Stufe möglicher Erkenntnis noch als gültig besteht und deren Wesen unabhängig ist von dem einsehenden Bewußtsein. Denn das ist Wahrheit: absolute Gültigkeit. Die Wissenschaft, das ist die äußerste Form der angewandten menschlichen Vernunft, sagt uns, daß es objektive Gültigkeit gar nicht gibt, prinzipiell nicht gibt. *Wir haben unsere Sehnsucht mit dem Mittel ad absurdum gebracht, das sie uns erfüllen sollte.* Aber nur, und das ist wichtig, wenn wir die Wissenschaft als einziges Mittel betrachten, denn sie spricht ja auch sich selbst die absolute Gültigkeit ab und läßt uns schon außerhalb ihres Bereiches das Recht unserer Ahnung vom Absoluten. Also gibt es zwei mögliche Entscheidungen für uns: *Wir können das Ergebnis der Wissenschaft so deuten, daß wir den Beweis ihrer Ungeeignetheit herauslesen (der so prinzipiell sein muß wie ihr konkretes Ergebnis), uns auf unserer Wahrheitssuche zu höherer Einsicht zu bringen, oder wir lassen uns vom Mittel beweisen, daß es den Zweck nicht gibt.* Sinnvoll ist nur die erste Entscheidung, aber die zweite ist unsere Gefahr.
Es ist zu bedenken, daß die Wissenschaft nur *eine* Möglichkeit der Erkenntnis ist.

(5) Soll man an der Methode festhalten oder an seinem Ziel, wenn man schon auf eines von beiden verzichten muß? Soll man die Methode nach dem Ziel beurteilen oder das Ziel nach den Ergebnissen einer bestimmten Methode variieren? Die Ahnung vom Wahren, vom Absoluten ist in uns gelegt, die Methode, es zu finden, steht uns zur Wahl.

(6) Es kommt jetzt darauf an, ob es möglich ist, nachträglich nachzuweisen, daß die Anwendung der Vernunft als wissenschaftliche Naturerforschung aus dem eigentümlichen Wesen ihrer Methode heraus *prinzipiell ungeeignet sein muß, das Wahre zu finden*! Ob es nicht vielleicht so ist, daß das, was uns als Wahrheit vorschwebt, als Erkenntnisinhalt der Vernunft gar nicht möglich ist, weil es Sphären angehört, die ihrer Methodik nicht faßbar sind. Wenn ein Ergebnis *prinzipiell* »Nein« heißt, dann sollte das faktische Ergebnis »Nein« keine beweisende Aussage über das untersuchte Problem sein.

(7) Die Naturwissenschaft hat hier bereits entschieden. Zugunsten ihrer Methodik, was man ihr zubilligen muß. Die Physik kennt den Begriff des *»Pseudoproblems«* als des Problems, dessen Auflösungsmöglichkeiten sich ihrer Methodik prinzipiell entziehen und dessen Lösungsmöglichkeiten in ihrem möglichen Ergebnis also auch ihre Erkenntnisse unbeeinflußt lassen. »Diese Probleme sind nur scheinbar, sie existieren gar nicht«, sagt die Physik. Konsequent und fruchtbar für die Physik. Aber ist denn die Natur Physik?
Das »Pseudoproblem« ist die Resignation der Methode. Sie ist völlig logisch. Aber ist denn Erkenntnis ein Vorrecht der physikalischen Methodik? Warum soll dann die Erkenntnis in die Resignation einbezogen sein? Es ist wissenschaftlich logisch, jedoch menschlich oder natürlich völlig unlogisch, dieses zu tun. So zu handeln bedeutete nämlich einen Betrug, indem man den Begriff »Erkenntnis« in seiner Bedeutung verändert, aber gleichsam heimlich, da man das Wort unverändert weitergebraucht. »Erkenntnis« verkehrt ihren Sinn und wird ihrem Begriffe untreu, wenn man sie auf eine Methode einschränkt. Denn es gibt nicht nur physikalische Erkenntnis. Oder philosophische. In der Welt der Physik gibt es die Schönheit nicht. In keiner Formel taucht sie auf, und doch gehört sie zu unserer Welt. Warum sollten wir aus dem Diener den Herrn machen und uns der selbstgeschaffenen Methode unterwerfen?
Wir glauben also an den – eigentlich selbstverständlichen – Satz: Wenn dem Ergebnis einer bestimmten Methode prinzipiell gewisse Eigentümlichkeiten anhaften, dann ist das Ergebnis dieser Methode, soweit es aus diesen Eigentümlichkeiten besteht, keine spezifische Aussage über den untersuchten Gegenstand. Eine Binsenwahrheit, die betont werden muß.

(8) Betrachten wir als Beispiel wissenschaftlicher Methodik das Gebäude der Physik daraufhin, ob wir notwendige Eigentümlichkeiten finden können, wenn wir sie mit unserem Wahrheitsbegriff zusammenbringen. Wie steht es mit der prinzipiellen Möglichkeit der Physik, Wahrheit zu erkennen? Die Physik ist zunächst rein empirisch entstanden durch Beobachtung der Naturvorgänge. Im Laufe der Zeit ergaben sich aus

der Reihe der Beobachtungsergebnisse eine Anzahl von Gemeinsamkeiten bei bestimmten zusammenhängenden Vorgängen. Jetzt erfolgte der entscheidende Schritt, der die Physik erst ermöglichte: Der Mensch war sicher geworden, diese Gemeinsamkeiten stets anzutreffen und *erhob sie zum Gesetz*, womit er seine Erkenntnis fixierte, daß es ihm nie möglich sein werde, Vorgänge außerhalb dieser Gesetze sich abspielen zu sehen. Dieses ist die Geburt der Physik. An diesen Gesetzen wird nun der Kosmos gemessen und durch sie erklärt. Jedoch nur so weit, als er »physikalisch« ist; und da liegt der Haken. Die *Physik nimmt aus dem Kosmos alles heraus, was mathematisch greifbar ist, und alles andere läßt sie als »pseudoproblematisch« liegen*. Ein Baum mit den Augen der Physik gesehen – ein wesenloser Schatten. Es rechnet ja nur das an ihm, was zählbar oder wägbar oder meßbar ist. Und das ist nicht viel.

(9) Betrachten wir zum Vergleiche ein Ölgemälde. Wir stellen uns vor, jemand zeichnete auf einem weißen Papier alle Konturen des Gemäldes in völliger Kongruenz mit dem Original ein. Nehmen wir an, auf einem zweiten Papier seien alle Pinselmarken mit der gleichen Treue der Darstellung verzeichnet. Auf einem dritten die Grade der Helligkeitsstufen des Originals und was der Möglichkeiten mehr sind. Dann erhält jedes Papier in bezug auf das Gemälde »Teilwahrheiten«, die dem Gemälde wohl zugehören, aber dessen »Wahrheit« erst in ihrer Gesamtheit repräsentieren. Nun denken wir uns noch ein Wesen, dessen Sehvermögen so beschränkt ist, daß es im Gemälde selbst nur Eigenschaften sieht, die in ihrer Gesamtheit nur dem Inhalt einer der erwähnten Papiere entsprechen – da haben wir den wissenschaftlichen Wahrheitssucher.

(10) Wenn wir absolute Wahrheit finden wollen, müssen wir uns – und das ist Prinzip – auf eine Basis begeben, von der aus es nur noch »auch eine Physik« gibt. *Wahrheit ist Natur, von einer höchsten Stufe der Einsicht begriffen.* Wenn wir für die Physik Wahrheit beanspruchen, so behaupten wir damit:

Natur ist Physik, was offenbar falsch ist, denn Physik ist nur eine der unendlich vielen Möglichkeiten der Einsicht in die Natur, deren Summe erst Wahrheit bedeutet. Natur ist *auch* Physik.

(11) Nun könnte man immer noch behaupten, wir hätten wohl nur Teile in der Hand, aber dennoch seien immerhin wenigstens diese Teile ihrer Herkunft wegen selbst wahr, wenn nicht ein zweites noch hinzukäme: Die wissenschaftliche Kritik der reinen Vernunft. Ist die Physik Eigenart der Natur, oder bezeichnen wir mit diesem Namen das Charakteristische der menschlichen Methode? Kant hat es gesagt: »Physik ist Wissenschaft nicht durch Erfahrung, sondern für Erfahrung.« Das gilt von jeder Wissenschaft oder überhaupt rationalen Anschauung. All das ist alt und lange bekannt. *Absolute Wahrheit als Ziel einer wissenschaftlichen Fragestellung ist eine Contradictio in adjecto.* Die Frage nach der gesetzlichen Beziehung ist es, die für den wissenschaftlich Denkenden ihren Sinn behält.
Warum ziehen wir nicht die Konsequenz? *Wollen wir wirklich resignieren und damit das Ziel der Methode opfern?*

(12) Wahrheit ist der Inhalt eines Bewußtseins mit der größtmöglichen (nicht nur denkbaren) Vielfalt der Einsichtsformen. Ihr Gehalt erschöpft das Wesen des Kosmos, sie ist die einzige, sie ist unveränderlich und zeitlos. Damit ist sie der Inhalt des göttlichen Bewußtseins. *Die absolute Wahrheit als menschliche Vorstellung ist identisch mit der menschlichen Ahnung von Gott.* Das ist keine Allegorie, sondern eine Tatsache.

(13) Wir wiederholen: Die absolute Wahrheit ist der Wissenschaft unfaßbar, da sie sich deren selektiver und disjunktiver Methodik durch ihr Wesen entzieht. Die Wissenschaft leugnet folgerichtig die Möglichkeit absoluter Wahrheit (die für sie dem Bereiche des Pseudoproblematischen angehört), *an deren Stelle sie die absolute Relation setzt.* Entweder wir resignieren zusammen mit unserer wissenschaftlichen Methode vor unserem Ziel und unterwerfen uns dieser einen, selbstgeschaffenen Methode als Menschen, oder wir suchen nach einer außerwissenschaftlichen Möglichkeit, der Wahrheit näher zu kommen.

(14) Da wir mitten in einer Zeit leben, die noch immer tief im wissenschaftlichen Aberglauben befangen ist, muß ich noch einmal darauf hinweisen: Außerwissenschaftlich heißt nicht falsch, heißt nicht unsachlich oder willkürlich. Außer- oder besser überwissenschaftlich heißt in diesem Falle, das Problem mit der geeigneten Methode angehen, heißt, das, was sich der Wissenschaft nach deren eigenem Zeugnis entzieht, *nicht mit wissenschaftlichen Mitteln untersuchen, eben, um vernünftig zu bleiben.* »Der letzte Schritt der Vernunft ist die Erkenntnis, daß es eine Unendlichkeit von Dingen gibt, die sie übersteigen. Sie ist nur schwach, wenn sie nicht bis zu dieser Erkenntnis vordringt. – *Es gibt nichts, was der Vernunft so sehr entspricht* wie diese Verleugnung der Vernunft.« Das klingt heute wie eine Prophezeiung, die jetzt in Erfüllung geht, denn was Pascal vom Einzelschicksal schrieb, gilt auch für das Schicksal der ganzen Kultur.

(15) Das Göttliche gilt als Faktor in einer wissenschaftlichen Diskussion als unwissenschaftlich. Das ist konsequent, da die Wissenschaft, so wie sie ist, nicht dem Bereiche des Absoluten angehört. Aber wenn sich Wissenschaftlichkeit und Gott widersprechen, muß es einem für die Wissenschaft leid tun und nicht für Gott. Jedenfalls dann, *wenn der Begriff Gottes eine Realität bedeutet und nicht bloß den Terminus technicus für den – vorläufig – noch unerklärten Rest des Kosmos.* Jedenfalls dann, wenn der Gottesbegriff den Bereich des Naturwissenschaftlichen einschließt.

(16) Daß sich keiner die Frage stellt, wie uns denn überhaupt Wissenschaft dem Naturverständnis näherbringen soll, dem Verständnis einer Natur, die zweifellos göttliche Schöpfung ist, wenn Gott in dieser Wissenschaft prinzipiell keinen Platz findet.
Was ist das nur, was uns die Wissenschaft als Ergebnis liefert, wenn es nicht die Wahrheit ist und nicht das Wesen der Natur?

(17) Der Verzicht der Wissenschaft auf den Begriff Gottes ist identisch mit der Entscheidung für die Methode. Somit ist *die-*

ser Verzicht eigentlich paradox, da er das ursprüngliche Ziel – die Wahrheit – aufgibt und sich dem Inhaltlichen der Methode, die nicht zur Wahrheit führen kann, zuwendet, der »relativen Wahrheit«, die mit dem ursprünglichen Begriff nur die Buchstaben der Bezeichnung gemein hat und daher besser als menschliche Wirklichkeit bezeichnet würde.

(18) *Die Wirklichkeit des wissenschaftlich-rational denkenden Menschen umfaßt ein Inventarium des Kosmos, das nach den Regeln der menschlichen Denkform aufgestellt wird.* Nüchternste Exaktheit der Methode liefert das Inhaltliche der Welt. Was sich als metaphysisch für die Methode inadäquat erweist, gilt als pseudoproblematisch. Was nicht wägbar, meßbar oder beobachtbar ist, existiert nicht. *Eine Idee des Natürlichen tritt vor der Empirie des Tatsächlichen zurück*, so daß sie nur verwandt werden darf als gedankliche Möglichkeit und Hinweis, die Empirie zu erweitern. Eine Idee des Ganzen existiert als Fragestellung nicht. Die Tendenz besteht in der räumlichen Ausbreitung in beiden Richtungen – auf das Größere und das Kleinere hin. Der Sinn liegt in der Einhaltung der Regeln. Der Gott der Wissenschaft ist die Methode. Das Ganze ist die Betrachtung der Welt mit den Augen der Mathematik. Dieses Weltbild zwingt zu einer Entscheidung.

(19) Das Feld der Wissenschaft ist unbegrenzt. Die Zahl der Probleme nimmt nicht ab, da nie mit den Problemen die Ursache aller Problematik gelöst werden kann. Die Wissenschaft ist eine ungeheure Anhäufung von Details, deren Zahl prinzipiell zur Gesamtheit des Vorhandenen unendlich klein bleibt. Ebenso ist ihr *die deduktive Lösung der Gesamtproblematik prinzipiell unmöglich, da sie hierzu einen Fußpunkt im Absoluten braucht*, welches sie wegbeweisen müßte. Es passiert in der Wissenschaft unendlich viel, ohne daß etwas geschieht, sie mündet immer ausschließlicher in der praktischen Konsequenz, der Technik. Sie ist damit sinnlos, wenn unter Sinn eine Idee des Kosmos zu verstehen ist. *Sie hat aufgehört zu erklären und beginnt, den Anblick der Welt zu beschreiben,* wie er sich unter einer ganz bestimmten Perspektive darbietet.

(20) Wenn man dieses erkannt hat, gibt es die Wahl zwischen zwei möglichen Entscheidungen: Entweder man ahmt als Mensch die Konsequenz der Methode nach, oder man ordnet die Ergebnisse der Methode dem Sinn des Absoluten unter. Entweder man verzichtet auf das Absolute, auf einen Sinn der Natur, auf die Möglichkeit ihrer Bedeutung für uns und sieht den Sinn unseres Erkennens in der Aufdeckung gesetzmäßiger Beziehungen, oder man glaubt an das Absolute, an eine sinnvolle Bedeutung der Natur und erklärt die bisherige Methode für ungeeignet. Es ist *die Wahl zwischen dem Gottesbegriff, der als unerklärter Rest des Kosmos definiert ist, und dem Schöpfer des Kosmos, der in sich auch die Wissenschaft enthält, als Realität.*
Die erste der angeführten Möglichkeiten ist eigentlich nur diskutabel, solange man die zweite noch nicht erkennt. Denn warum sollten wir die Gewißheit unserer Ahnung vom absoluten Sinn aufgeben für eine Methode, die sich selbst als inkompetent beweist?

(21) Wir entscheiden uns für den Sinn, die Bedeutung der Natur und die Realität absoluter Wahrheit. *Damit haben wir noch nichts erkannt, sondern wir glauben nur an die Existenz der angeführten Werte.* Diese Entscheidung ist völlig frei und ihre Berechtigung durch keinerlei unabweisbare Argumente zu begründen – wenn man alles bisher Angeführte nicht als Argument anerkennen will – noch zu widerlegen. Für den, der diese Entscheidung als richtig anerkennt, sind Gott und das Absolute identisch.
Damit ergibt sich eine konkrete Aufgabe: Wenn die Natur eine Bedeutung hat, die im Absoluten begründet sein muß, *so hat auch der Teil der Natur, der in der Wissenschaft enthalten ist, auch wenn er nicht die absolute Wahrheit ist, einen Sinn und seine Bedeutung*: Den Ergebnissen der exakten Naturwissenschaft darf nicht widersprochen werden, noch dürfen sie unserem neu zu entwickelnden Begriff des bedeutenden Kosmos widersprechen. Wenn so ihre konkreten Ergebnisse erhalten bleiben müssen, ist die scheinbare Paradoxie unserer Forderung nur lösbar durch die Umdeutung dieser Ergebnisse, indem man dieselben neu bezieht.

(22) Mit der Ableitung der Forderung einer neuen Beziehung für die naturwissenschaftlichen Ergebnisse, einer anderen Deutung ihrer Prinzipien, ist der erste Teil unserer Untersuchung abgeschlossen. Im folgenden zweiten Teil muß jetzt der Versuch gemacht werden, einen neuen Beziehungspunkt zu finden und die Beziehung herzustellen, um dann untersuchen zu können, ob sich ein sowohl für den Menschen als auch für die Wissenschaft selbst fruchtbarer Sinn aus dieser neuen Deutung ableitet.

II. Teil

(23) *Die Grundlage,* von der aus wir allein einen Beziehungspunkt finden können, wenn wir die sachliche Richtigkeit wissenschaftlicher Ergebnisse weiterhin anerkennen wollen, ist *die erkenntniskritisch abgeleitete Form, in der die Welt sich uns darstellt.* Die Ergebnisse liegen seit langem vor.*

(24) Ein Problem müssen diese Ergebnisse aber auch im letzten offenlassen, und zwar das Problem des Zustandekommens der Erkenntnis überhaupt, das *Problem des Grundes der Adäquatio zwischen Qualität des Außen und rezeptorischer Möglichkeit des erkennenden Bewußtseins.* Es bleiben hier mit logisch gleicher Wahrscheinlichkeit drei Möglichkeiten des Zusammenhanges.
Man kann die Erkenntnismöglichkeit *erstens* damit erklären, daß man voraussetzt, *Welt und Bewußtsein* seien gemeinsamen Ursprunges. Hierher gehören die Anamnesis Platos und der Gedanke einer prästabilierten Harmonie, der eben damit ausgedrückt werden kann, daß Qualitäten einerseits und Rezeptions- sowie Assoziationsmöglichkeiten andererseits sich gegenseitig ihres gemeinsamen göttlichen Ursprunges wegen entsprechen müssen.
Zweitens kann man das Problem im Sinne des reinen philosophischen Idealismus lösen, *der Subjekt und Objekt vereinigt, indem er aus der Rezeption die Projektion macht.*

* Immanuel Kant, Prolegomena zu einer jeden künftigen Metaphysik, die als Wissenschaft wird auftreten können.

Die *dritte* Möglichkeit der Erklärung besteht darin, daß man der Welt außer uns eine so große Zahl qualitativer Möglichkeiten zuspricht, daß jede rezeptorische und assoziative Möglichkeit irgendeines Bewußtseins von vornherein realisierbar ist: Das bedeutet die qualitative Vollständigkeit der Welt außer uns.
Wir werden den letzten Weg wählen, lediglich aus dem – bei gleicher Wahrscheinlichkeit für alle Wege logisch völlig hinreichenden – Grunde, daß er uns zu einem Sinn führen wird, und dann darum, daß er unserem Gottesbegriff entspricht, indem die wahre Welt in ihrer Vollständigkeit als Inhalt des göttlichen Bewußtseins definiert ist.

(25) *Wahrheit ist nur im ganzen zu erfassen* und nicht in einem ihrer Teile. *Deshalb ist sie ja unserem Verstande unerreichbar. Deshalb müssen wir aber auch alles,* was nur irgend denkbar, irgend wirklich und irgend möglich ist, *in ihr enthalten denken*, und da das auch für alles über und unter dem menschlichen Denken befindliche Mögliche gilt, glauben wir, mit der Definition qualitativer Vollständigkeit für die Welt außer uns der Idee des Wahren am meisten gerecht zu werden.
Wir müssen jetzt also untersuchen, wie sich diese Gesamtheit aller möglichen Qualitäten nach den Regeln der Erkenntniskritik zu unserem Bewußtsein verhält und wie daraus unsere Welt entsteht, um daraus weitere Folgerungen ableiten zu können.

(26) Die Wirklichkeit unserer Welt setzt sich aus den uns erkennbaren Eigenschaften zusammen, die der Gesamtheit neben unzähligen anderen zukommen. Sie ist die Summe möglicher Erfahrung, sie setzt sich aus den Eigenschaften der Gesamtheit zusammen, die unseren Sinnen und unserer Denkform adäquat sind. Als Wirklichkeit resultiert ferner die Erkenntnis, daß ihre qualitative Endlichkeit nur scheinbar ist, indem sie nicht auf einem Numerus clausus für uns erfaßbarer Eigenschaften beruht, sondern auf der Erkenntnisbeschränkung unserer Denkmöglichkeit. *Unsere Welt ist damit die Kombination von* – durch unsere Denkform – *spezifisch ausgewählten Eigenschaften einer möglichen Vollständigkeit*. Das im vorigen Teil in anderem Zusammenhang herangezogene Bild von dem Gemälde und seinen Teilkopien paßt bezeichnenderweise auch hier genau.

(27) Jede Eigenschaft, die für irgendeine mögliche Einsicht wirklich sein kann, ist ein Teil der Gesamtheit möglicher Eigenschaften, die als solche mit der Wahrheit, der letzten Instanz irgend möglicher Erfahrung, identisch ist. Die menschliche Wirklichkeit unserer Welt ist gleichbedeutend mit der durch unsere Anschauungsform spezifischen Teilbeziehung dieser Gesamtheit zu unserem Bewußtsein. *Die Eigenschaften unserer Welt sind vor den übrigen innerhalb der Gesamtheit nur durch die Möglichkeit dieser ihrer Beziehung zu unserem Bewußtsein ausgezeichnet.*

(28) *Die Gesamtheit möglicher Eigenschaften* ist definiert durch die Beziehung des Vorhandenen zu dem Bewußtsein maximaler Einsichtsfähigkeit. Sie ist der Inbegriff des alle Möglichkeiten in sich erschöpfenden. Sie ist das Kontinuum der Qualitäten, die Welt ohne Potential und ohne Unterschiede. Sie *ist zugleich in ihrer Gesamtheit sowohl die Wahrheit als auch das Potential aller möglichen Wirklichkeiten.*

(29) Inmitten dieser Homogenität steht unser Bewußtsein mit seiner spezifischen Einsichtsbeschränkung derart, daß unser Verstand allseitig in sie eindringt gleich einem Scheinwerfer, der all das, worauf er trifft, grell bescheint, *all das aber ohne Veränderung durchdringt, was seinem Wesen, das sich in seiner Beschränkung ausdrückt, fremd ist.* Und mit einem Male heben sich im Lichte unserer spezifischen Erkenntnisform in der unterschiedslosen Gesamtheit Punkte ab, die einen Verstand erst ermöglichen, da sie kontrastieren. Es entsteht *Differenzierung als Folge der Durchbrechung des Kontinuums.* Die Einzelheiten unserer Welt werden erkannt, indem wir diese ihre Formen, die sie als Möglichkeiten auch haben, durch die Beschränkung unseres Erkenntnisvermögens aus der Homogenität herauslösen. *Unsere Welt ist nur möglich als Folge der Beschränkung unserer Erkenntnismöglichkeit.*

(30) Zur Verdeutlichung diene folgendes Bild: Wenn ich in einem Sack Korn mit einem Stock herumrühre, ist es mir unmöglich, eine Veränderung der Lage der einzelnen Körner vor-

oder nachher festzustellen. Bezeichne ich mir jedoch einige wenige Körner, indem ich sie zum Beispiel vorher rot färbe, so sehe ich sofort, daß dieselben während des Umrührens ihre Stellung zueinander verändern.

Analog zu diesem Bilde sind ja nun auch in der qualitativen Gesamtheit einige Qualitäten unserem Verstande besonders bezeichnet dadurch, daß sie ihm adäquat sind. Durch diese Aufhebung der Kompensationsmöglichkeit ergibt sich direkt die Veränderung.

Je größer die Zahl der Qualitäten innerhalb einer bestimmten Wirklichkeit ist, um so geringer sind die Möglichkeiten der Veränderung in ihr. Wenn ich, um wieder das alte Bild zu gebrauchen, fast alle Körner in rote Farbe gelegt habe, wird es mir schon bedeutend schwerer sein, eine Veränderung in der Stellung der roten Körner zueinander noch erkennen zu können. Färbte ich sie alle rot, so daß ich sie alle im Auge hätte, so ist dies der vollständigen Verwirklichung aller Möglichkeiten analog und eine Veränderung ist nicht mehr erkennbar.

(31) *Jeder Qualität in unserer Welt entspricht notwendig eine rezeptorische Möglichkeit unseres Bewußtseins,* die sie verwirklicht. Die Korrelation ist vollkommen, so daß es unmöglich und auch ohne Sinn ist, Dinge, Zustände oder Veränderungen als Zugehörigkeiten unserer Wirklichkeit von unserem sie aufnehmenden Bewußtsein, das sie ja durch die spezifisch beschränkte Form der Aufnahme erst schafft, trennen zu wollen. *Bewußtsein und Wirklichkeit bedingen sich gegenseitig.* Ein Bewußtsein ist nur als Enthaltendes denkbar und die Wirklichkeit nur als sein Inhalt. Außerhalb unseres Bewußtseins kommt unserer Welt keine Wirklichkeit zu, existent wäre sie dann nur noch potentiell als mögliche Kombination bestimmter Eigenschaften unter den Qualitäten der Gesamtheit. Das »Ich« ist ein Punkt innerhab der Gesamtheit, dazwischen liegt die Wirklichkeit als Beziehung zwischen beidem, die notwendig nur teilweise bestehen kann. Damit ist die *Unvollständigkeit ein notwendiges Attribut einer jeden möglichen Wirklichkeit.* Dies war auch das Ergebnis des vorhergehenden Teiles unserer Untersuchung. Aber nachdem wir unser Problem in dieser Form darge-

stellt haben, ergibt sich jetzt direkt die Möglichkeit zu einer ganz bestimmten Folgerung.

(32) *Da unsere Welt gleichsam die Projektion unserer Denkstruktur auf die Fläche der Wahrheit ist,* ist ihr Wesen das Produkt unseres Anlagenbestandes, und damit *ist unsere Welt als Wirklichkeit nur unsere Wirklichkeit.* Wenn wir nun die Voraussetzung anerkennen wollen, daß der Mensch von einer übermenschlichen Gewalt, die wir Gott nennen, geschaffen ist, *bedeutet dieser Anlagenbestand und damit das Wesen der Natur ein Prinzip (gleichsam die Absicht der Gewalt, die uns geschaffen hat). Die Konsequenz der Ergebnisse der Erkenntniskritik ist die Erkenntnis eines teleologischen Prinzips der Welt.* Denn die Form, in der der Mensch erkennt (das Ergebnis erkenntniskritischer Betrachtung), und damit das Wesen der Natur (eben unsere Naturgesetze, wie alles das, was wir von der Natur überhaupt »wissen«) sind die Folge davon, daß im Schöpfungsakt* gerade diese eine Form von unendlich vielen Möglichkeiten innerhalb der Gesamtheit als Wirklichkeit realisiert worden ist. Damit ist die Folge dieser Form – eben die Natur – in allen ihren möglichen Aspekten der *Ausdruck der göttlichen Absicht, da die Tatsache, daß sie so ist, wie sie ist, innerhalb unserer Denkmöglichkeit einen willkürlichen Akt des Schöpfers voraussetzt. Wir sollen unsere Welt so sehen, wie wir sie sehen.*

(33) Die Ergebnisse der wissenschaftlichen Naturbetrachtung erhalten hierdurch eine teleologische Bedeutung. Ihre sachlichen Aussagen, die bis jetzt inhaltlich so im Vordergrund standen, obwohl sie schon keinen eigenen Sinn mehr besaßen, *werden zum Mittel der durch sie übermittelten Bedeutung.* Der Kosmos verliert seinen inhaltlich-eschatologischen, sinnlosen

* Es ist in unserem Zusammenhang völlig gleichgültig, wie dieser Schöpfungsakt vorgestellt wird. *Entscheidend ist nur die Anerkennung der Passivität unserer Stellung und der Handlungsfreiheit der erschaffenden Gewalt.* Wenn man sich die Welt als Ergebnis einer reinen Kausalkette vorstellen will, so liegt darin die Anerkennung einer ersten Konstellation von Ursachen, in der bereits alles enthalten war, lediglich zeitlich voneinander getrennt. Also ist die Form des menschlichen Bewußtseins auch nach dieser Anschauung Objekt der am Uranfang jene Konstellation von Ursachen bewirkt habenden Macht.

Charakter und *erhält die Rolle einer Natur, in deren Problematik das göttliche Prinzip verborgen ist.* Aus der Sinnlosigkeit, die darin lag, daß der Mensch sich vor das prinzipiell unlösbare Problem der Wahrheitserkenntnis durch die Vernunft gestellt sah, *ist der Sinn geworden, der darin liegt, daß eben die unauflösbare Beschränkung seiner Erkenntnis dem Menschen erst die Möglichkeit gibt, Gottes Absicht in seiner – des Menschen – Welt zu erkennen.* Die Ergebnisse der wissenschaftlichen Naturbetrachtung sind Teile der göttlichen Offenbarung.

III. Teil

(34) Wenn überhaupt etwas vorhanden ist, so kommt man bei der Untersuchung desselben immer zu konkreten und in bezug auf die Methode sogar logischen Ergebnissen. Aber gerade deshalb kann der Sinn des Ganzen nicht aus den Ergebnissen oder gar aus der Methode gefunden werden, er muß als Idee über allem stehen und aus den Ergebnissen dann bewiesen werden. Wenn ich den Sinn verfehle, bekomme ich Formeln als Antwort, die richtig sind, weil sie konsequent aus meiner Methode folgen, die vom Sinn aber gerade soweit entfernt sein müssen wie meine Frage, auf die sie antworten. *Das Primäre ist die Idee.*

(35) Das, was die Vernunft aus der Natur herausliest, ist das, was unser Denken in sie hineinträgt. Es sind die Ergebnisse eines Spieles, dessen Regeln wir in uns selbst tragen. Der ideale Physiologe wäre imstande, aus der Struktur und den Entwicklungsmöglichkeiten unseres Gehirnes unsere Anschauung des Ganzen, unsere Wissenschaft und unsere Theorien sowohl herauszulesen als auch *am Organ zu begründen.* Umgekehrt wäre ein gleich idealer Naturforscher in der Lage, *aus unseren »Naturgesetzen« unsere Psychologie zu erkennen.* Hier kann die Wahrheit nicht liegen, *es ist alles so verwoben, daß man nicht einmal sagen kann, welcher Seite die Eigenschaften ursächlich angehören.* Das eine ist die Projektion auf das andere, die aber wiederum selbst nur möglich ist, weil dieses andere in einer

Form vorliegt, die die Projektion ermöglicht. Nur *eines ist hier nicht weiter auflösbar, bleibend und unveränderlich: Die Gesetzlichkeit der Form der Beziehungen.* Die Gesetzlichkeit der Dinge untereinander ist nur ein Symptom, das *Symbol liegt in der Gesetzlichkeit der Beziehung zwischen uns und dem Kosmos.*
Die Tatsache des So-Seins als Prinzip erkannt zu haben ist unsere letzte und höchste Erkenntnismöglichkeit innerhalb der wissenschaftlichen Naturbetrachtung. Alles andere ist bereits Ableitung. *Diese Erkenntnis ist aber auch die einzige, die wenigstens einen Abdruck der Wahrheit in sich trägt.*

(36) Die wissenschaftlichen Aussagen sind inhaltlich bloßes Mittel. Das Prinzip liegt in der Tatsache, daß es so ist, wie es ist. Und die Gesetzlichkeit des So-Seins entspringt aus den *Kategorien* unseres Denkens. Sie sind die uns auferlegten Bedingungen, deren notwendige Folgen wir als göttliche Absicht definiert haben. Auch hier wieder finden wir, daß ein Teil dieser Kategorien im wissenschaftlichen Denken als Kategorie verwandt wird und daß ein anderer Teil sich demselben vollständig entzieht, obwohl er gerade so notwendig ist wie der erstgenannte.

(37) Eine dieser Vorstellungen, die als Prinzip des natürlichmenschlichen in jedem Denken enthalten sind, ist die *Zeit.* Die *Unterscheidung von Gut und Böse* ist eine zweite. Die Zeit, als menschliche Denkform schon definiert, ist in den Bereich physikalischer Methodik einbezogen und bildet seit langem eines der grundlegenden Elemente. Gut und Böse als Ausdruck eines ethischen Maßstabes rechnen zu den Begriffen, denen unsere Wissenschaft im Kreise des natürlichen Kausalzusammenhanges keinen Platz im Kosmos zuweisen konnte. Wenn es uns gelingt, die Zeit, vorgestellt als Größe unter den Eigenschaften unserer Welt, zur Unterscheidung von Gut und Böse in einen Zusammenhang zu bringen, der das eine notwendig aus dem anderen folgert, und wenn es uns gelingt, diese Beziehung dadurch herzustellen, daß wir entsprechend unserer Absicht die Zeitvorstellung so deuten, daß ihren notwendigen Folgen die göttliche Absicht zugrunde liegt, so haben wir den Beweis im

Prinzip geführt, der eine Deutung der empirischen Ergebnisse durch Beziehung auf das Absolute rechtfertigt: Denn damit haben wir die bestehende *Gleichberechtigung zweier Kategorien* in unserem Denken anerkannt, die unter dem wissenschaftlichen Aspekt bisher nicht zur Geltung kommen konnte.

(38) *Die Zeit* ist die Form unseres Bewußtseins, die es uns ermöglicht, Vorgänge und Veränderungen vorzustellen. Sie ist damit ein notwendiges Attribut unserer Zeit. Wie alles, was zu uns in Beziehung steht, gibt es sie nur in bezug auf etwas. Sie ist doppelt bezogen, wie alles, indem man sie sowohl von uns selbst aus in Richtung auf die Dinge als auch von den Dingen aus auffassen kann.

(39) Diese doppelte Bezogenheit in unserer Welt ist die Folge des Verhältnisses zwischen dem Ich und der Welt. Wie wir gesehen hatten, ist das eine nur durch das andere denkbar und möglich, ist die Beziehung zwischen beiden die Existenzvoraussetzung für beides. Und so ist als Folge dieser komplexen Zusammengehörigkeit in jedem der beiden Teile der Abdruck des Zwilligkeitsbegriffes erkennbar, indem ein Teil ihres Verhaltens notwendig beiden zugleich ist, ohne daß dieser Teil einem bestimmten der beiden zugeordnet werden könnte. (Ich erinnere an das bereits im zweiten Teil Besprochene.)

(40) Aus diesem Grunde ist in der angeführten Definition der Zeit ein prinzipiell korrespondierender Begriff enthalten, der aber, eben wegen seiner Selbstverständlichkeit, erst herausgelöst werden muß: Es genügt nicht, wie wir es getan haben, die Zeit als Form unseres Bewußtseins zu definieren, die uns Veränderung vorstellen läßt, wenn man alles Grundsätzliche mitnennen will.

(41) Denken wir uns ein Rennen, vor dessen Beginn schon *prinzipiell* feststeht, in welcher Zeit in welcher Reihenfolge die Teilnehmer durchs Ziel gehen werden. Hat unter diesen Bedingungen das reale Stattfinden des Rennens eine irgendwie geartete Bedeutung? Ist es sinnvoll, einen Unterschied zu machen

zwischen einem Zeitpunkt vorher und einem nachher – in bezug auf das, was mit dem Rennen zusammenhängt? Ist es ein Unterschied, ob das Rennen stattfindet oder nicht? Wird in der Summe dessen, was geschieht, etwas verändert dadurch, ob das Rennen stattfindet oder nicht? Ist dies Rennen überhaupt mit Recht als »Geschehen« zu denken (wenn die angeführten Daten prinzipiell vorher feststehen)?

(42) Wenn alles, was geschieht, notwendig in allen seinen Teilen festgelegt wäre, hätte der Begriff des »Geschehens« nicht seinen uns bekannten Sinn. Es genügt hierzu die Einbildung unsererseits, unsere Vorstellung entscheidet über den Sinn für uns. Dies ist das zweite, mit der Veränderlichkeit notwendig korrespondierende Prinzip, welches die Art unseres Zeiterlebnisses bestimmt und welches ich das Prinzip von den zwei Möglichkeiten nennen will. Mit der Zeitvorstellung notwendig verbunden ist die Vorstellung, daß es in jedem Augenblick mindestens zwei Möglichkeiten für den folgenden Augenblick gibt, die innerhalb unseres Erkenntnisbereiches beide gleiche Wahrscheinlichkeit haben. Die »Festlegung« eines Ablaufes durch die Naturgesetze zum Beispiel steht hierzu nicht im Widerspruch, da im Einzelfalle in jedem Augenblicke auch hier grundsätzlich gleiche Wahrscheinlichkeit für mindestens zwei Möglichkeiten besteht.*

(43) Dieses Prinzip nun ist die Brücke zwischen der wissenschaftlichen Größe und der sittlichen Ordnung in demselben Augenblicke, in dem man von der rein sachlichen Konsequenz der physikalischen Größe absieht und nach der auf das Absolute hin orientierten Bedeutung fragt. In dem Augenblick, in dem man, wie besprochen, die notwendigen Folgen einer notwendigen Größe als göttliche Absicht in bezug auf die Besitzer des allen zugrundeliegenden Bewußtseins auffaßt.

* Daß die Physik diese Komponente unserer Vorstellung Zeit mit aufgenommen hat, beweist die Rolle der Wahrscheinlichkeitsrechnung, deren Einfluß so groß ist, daß die Naturgesetze heute schon als Näherungsgesetze, als Durchschnittswerte einer relativ großen Zahl von Ergebnissen definiert werden. Das ist die Zugabe der Unmöglichkeit von bindenden Aussagen im Einzelfalle.

(44) Das menschliche Leben ist, da notwendig mit der Zeit verknüpft, das, was es ist, auch nur durch das Prinzip von den zwei Möglichkeiten. Es gliche dem Rennen in dem angeführten Bild, wenn es nicht unserer Vorstellung in jedem seiner Augenblicke die Wahl ließe zwischen mindestens zwei Möglichkeiten. Da wir an die Berechtigung unserer Ahnung vom Absoluten, von Gott, glauben, hat unser Leben für uns einen Sinn. Danach gibt es also zwischen zwei beliebigen Augenblicken im Leben prinzipiell mindestens zwei verschiedene Wege. Da wir nun gesehen haben, wie alles, was Inhalt unserer Welt ist, aus dem Absoluten durch die Teilbeziehung zu unserem Bewußtsein entsteht, so liegt auch allem das Absolute zugrunde. Die beiden Wege, die also beide in Richtung auf die Wahrheit führen müssen, können sich also nur durch verschiedene Länge unterscheiden.

(45) Unser Leben erhält einen Sinn dadurch, daß wir notwendig in jedem Augenblicke vor die Wahl zwischen mindestens zwei möglichen Wegen gestellt sind, von denen der eine in bezug auf die göttliche Wahrheit länger sein muß als der andere (sonst wären sie identisch). Wenn wir dieses Prinzip, bewußt oder unbewußt, als göttliche Absicht anerkennen, so nennen wir den kürzeren Weg »gut« und den längeren »böse«. Welcher »gut« und welcher »böse« ist, erkennen wir demnach nur, wenn wir unsere Entscheidung an Gott orientieren.

(46) Gut und Böse sind auch bei unserer Betrachtungsweise wesensverwandt, indem hier das eine nur existent ist in bezug auf das andere: Stellen wir uns einen Stern vor, belebt mit vernunftbegabten Wesen, welche die – für uns – merkwürdige Eigentümlichkeit haben sollen, einander sämtlich in ihrem Aussehen aufs Haar zu gleichen. Wenn diese Wesen eine Sprache haben, so fehlen in ihr ganz sicher die Vokabeln für die Begriffe »schön«, »häßlich«, »ähnlich« und dergleichen. Wir können mit absoluter Sicherheit behaupten, daß ihnen sogar die Vorstellung solcher Begriffe so wenig gegeben ist wie uns zum Beispiel diejenige mehrdimensionaler Räume.

(47) Erst das Böse ermöglicht das, was wir gut nennen. Damit sind Verbrechen, Elend und Trauer die notwendigen Voraussetzungen für unsere Ideale. Es ist unmöglich, das eine ohne das andere zu geben. Und der Sinn liegt gerade in der uns auferlegten Entscheidung zwischen jeweils mindestens zwei Möglichkeiten, von denen stets die eine »gut« ist in bezug auf die andere, die »böse«. Diese ständige notwendige Wahlmöglichkeit ist identisch mit dem, was wir unter Leben verstehen.

(48) Die Verbindung ist hergestellt. Das, was wir nach dem Willen dessen, der uns geformt hat, von seiner Absicht erkennen können, der Sinn unseres Lebens, stellt sich dar als sich aus der Konsequenz unserer Veranlagung ergebende Forderung zu ständiger sittlicher Entscheidung. In ihr ist Orientierung zwischen dem »Schlechteren« und dem »Besseren« in jedem Augenblick für den folgenden nur möglich durch die jedesmal herzustellende Beziehung der beiden Möglichkeiten zum göttlichen Absoluten, weil jene eben dieser Beziehung erst ihren relativen Wert verdanken.

(49) Wir haben diesen Sinn dadurch gefunden, daß wir aus notwendigen Ergebnissen notwendige Folgerungen gezogen haben.
Was haben wir nun eigentlich getan? Wenn wir behaupten, den Sinn dadurch gefunden zu haben, daß wir aus notwendigen Prinzipien logische Folgerungen zogen, so heißt das doch, daß alles Gesagte bereits in diesen Prinzipien enthalten ist, daß unsere Untersuchung nichts Neues hinzugefügt hat, sondern nur das aus ihnen entwickelte, was in ihrem Wesen schon beschlossen war. Da nun aber all die Voraussetzungen, von denen wir ausgingen, Ergebnisse der Wissenschaft sind und damit alt, unser Ergebnis aber neu ist, so ist das Entscheidende unserer Untersuchung der Aspekt, von dem aus wir die Möglichkeit dieser stets in den Ergebnissen schlummernden Folgerungen erst wahrnehmen konnten. Neu ist nur die Weise der Betrachtung, die sich nicht der Methode unterordnet, die nicht zu suchen aufhört, wenn die Möglichkeiten einer Methode erschöpft sind, und die, an der Grenze der Methode angelangt, dort nicht die

Grenze des Objektes sieht, sondern die eigene und nach deren Sinn fragt.
Wir erkennen ein uns übergeordnetes Prinzip an, welches uns und die Natur hat entstehen lassen in der Form, in der wir und die Natur sind, und wir sind übereingekommen, dieses Prinzip Gott zu nennen. Wir dürfen nicht glauben, es an der Stelle finden zu können, die wir bestimmen, sondern wir müssen es suchen, wo es sich uns offenbart.

(50) Die Wissenschaft findet heraus, daß die Zeit im Bereiche ihrer Forschung in der Nähe des Kleinsten wie des Größten an Bedeutung zuzunehmen scheint, sie findet heraus, daß die Zeit anscheinend sogar zu den Grundlagen der Existenz von Materie überhaupt gehört, und muß es dabei bewenden lassen. Uns ist dies Phänomen ein erneuter Hinweis auf das durch und durch auf sittliche Entscheidung gerichtete Wesen unserer Welt.

(51) Wahrheit im absoluten Sinne konnten auch wir nicht finden, sie ist ja die Vollständigkeit aller möglichen Aspekte. Die Frage nach dem wahren Zustand unserer Welt ist auch sinnlos, da es gerade ihr Sinn ist, wirklich – und zwar nur für uns – so zu sein, wie sie für uns ist, denn gerade allein so, indem sie nicht wahr, sondern bedingt ist (und somit Prinzip), ist uns die Möglichkeit der Erkenntnis des Guten und Bösen gegeben. Und erst infolge dieser Erkenntnis, in der die Wahl enthalten ist, ist unser Leben das, was es ist. Und erst durch unser Leben und damit unser Bewußtsein und unser Denken ist unsere Welt die Wirklichkeit. So trägt sich beides gegenseitig in der Gleichberechtigung gemeinsamen Dienstes ohne Wert in sich selbst. Allein das Bestehen in dieser Form ist der Ausdruck des Prinzips und damit die sinngebende Verbindung zur göttlichen Wahrheit. Und all das ist die Folge der Beschränkung unserer Einsichtsfähigkeit.

(1946)

Waffenlos dem Leben ausgeliefert

Von der Notwendigkeit eines Glaubens

Es ist unser Schicksal, daß wir mitten im Chaos stehen. Wir müssen es als Tatsache hinnehmen – wenn wir es uns nicht verschweigen wollen –, daß wir keine Maßstäbe mehr besitzen, an denen wir uns orientieren könnten. Der Sinn unseres Lebens liegt für uns im dunkeln. Dies wird dadurch noch betont, daß wir uns von einer Flut von Programmen, Ideologien und Weltanschauungen umgeben sehen, die uns mit Argumenten zur Überzeugung oder mit Zwang zur Unterwerfung zu veranlassen trachten. Wir leben in einer Zeit der Propheten, der fanatischen oder berechnenden Verkünder, ohne etwas finden zu können, was uns ohne Erklärung oder Beweis überzeugt. Uns fehlt das, was glücklichere Generationen als natürlichen Besitz von ihren Vätern erbten: die Selbstverständlichkeit eines sinnvollen Lebenszieles. Damit ist weniger die Möglichkeit weit voraussehender Planung infolge äußerer Sicherheit gemeint als vielmehr die innere Sicherheit des Menschen, welcher der Notwendigkeit enthoben ist, erst darüber nachdenken zu müssen, welche Ziele er überhaupt durch die Anstrengung seines Lebens erstreben soll.

Wir sind eine Generation ohne Erbe. Für uns gibt es kein sichtbares Maß mehr, an dem wir unsere Entscheidungen messen könnten. Und so weit wir davon entfernt sind, Recht oder Unrecht unseres eigenen Tuns immer klar vor Augen zu haben, so schwer fällt es uns auch, mit Gewißheit den anderen zu beurteilen. Die Begriffe »gut« und »böse« verschwimmen vor unseren Augen in immer dichterem Nebel. Wie oft müssen wir uns eingestehen, daß wir unfähig sind, Klarheit darüber zu gewinnen, ob eine bestimmte Tat als moralisch gerecht anzusehen oder aber zu verdammen ist. So ist eine Zeit ohne absolutes Maß eine Zeit eigener Unsicherheit und der Ungewißheit gegenüber dem möglichen Verhalten des anderen. Die praktische Folge ist einerseits die Angst, auf der anderen Seite das Mißtrauen.

Es ist verständlich, wenn Menschen, um aus dieser trostlosen Lage herauszufinden, auf den Gedanken verfallen, Mißtrauen und Angst durch die »offene Aussprache« aus unserer Welt zu vertreiben, von der einleuchtenden Idee ausgehend, daß die Unsicherheit verschwinden müsse in dem Maße, in dem man Klarheit gewinnt über die Absichten und Anschauungen des anderen. Das ist richtig. Aber unseligerweise liegt das Übel ja viel tiefer, denn, so müssen wir uns fragen, wie kann es überhaupt möglich sein, diese Klarheit zu gewinnen, wenn ich gar nicht weiß, ob der andere auch das meint, was ich unter seinen Worten verstehe. Ich weiß ja eben nicht, von welcher Basis er ausgeht, welchen Zielen oder Geboten er seine Entscheidungen unterwirft.

Ja, ich weiß nicht einmal, ob das, was er sagt, überhaupt das »Eigentliche« ist. Immer bleibt grundsätzlich die Möglichkeit, daß er mit seinen Worten etwas erstrebt, was indirekt erst sein eigentliches Ziel darstellt, welches er mir doch verheimlichen kann, da es eben nicht offensichtlich feststeht, welchem Sinn er sich unterordnet. Daher leben wir auch noch in einem beständigen Verfolgungswahn: Die Angst vor der »Tendenz« ist das Kardinalsymptom unserer heutigen seelischen Verfassung. Sie nimmt jeder Aussprache, der Diskussion, der Veröffentlichung und der Konferenz von vornherein die Möglichkeit, uns Sicherheit und damit Ordnung zu geben.

Diese erschütternde Krise hat uns mit unglaublicher Vollständigkeit in allen unseren Erfahrungen ergriffen. In der Naturwissenschaft – noch gestern der *rocher de bronce* unserer Zuversicht! – als Grundlagenkrise (Axiomproblematik) und »Bedeutungsfrage«, in der Geisteswissenschaft als philosophischer Relativismus und Existenzproblem, in der Kunst im rastlosen Suchen unzähliger einzelner nach neuen Formen. Überall das gleiche Bild: Die Grundlagen haben den Charakter der Selbstverständlichkeit verloren, sind selbst Objekt des Zweifels geworden, und damit haben wir nichts mehr in Händen und sehen uns waffenlos dem Leben ausgeliefert.

Die hieraus entstehende Situation ist zwiespältig. Für den einen bedeutet dieser Zustand die grundsätzliche Erlaubnis zur Willkür, (die dann günstigsten Falles durch Erwägungen der Zweckmäßigkeit – zum Beispiel in Hinsicht auf menschliches Zusammenleben – in gewissen subjektiven Schranken gehalten wird), für den anderen jedoch eine ungeheure seelische Belastung, der er sich, umgeben vom tausendfachen Beispiel des Gegenteils, dennoch verpflichtet fühlt, die Normen für seine Handlungen jeweils selbst immer erneut schaffen zu müssen. Sittliche Entscheidung heißt ja, sich bestehenden und allgemein anerkannten Geboten zu unterwerfen, indem man durch dieselben die ursprünglich vorhandene absolute Freiheit seiner Handlungen freiwillig beschränkt. Fehlen nun solche Maße, so fehlt auch die Möglichkeit sittlicher Beurteilung und Entscheidung, es sei denn, daß der Verantwortungsbewußte, also der, der die Notwendigkeit solcher Entscheidung als oberstes Gebot weiter anerkennt, sich (wiederum freiwillig) diese Maßstäbe selbst wählt. Erfahrungsgemäß ist nun eine solche sittliche Stärke nur einer Minderheit eigen, deren Einfluß weiter durch den Umstand abgeschwächt wird, daß die durch sie vorgelebte Ordnung einen individuellen, subjektiven Charakter trägt und ihr damit die verpflichtende Kraft allgemeiner Verbindlichkeit fehlt. All diese Persönlichkeiten bleiben, auch voreinander, einsam und werden als – vorerst – unwirksame Keime mit den anderen im Chaos umgetrieben.

Wir suchen nun, um nach der Beschreibung einiger wesentlicher Charakteristika unserer Lage eine geschlossene Übersicht zu erhalten, nach einem Oberbegriff, gleichsam nach der Formel unserer Zeit, und finden sie in der Feststellung, daß unsere Zeit eine Epoche ohne Physiognomie ist: Wir haben keinen Stil!

»Stil« ist ja der ebenso unbewußte wie aber auch durch das Übermaß gemeinsamen Empfindens unausbleibliche Ausdruck einer in sich harmonischen Seele. Die Macht der Demut freiwilliger Unterwerfung unter das gemeinsame Gesetz ist der Ursprung des Stils. Er bewahrt sie in geheimnisvoller Weise, und wir spüren sie beglückt immer wieder neu, wenn wir ihm in einem Bau oder einer Persönlichkeit begegnen. Es ist die sittliche Tat, welche in den Wurzeln des Stils beschlossen ist, die uns so unmittelbar und tief ergreift. So kann ein Gesicht Stil haben, eine Persönlichkeit, und so kann auch – weitaus seltener infolge der größeren Zahl der Elemente, die harmonieren müssen – eine Epoche Stil haben. Immer aber ist Voraussetzung die freiwillige Unterwerfung der einzelnen unter ein Gesetz. Gemeinsamkeit des Empfindens und damit des Ausdrucks entsteht allein da, wo ein Gesetz allgemein anerkannt wird. Wo man in dem Wahn befangen ist, Gemeinsamkeit selbst sei entscheidend, gleich, woraus entstanden, und es etwa unternimmt, sie durch äußere Beeinflussung (wie Propaganda oder Zwang) erreichen zu wollen, um etwa einen Stil zu »schaffen«, ist das Ergebnis des ehrfurchtlosen Bemühens die Uniformität und eine Baumode.

Wir haben als Menschen unsere Seele verloren, und das Gesicht unserer Zeit ist nichtssagend und ohne Ausdruck. Auf uns lastet das Gefühl eigener Leere, und das Bewußtsein unserer Fragwürdigkeit gibt den Raum ab für das Chaos. Weltanschauungsmöglichkeiten werden uns hinreichend angeboten, aber uns fehlt ein gemeinsames Bild unserer Welt, das unserem Tun allein eine Richtung und damit unserem Leben wieder einen Sinn geben könnte. Wir wissen nichts mehr, von dem wir mit Gewißheit ausgehen könnten. Dem ist kein Mensch gewachsen, und aus dem Bewußtsein dieser Not erwächst jene bezeichnende Unzahl von Ideologien, Plänen und Aussprachen, deren einziger sinnvoller Kern in der in ihnen enthaltenen Absicht liegt, Normen zu schaffen und Regeln aufzustellen. Aber sie vernachlässigen alle den wesentlichen Punkt: Vom Menschen bewußt aufgestellte Normen verdanken ihren Gültigkeitsbereich der Angst vor der Bestrafung. Dieser beschränkt sich also auf den Machtbereich dessen, der das jeweilige Gesetz vertritt. Das Wesen der historische Ordnung bewirkenden Maßstäbe dagegen ist es, daß ihre Nichtbeachtung das Gewissen der Menschheit berührt. Jede Ordnung der Geschichte wird vom Glauben getragen. Unsere ganze Not beruht auf der einen Tatsache, daß wir diese Erkenntnis verloren haben.

Ein wirklich verblüffender Beweis ist hier die fast paradox erscheinende Tatsache, daß selbst die Vernunft als oberste Norm nur so lange fähig war, ein lebendiges Weltbild zu tragen, wie an sie geglaubt wurde! Der Glaube an ihre irdische Allmacht gab selbst der Vernunft erst ordnungspendende Kraft. Sinnvoll kann auch der Verstand nur arbeiten, wenn seine Voraussetzungen im Glauben begründet sind. Noch immer gibt es Wissenschaft, und in unseren Tagen erst feiert sie, nach dem praktischen Erfolg beurteilt, ihre höchsten Triumphe. Aber dennoch gibt sie uns keinen inneren Halt mehr, seit ihre Ergebnisse ihren Charakter als Glaubensinhalt verloren haben. Das Kriterium, daß die offensichtliche Mißachtung ihrer Ordnung das »schlechte Gewissen« hervorrief, besaßen auch sie dereinst: War es dem Menschen vor nicht langer Zeit etwa nicht genierlich, zum Beispiel durch offen gezeigte Religiosität aus der Reihe zu tanzen und als altmodisch aufzufallen? Die aus der Wissenschaft selbst kaum hinreichend begründbare Betonung atheistischer Einstellung großer Naturforscher dieser Epoche mutet uns heute an wie eine Loyalitätserklärung der Priester dieser Ordnung. Und heute? Welche Weltanschauung könnte von sich behaupten, daß ihre Nichtanhänger notwendig ein schlechtes Gewissen hätten? Sind die religiösen Spekulationen moderner Naturwissenschaftler (Einstein, Jordan, Bavink und viele andere), ist die ganze unglaubliche Freiheit des Denkendürfens, diese metaphysische Toleranz unserer Zeit nicht ein Zeichen ihrer Glaubenslosigkeit? Hierin liegt auch eine ungeheure Gefahr, denn der Mensch will Glauben, sein metaphysisches Bedürfnis ist ein Trieb, der so stark ist, daß er zum Massenwahnsinn führen kann, wenn dieser nur Einheitlichkeit der Überzeugung gewissermaßen als Glaubensersatz verschafft. Retten kann uns davor nur die lebendige Erkenntnis, daß Ordnung nur aus der Gemeinsamkeit des Glaubens entsteht.

Die Kraft eines wirklichen Glaubens, seine lebensspendende und segensreiche Gewalt entsteht aus seiner einzigartigen und nur ihm zukommenden Fähigkeit, Normen zu setzen, feste Punkte im Nebel der Sinnlosigkeit, an denen wir einen Halt finden. Nur der Maßstab, an den aus tiefer Seele geglaubt wird, ist fest genug, durch uns selbst nicht erschüttert werden zu können. Begründen lassen sich diese Fundamente sinnvollen menschlichen Lebens nicht. Dann wären sie dem Verstande unterworfen, und was als Maß taugen soll, kann selbst nicht gemessen werden.

Die Frage des Glaubensinhaltes tritt demgegenüber auf den zweiten Platz. Die Sophrosyne* der Griechen und die Sphärenharmonie, der Gottglaube des christlichen Mittelalters und die göttliche Weltordnung, der Homo sapiens und das Weltbild der klassischen Physik sind im Grund ein und dasselbe: das stilvolle Bild eines Zustandes, in dem der Mensch und die Welt eins sind in einer Ordnung, die beide umfaßt und die auf glaubensmäßigen Voraussetzungen beruht, welche jenseits des Verstandes liegen. Die Frage von »gut« und »böse« kann sinnvoll nur innerhalb dieser Ordnungen gestellt werden.

Unser Schicksal ist es, ohne solches Weltbild zu sein und dennoch leben zu müssen. Wir müssen unsere Kräfte aufreiben um das, was in Zeiten des Glaubens selbstverständlicher Besitz ist. Aber wieviel wäre schon gewonnen, wenn wir diese unsere Lage nur einsehen wollten! Was könnten wir uns ersparen, wenn wir uns zur Besinnung bescheiden wollten, anstatt in panikartigem Eifer uns mit unzweckmäßigen Gewaltversuchen noch gegenseitig zu verwunden! Die Ordnung, deren wir bedürfen, können wir nicht durch Überlegung entwerfen, weil wir an sie glauben müssen.

Wir müssen den Mut aufbringen, auf diesen Glauben warten zu können, wir müssen es wagen, an ihn zu glauben. Wann werden wir endlich den Charakter aufbringen, uns einzugestehen, daß wir uns durch noch so sorgfältige vernünftige Überlegungen nicht mehr helfen können. Es wäre die höchste Form der Vernunft, ihre Grenzen in der Praxis einmal zu berücksichtigen!

Diese Selbstbeherrschung, entstanden aus der Einsicht in die völlige Unzulänglichkeit gegenüber der Aufgabe, kann uns jene innere Gelassenheit bringen, die uns vor fortwährender Selbstverletzung bewahrt und uns schließlich erst fähig macht, einmal einen Glauben empfangen zu können. Wir müssen es uns immer wieder sagen, daß wir, je lauter wir uns gebärden, um so leichter das überhören werden, was sich in aller Stille vielleicht jetzt schon unter uns regt. Wenn wir das lernen könnten, dann wären wir im Stande, aus unserem Los eine Aufgabe zu ma-

* Die Sophrosyne ist als Begriff und Personifikation der »Besonnenheit« eine der vier Haupttugenden der griechischen Ethik; d. Red.

chen, und dann hätte selbst unser Leben einen klaren Sinn: bereit und würdig zu werden für das, was uns allein Sicherheit bringen wird.

(etwa 1950)

Ein gespenstisches Rezept

Besprechung des Buches »Jenseits von Freiheit und Würde« von B. F. Skinner

Alfred Kerr hat geschrieben, daß die Arroganz zum Journalisten gehöre wie der Plattfuß zum Oberkellner. In dieser knappen Formulierung ist die Erkenntnis enthalten, daß das Risiko berufsspezifischer Schäden nicht auf die Möglichkeit körperlicher Deformierung beschränkt ist.
Selbstverständlich gilt das auch für den Wissenschaftler. Anstelle von Arroganz oder Plattfuß droht ihm die Versuchung, den auf ein Skelett meßbarer Beziehungen reduzierten Gegenstand seiner Untersuchungen für die Wirklichkeit selbst zu halten. Was passieren kann, wenn er dieser Versuchung erliegt, zeigt das Buch Skinners mit seltener und lehrreicher Deutlichkeit: Der berufsspezifische »Sündenfall« des bedeutenden amerikanischen Psychologen gipfelt in einem Totalrezept für die Leiden der Menschheit, das »wissenschaftlich begründet« ist, sich gleichwohl aber auf eine im doppelten Sinne des Wortes gespenstische Wirklichkeit bezieht. Wie konnte es dazu kommen?
Die Instrumente der Wissenschaft greifen nur an den Eigenschaften der Welt, die auf irgendeine Weise meßbar sind. Was sich nicht in Zentimetern, Gramm oder Sekunden ausdrücken läßt, in Ladungen, Feldstärken oder mit der Hilfe anderer quantitativer Größen, bleibt der wissenschaftlichen Methodik unfaßbar.
Nun ist es kein Geheimnis, daß die verschiedenen Eigenschaften dieser Welt dem messenden Zugriff der Wissenschaft nicht in gleichem Maße zugänglich sind. An diesen Unterschieden liegt es, daß wir über das Innere des Atoms bis heute mehr in Erfahrung gebracht haben als über das Innere unseres eigenen Seelenlebens. Angestachelt von den spektakulären Erfolgen ihrer Kollegen, die es in der Physik, der Chemie und anderen »exakten« Fächern leichter hatten, haben die Psychologen ge-

waltige Anstrengungen unternommen, um mit dem Handikap der »Nichtquantifizierbarkeit psychischer Phänomene« fertig zu werden. Einer der bedeutsamsten und erfolgreichsten Ansätze zur Überwindung des Problems wird durch die »behavioristische Psychologie« gebildet, zu deren modernen Protagonisten Skinner gehört.

Der von dem Amerikaner John B. Watson kurz vor dem Ersten Weltkrieg begründete Behaviorismus verzichtet konsequent darauf, über psychische Vorgänge wissenschaftlich überhaupt etwas auszusagen: Er stellt den Versuch einer »Psychologie ohne Psyche« dar, einer Psychologie, die ausschließlich das objektiv beobachtbare und daher meßbare Verhalten (amerikanisch *behavior*) des untersuchten Lebewesens berücksichtigt.

Wenn ein Hund, von seinem »Herrchen« ausgeführt, Luftsprünge macht, bellt und sich im Kreise dreht, meinen wir in aller Unschuld, daß das Tier »sich freut«. Skinner aber und alle anderen modernen Verhaltensforscher würden uns sofort widersprechen. Mit vollem Recht, denn niemand von uns kann wissen, was in dem Tier wirklich vorgeht. Man braucht bloß daran zu denken, wie unvorstellbar anders der Weg, den Herr und Hund gemeinsam zurücklegen, sich in dem auf eine Welt aus Gerüchen spezialisierten Bewußtsein des Tieres widerspiegeln muß, und umgekehrt, wie viele der Aspekte und Horizonte, welche die »Freude« eines Menschen in dieser Situation ausmachen, dem Tier fehlen. *Daß* Herr und Hund auf ihrem Weg auch »Ähnliches« erleben, wird niemand bestreiten, selbst Skinner nicht. Für eine wissenschaftliche Untersuchung hündischen Verhaltens ist das aber eine viel zu unbestimmte Angabe. Wie bekommt man einen Hund wissenschaftlich in den Griff, dessen »Psyche« uns unzugänglich bleibt? Der Verhaltensforscher gibt die Antwort: dadurch, daß man das ohnehin nicht Feststellbare außer Betracht läßt und sich auf das konzentriert, was objektiv beobachtbar ist. Anstatt unbeweisbare Spekulationen über psychische Vorgänge anzustellen, beginnt der Wissenschaftler folglich, das Verhalten des Hundes in seine meßbaren Bestandteile aufzulösen.

Da wird nicht nur registriert, wie oft der Hund wie hoch in die Luft springt. Da werden nicht nur die Lautäußerungen des Tie-

res aufgezeichnet und schallspektrographisch analysiert. Da werden auch die Veränderungen des Blutdrucks, die schwankende Weite der Pupillen, Herzfrequenzen und Darmbewegungen mit der gleichen minuziösen Genauigkeit registriert und verfolgt wie die Ausschüttung bestimmter Hormone und die Veränderung der elektrischen Hirnaktivität. Die Aufgabe ist schier endlos. Aber sie ist, so scheint es, grundsätzlich lösbar: »Der Hund, der sich freut«, verwandelt sich auf diesem Wege langsam, aber sicher in ein ganz bestimmtes, sehr kompliziertes Muster unzähliger physiologischer Daten.
Jetzt haben die Forscher wieder festen Boden unter den Füßen. Den Erfolg ihrer Bemühungen messen sie, wie in der Wissenschaft üblich, an der Vorhersagbarkeit ihrer Resultate. Mit Befriedigung stellen sie fest, daß das von ihnen herausgearbeitete Verhaltensmuster mit einer statistisch angebbaren Zuverlässigkeit beim Vorliegen bestimmter Umweltreize auftritt. Damit ist ihre Aufgabe beendet. Von der »Psyche« des Tieres war in der ganzen Zeit nicht mehr die Rede.
Das wissenschaftliche Abbild des Hundes, den wir auf der Straße spielen sahen, ist blutleer wie ein Gespenst. Dennoch ist die Methode legitim. Der Wissenschaft bleibt gar nichts anderes übrig, als sich ihrer zu bedienen. Bis dahin ist also alles in Ordnung. Und die Erfolge der Methode waren bekanntlich gewaltig, nicht nur im Falle des Atoms, sondern auch im Falle des Hundes und anderer Lebewesen. Der auf wissenschaftliche Daten reduzierte Hund ist zwar nur noch ein Gespenst des realen Hundes, jedoch ein Gespenst, das sich zur Freude der Behavioristen vorhersehbar verhält. Die meisten Erkenntnisse der modernen Verhaltensforschung verdanken wir dieser Methode.
Skinner jedoch begnügt sich damit nicht. Er überschreitet bewußt und entschlossen die Grenze von der Methode zur Ideologie. Das beginnt damit, daß er dem, was er zuvor aus methodischer Notwendigkeit ausschließen mußte, die Existenz abspricht: der psychischen Dimension. Real ist nur das beobachtbare Verhalten, wirklich sind nur die von der Umwelt ausgehenden »punitiven« (abschreckenden) oder »verstärkenden« (belohnenden) Reize, die dieses Verhalten steuern. Alles andere, so versichert Skinner, ist bloße Illusion. Es ist der vollen-

dete Sündenfall eines Wissenschaftlers: Das wissenschaftliche Abbild hat die Wirklichkeit verdrängt.

Aber auch das ist noch nicht alles. Skinners Buch ist ein Plädoyer für die Einbeziehung auch des Menschen in die neue, vom Autor verkündete Wirklichkeit. Skinner meint es gut mit uns. Er sieht die Übel dieser Welt, an denen in der Tat kein Mangel ist, und er führt sie, auch dabei werden nur wenige widersprechen, auf die Irrationalität menschlichen Verhaltens zurück.

Im Ordnen von Verhalten aber, in der Kunst, eine Konstellation von Umweltreizen zu konstruieren, die geeignet ist, »ordentliches«, vorhersehbares Verhalten zu bewirken, in dieser Kunst fühlt der Autor sich mit Recht als Meister. Was also, so fragt er rhetorisch, sollte uns daran hindern, auch das menschliche Verhalten mit der bei Ratten, Tauben und Hunden so überaus bewährten Technik behavioristischer Manipulation zu ordnen?

Spätestens an dieser Stelle ist der verblüffte Leser geneigt, protestierend auf den Umstand zu verweisen, daß die behavioristische Verhaltenstechnologie nach eigener Angabe unter totaler Negierung aller psychischen Abläufe verfährt. Bei der Verwandlung eines Hundes in eine leere Hülle sichtbarer Verhaltensweisen hatte er tatenlos zusehen müssen – auch wenn ihn starke Zweifel beschlichen –, denn zur »Psyche« eines Hundes hatte er keinen Zugang. Im Falle des Menschen jedoch scheint ihm der Fall anders zu liegen.

Ist er, der Leser, sich der Existenz seiner eigenen Psyche nicht auf die unmittelbarste Weise bewußt? Kann man es ihm verdenken, wenn er unter diesen Umständen zögert, dem Skinnerschen Rezept zur Beseitigung der Übel dieser Welt vorbehaltlos zuzustimmen?

Skinner ficht der Einwand wenig an. Es gibt zwar, er will es gar nicht leugnen, so etwas wie ein menschliches Bewußtsein. Wenn man die Dinge jedoch richtig betrachtet, und das heißt bei Skinner allemal: durch die Brille des ideologischen Behaviorismus, dann erkennt man schnell, daß auch der Mensch in Wirklichkeit so total von Umweltreizen gesteuert wird, daß seine psychischen Erlebnisse als bloße Nebenerscheinungen, als ein sein umweltgesteuertes Verhalten lediglich begleitendes Phänomen vernachlässigt werden können.

Der »autonome Mensch«, der entscheidet und wertet, der seine Freiheit und seine Würde verteidigen zu müssen wähnt, ist in Skinners Augen eine bloße Fiktion. Eine inhumane Fiktion noch obendrein, denn sie hält den wahren Fortschritt auf, den die weltweite Einführung einer biologischen Verhaltenstechnologie herbeiführen würde.

Wie das konkret zu geschehen hätte, welche »Umweltreize« als positiv zugelassen und welche anderen eliminiert werden müßten, das allerdings sagt der Autor nicht. Ganz ohne Zwang jedenfalls würde sich das Glück der Menschen wohl auch mit dieser Heilslehre kaum herbeiführen lassen. Aber was tut's? Skinners schöne neue Welt soll sich ohnehin nur mit umweltgesteuerten *homunculi* füllen, die daran keinen Anstoß nähmen.

Das Ganze ist so aberwitzig, daß die Frage gestellt werden könnte, ob es sich denn lohnt, den Skinnerschen Vorschlag und seine theoretischen Voraussetzungen so eingehend unter die Lupe zu nehmen. Es lohnt sich, aus zwei Gründen: Daß des Autors Rezept uns gespenstisch erscheint, schließt die Möglichkeit nicht aus, daß sich eines Tages jemand berufen fühlen könnte, es in die Tat umzusetzen. Und: Obwohl das Buch in einem fürchterlichen Spezialjargon geschrieben ist (Heilslehren jeglicher Couleur entwickeln stets ihr eigenes Insideridiom), wurde es in den USA zum Bestseller.

(1973)

Schöpfung oder Naturgeschichte?

Der vermeintliche Gegensatz zwischen Glaube und Wissenschaft

Als der englische Nobelpreisträger Peter Medawar vor einigen Jahren gefragt wurde, ob er an Gott glaube, soll er die Antwort gegeben haben: »Of course not, I am a scientist« (frei übersetzt: »Natürlich nicht, denn ich bin ja Naturwissenschaftler«).

In dieser Anwort drückt sich ein Vorurteil aus, das heute keineswegs nur bei Wissenschaftlern, sondern weit darüber hinaus in unserer Gesellschaft verbreitet ist: die für selbstverständlich gehaltene Überzeugung, daß die Möglichkeit einer naturwissenschaftlichen Weltdeutung die Möglichkeit ausschließe, daß diese Welt eine metaphysische, jenseits ihrer faßbaren Grenzen gelegene Ursache haben könne.

Die Zahl der Menschen ist groß, welche sich damit abfinden zu müssen glauben, daß sie bei ihrem Versuch, diese Welt und die eigene Existenz in dieser Welt zu verstehen, vor die Wahl zwischen zwei Alternativen gestellt sind, die einander unerbittlich ausschließen.

Denn entweder, so glauben doch die meisten, ist diese Welt als »Schöpfung« aufzufassen, also – um es ganz allgemein und fernab von jeder konfessionellen Aussage zu formulieren – als das Resultat eines Wirkens von Faktoren, die nicht in dieser Welt sind. Oder aber, und dies scheint die einzige andere Möglichkeit zu sein, diese Welt trägt ihre Ursache in sich selbst, sie ist demnach zu verstehen als das Ergebnis der Einwirkung bekannter oder jedenfalls doch erforschbarer Naturgesetze auf die im Kosmos vorhandene Materie.

Die Bedeutung dieser scheinbar unerbittlichen Alternative, vor die sich leicht jeder gestellt glaubt, der über sich selbst und die Welt nachzudenken beginnt, beruht auf den Konsequenzen der beiden Möglichkeiten. Wer sich für die erste der beiden Möglichkeiten entscheidet, der kann sich angesichts der unbestreitbaren Widrigkeiten und Widersinnigkeiten dieser Welt damit trösten, daß über den Sinn seines Daseins nicht im Rahmen dieser alltäglichen dreidimensionalen Wirklichkeit entschieden wird, sondern aufgrund eines Maßstabes und von einer Instanz, die meta-physisch, jenseits der Natur, liegen und welche die Gewähr dafür bieten, daß alles das, was uns beunruhigt und ratlos macht, eine Auflösung und Begründung finden könnte. Die Entscheidung für diese Möglichkeit ist, mit anderen Worten, der erste Schritt zu einer religiösen Weltdeutung.

Auf der anderen Seite steht, so scheint es, das naturwissenschaftliche Weltbild. Hier wird die Welt verstanden als ein »Kosmos«, durchaus im Sinne der klassischen Antike, nämlich als geordnete Gestalt, die einsichtigen, rationalen Gesetzen unterliegt. Der Naturwissenschaftler hält die Welt grundsätzlich für verstehbar. Auch für ihn ist die Natur selbstverständlich voller Rätsel und Geheimnisse. Die Wissenschaft wäre an ihrem Ende angekommen, wenn es sich nicht so verhielte. Und die Naturwissenschaftler haben längst auch schon gelernt, daß naturwissenschaftliche Forschung vielleicht niemals, in keiner noch so fernen Zukunft an ein Ende kommen wird, weil bei ihrer Arbeit jedes gelöste Rätsel gleich ein Dutzend neuer Fragen aufzuwerfen pflegt. Aber die Naturwissenschaftler sind eben – und das ist es, was die naturwissenschaftliche Geisteshaltung ausmacht – unbeirrbar davon überzeugt, daß alles Geschehen in der Welt, vom atomaren Bereich bis zum entferntesten Stern, nach festen Regeln abläuft, den Naturgesetzen, die überall und zu allen Zeiten unveränderlich gelten. Ein Spiel aber, das von solchen Regeln bestimmt wird, ist grundsätzlich verständlich und bedarf zu seiner Erklärung keiner äußeren Ursache. Diese naturwissenschaftliche Welt, so muß man noch präziser sagen, darf sogar keine äußere Ursache haben, denn diese würde das »Spiel nach Regeln« unterbrechen und damit die Abläufe in der Natur unberechenbar und unerforschbar machen.

Etwa zu Anfang des vorigen Jahrhunderts unterhielt sich Napoleon einmal mit dem französischen Philosophen und Astronomen Laplace. Laplace war damals berühmt geworden durch die Entwicklung einer geistreichen neuen Theorie über die Entstehung unseres Sonnensystems. Im Verlauf der Unterhaltung fragte Napoleon den Gelehrten, warum in seinem dicken Buch über die Entstehung des Sonnensystems an keiner einzigen Stelle Gott erwähnt werde. Daraufhin gab Laplace voller Stolz die Antwort: »Sire, dieser Hypothese bedurfte ich nicht.« Er konnte als Naturwissenschaftler bei seinen Berechnungen keine äußere Ursache zulassen. Sein Versuch, die Entstehung des Planetensystems naturwissenschaftlich, mit rechnerischen Methoden zu verstehen, wäre für sein naturwissenschaftliches Gewissen nicht »ehrlich« und konsequent durchgeführt gewesen, wenn er – etwa an irgendeiner schwierigen Stelle angekommen –, anstatt weiter angestrengt nach einer möglichen physikalischen Erklärung zu suchen, einfach den Faktor »Gott« eingesetzt hätte.

Soweit wir das heute rückblickend beurteilen können, hat Laplace aber keineswegs gesagt oder gemeint, daß es keinen Gott gebe oder daß er nicht an Gott glaube. Alles, was er meinte, war die Feststellung, daß es ihm gelungen sei, eine Erklärung für die Entstehung unseres Sonnensystems zu finden, die in sich geschlossen war und bei der er nicht gezwungen gewesen war, sich durch die Annahme eines »übernatürlichen, göttlichen Eingriffs« über irgendeine Schwierigkeit hinwegzumogeln. Naturwissenschaft ist eben der Versuch, diese Welt mit den Mitteln des menschlichen Verstandes zu begreifen, soweit das geht. Das ist eine mühsame und anstrengende Angelegenheit. Um so wichtiger ist es, daß die Naturwissenschaftler es früh gelernt haben, daß sie nicht der Versuchung erliegen durften, immer dann, wenn es schwierig wurde, mit dem Nachdenken aufzuhören und sich mit der Erklärung zufriedenzugeben: »Hier hat Gott eingegriffen.«

Das Ganze war ursprünglich also lediglich eine Frage der sauberen und konsequenten Forschungsmethode. Mit der Frage, ob es einen Gott gibt oder nicht, an den man glauben kann und der diese Welt geschaffen hat, hatte es zunächst nicht das geringste zu tun. Auch die gläubigsten Naturwissenschaftler sahen ein, daß sie (um es auf diesen vereinfachten Nenner zu bringen) sich bei ihren Berechnungen und Experimenten nicht einfach »durchmogeln« durften, indem sie sich auf ein Wunder zurückzogen, wenn sie nicht mehr weiter wußten. Und sie machten schnell die Erfahrung, daß sie mit diesem Prinzip weit kamen, daß sie ihre größten Erfolge immer dann hatten und mit ihrem Verständnis tiefer in die Geheimnisse der Natur eindrangen, wenn sie so taten, als gäbe es keine Wunder.

Leider haben die Theologen diese Überlegungen seinerzeit gründlich mißverstanden. Für sie war es nun wieder selbstverständlich, daß eine Welt, die auf einem göttlichen Schöpfungsakt beruhte, für den menschlichen Verstand nicht erforschbar sein könne. Deshalb gingen sie dazu über, bestimmte Bereiche der Natur gewissermaßen für außerhalb der naturwissenschaftlichen Erforschbarkeit stehend zu erklären und sie sogar im Sinne eines »Gottesbeweises« ins Feld zu führen. Eine verhängnisvolle Taktik, wie sich im weiteren Verlauf zeigen sollte. Sobald die Wissenschaftler irgendeine Naturerscheinung aufgeklärt hatten, entgegneten die Theologen ihnen: »Schon gut, ihr habt recht, das Detail, das ihr da erforscht habt, ist anscheinend wirklich rational, naturwissenschaftlich zu erklären. Aber seht doch, wie riesengroß die Welt ist und wie viele Naturerscheinungen es noch gibt, die für euch unerforschlich bleiben.« Und dann wiesen sie die gehorsam zuhörenden Naturwissenschaftler auf das Geheimnis der Entstehung des Lebens und der vielen verschiedenen Lebensarten hin, auf das Rätsel der Entstehung organischer Moleküle (im Unterschied zur Entstehung von Salzen und Mineralien), auf das Wunder der Vererbung, die wunderbare Zweckmäßigkeit der Anpassung im Bauplan und Verhalten der verschiedenen Lebewesen an ihre Umwelt und viele andere Rätsel mehr.

Geduldig hörten die Naturwissenschaftler sich an, was die Theologen ihnen zu sagen hatten. Sie hörten zu, als man ihnen versicherte, daß die Unerklärbarkeit und Unerforschlichkeit dieser und vieler anderer Naturerscheinungen darauf beruhe, daß Gott die Welt eben so eingerichtet habe, unabhängig von allen Naturgesetzen, und daß diese Welträtsel eben deshalb ein direkter Beweis für die Existenz Gottes seien.

Das alles liegt 200 und mehr Jahre zurück, aber an den Folgen leiden wir noch heute. Die Naturwissenschaftler glaubten den Theologen damals, und das hatte verhängnisvolle Konsequenzen. Denn bei ihrer weiteren Arbeit im Lauf der Generationen merkten die Forscher bald, daß es ihnen mit ihren Methoden gelang, ein Welträtsel nach dem anderen ohne die Annahme eines »Wunders« zu erklären. Zu Anfang des vorigen Jahrhunderts gelang es ihnen erstmals, organische Moleküle, wie zum Beispiel Harnstoff, im Laboratorium herzustellen. Bis dahin war alle Welt felsenfest davon überzeugt gewesen, daß nur lebende Organismen organische Moleküle in ihrem Stoffwechsel erzeugen könnten. Die Biologen brachten es fertig, die Entstehung der Arten naturwissenschaftlich zu erklären, zunächst mit bloßen, mehr oder weniger plausiblen Theorien, dann aber mit Experimenten, die ihre Erklärungen hieb- und stichfest machten. Und nun sind die Biochemiker seit einigen Jahren sogar dabei, Gene, also Erbanlagen, künstlich zu erzeugen. Über die Entstehung des Lebens auf der Erde liegen seit einigen Jahren nicht mehr nur plausible Theorien vor, sondern es ist in ersten Experimenten sogar schon gelungen, die spontane Entstehung elementarer Lebensbausteine nachzuahmen.

In den eineinhalb Jahrhunderten, in die diese Fortschritte der Naturwissenschaft fallen, wirkte es sich nun verhängnisvoll aus, daß die Theologen vorher behauptet hatten, die Unerklärbarkeit und die Unerforschlichkeit dieser sich jetzt im Zugriff der Wissenschaftler entschleiernden Geheimnisse verbürge die Existenz Gottes. Wenn jetzt eines dieser »Wunder« nach dem anderen sich unter dem unaufhaltsam erscheinenden Vordringen der Wissenschaft rational auflöste, mußte der Eindruck entstehen, daß die Wissenschaft angetreten sei, Gott aus der Welt herauszuerklären. Das alles wurde noch schlimmer dadurch, daß die Naturwissenschaftler selbst sich von dem Mißverständnis hatten anstecken lassen. Hatten ihnen die Theologen nicht selbst versichert, daß man deshalb an Gott glauben müsse, weil die Wunder der Natur über den menschlichen Verstand gingen? Hatten die Theologen nicht sogar auf ganz bestimmte, konkrete Naturerscheinungen hingewiesen, deren Unerklärbarkeit die Existenz eines übernatürlichen Wesens beweise? Wenn sich alle diese Erscheinungen nun aber der wissenschaftlichen Analyse zugänglich erwiesen, dann ergab sich daraus doch der logische Schluß, daß Gott überflüssig geworden war.

Diese Entwicklung, die ich hier naturgemäß nur in relativ groben Zügen skizzieren kann, führte dann schließlich dazu, daß in unseren Tagen ein Nobelpreisträger die Frage, ob er an Gott glaube, mit dem erstaunlichen Argument verneinen konnte, er sei schließlich Naturwissenschaftler.

Aber nicht nur Peter Medawar, unser aller Bewußtsein ist von den Folgen dieses jahrhundertealten Mißverständnisses geprägt. Wir alle glauben, meist ohne groß darüber nachzudenken, daß sich diese Welt in dem Maße, in dem sie sich naturwissenschaftlich durchschauen läßt, als eine sinn- und geistlos abschnurrende Maschinerie entpuppen müsse. Ich habe nicht den geringsten Zweifel daran, daß hiermit die bei uns in gebildeten Kreisen noch immer so erstaunlich verbreitete Antipathie gegenüber der Naturwissenschaft zusammenhängt – die bei vielen Gebildeten festzustellende Abneigung, sich mit naturwissenschaftlichen Fragen zu beschäftigen und ein Wissen über naturwissenschaftliche Zusammenhänge als Bestandteil von »Bildung« anzuerkennen: Über Homer, Kant und Kafka muß man bei uns informiert sein, wenn man als gebildet gelten will, von Newton aber, Darwin und Einstein braucht man kaum mehr als den Namen zu kennen.

Dahinter scheint mir im Grunde so etwas wie die Angst davor zu stehen, daß man sich von der Inhaltsleere und Sinnlosigkeit der Natur und des Universums womöglich überzeugen lassen müsse, wenn man sich mit der Naturwissenschaft näher einlasse und den bisher vorliegenden Beweisen für ihren Anspruch, diese Welt einsichtig erklären und verstehen zu können.

Und umgekehrt gibt es eine sicher nicht weniger große Zahl naturwissenschaftlich gebildeter Menschen, die es aus dem gleichen Grunde für ihre Pflicht halten, jeden Gedanken an eine metaphysische oder gar religiöse Weltdeutung aus ihrem Bewußtsein zu verdrängen. Dies nur weil sie längst vergessen haben, daß die Eliminierung derartiger Gedankengänge ursprünglich lediglich ein methodisches Erfordernis beim naturwissenschaftlichen Arbeiten ist. Ich kenne eine große Zahl von Kollegen, die immer dann, wenn die Unterhaltung auch nur im entferntesten auf ein religiöses oder metaphysisches Thema zuzusteuern scheint, geradezu peinlich berührt oder demonstrativ spöttisch ausweichen, weil sie vergessen haben, daß man als Naturwissenschaftler zwar, ganz im Sinne von Laplace, Überlegungen dieser Art nicht als »Hypothesen« in naturwissenschaftliche Theorien einbauen darf, daß es aber ganz sicher ebenso falsch ist, wenn man, wie der zitierte englische Nobelpreisträger, von der im Grunde geradezu naiven Annahme ausgeht, daß nur das existiere, was naturwissenschaftliche Methodik erfassen könne.

Beide Parteien übersehen, daß die Entwicklung der modernen Naturwissenschaft den alten und in unseren Köpfen noch immer nistenden Zwiespalt längst ad absurdum geführt hat. Dabei sind es vor allem zwei Einsichten, die einem aufgehen können, wenn man sich heute vorurteilslos mit den Resultaten der neueren naturwissenschaftlichen Forschung beschäftigt: Wer das tut, kann sich einmal davon überzeugen, wie wenig die naturwissenschaftliche Erklärung eines Naturphänomens geeignet ist, diesem Phänomen den Charakter des »Wunderbaren« zu nehmen. Die Naturwissenschaft entzaubert die Welt nicht, wie es ein gedankenloses Vorurteil behauptet, sie macht diese Welt in ihrer ganzen Wunderbarkeit überhaupt erst sichtbar. Die zweite Einsicht: Wer sich vorurteilslos mit den Resultaten der modernen Naturforschung beschäftigt, der kann die lehrreiche und außerordentlich eindrucksvolle Erfahrung machen, daß diese ihrer angeblichen Geistlosigkeit wegen so oft verdächtigte Naturwissenschaft heute dabei ist, uns mit weitaus größerem Nachdruck und in viel konkreterer Weise zur Anerkennung einer transzendenten Ursache dieser Welt zu zwingen, als es alle Philosophie in den zurückliegenden Jahrhunderten vermocht hat.

(etwa 1980)

KÖRPER UND GEIST

Der Mensch in der Retorte

Wie die Krankenversicherung Kranke produziert

Wohl selten in seiner bisherigen Geschichte sah sich der Mensch von so vielen Drohungen umgeben wie in der heutigen Zeit. Wir leben in einer wahren Inflation innerer und äußerer Krisen. Noch halten wir in bereits hoher Anspannung das komplizierte Gefüge des Baues aus Gesetz und Recht, aus Erkenntnis und Idealen in einer Weise zusammen, die es uns ermöglicht zu leben. Aber eine unnatürliche Anstrengung dabei ist nur notdürftig verhüllt, und für den auch nur wenig Empfindsamen ist Knistern genug zu hören, das ihm die Drohung des Zusammenbruchs verrät.

Dieser, der Gesetz und Recht in Willkür, Erkenntnis in Verblendung, ideale Begeisterung in Verzweiflung auflösen wird, dieser ist es, dessen Vorahnung uns wie ein Alptraum bedrückt. Die Angst nimmt zu und beginnt wie ein dumpfes Bohren auch auf die überzugehen, denen die Einsicht in das, was wirklich geschieht, immer verschlossen bleibt.

Fieberhaft werden Gehirne und Hände in Bewegung gehalten, uns gegen allerlei Gefahren zu schützen, die Einsicht und Phantasie uns vorstellen. Aller Eifer jedoch droht in Resignation zu erlahmen, wenn nur allzuoft am Ende angespanntester Bemühung die bestürzte Erkenntnis steht, die Überwindung einer Angst mit dem Auftauchen vieler neuer Ängste bezahlt zu haben. Je größer der Eifer der Selbstverteidigung wird, je wacher der Blick für Drohungen, denen es zu begegnen gilt, um so unlösbarer scheint das Problem zu werden. Indem wir handelnd in das Geschehen eingreifen, bemüht, unsere Existenz zu sichern, sehen wir uns zunehmend von immer neuen Gefahren umgeben. Die Aufgabe scheint während der Arbeit ins Unendliche zu wachsen.

Dieses geheimnisvolle und unheimliche Phänomen, die Zunahme der Gefahr mit jedem Akte der Vorbeugung, scheint heute zur größten Gefahr für die Menschheit zu werden. Von zunehmendem Sicherheitsbedürfnis, ja panischer Angst auf den Weg der Selbstverteidigung getrieben, geraten wir in immer größere Bedrängnis. Wie kommt es, daß jedes Mittel zur Hilfe, von uns als solches fieberhaft ergriffen, sich in unseren Händen alsbald gegen uns kehrt? Wie kommt es, daß unser angespanntester Eifer uns nichts hilft, uns sogar nur neuen Gefahren ausliefert?

Wir wollen diese furchtbarste Drohung unserer Zeit an einem konkreten Beispiel nachzuweisen und zu analysieren suchen, in der Erwartung, es verstehen zu lernen und seine Ursachen zu begreifen. Wir wählen als Beispiel das moderne System der Versicherung gegen Krankheit.

Es gibt in Deutschland bekanntlich ein Gesetz, nach dem jeder Lohn- und Gehaltsempfänger einen Teil seines Einkommens einer Krankenkasse zuführen muß. Nach dem ferner jeder Arbeitgeber für jeden Beschäftigten noch einmal die gleiche Summe ebenfalls zur Krankenkasse abzuführen hat.

Der Effekt dieser Gesetzgebung besteht darin, daß jeder Versicherte im Krankheitsfall gegen jeden möglichen wirtschaftlichen Verlust gedeckt ist. Nicht nur sind für ihn und seine sämtlichen Familienangehörigen Krankenhausaufenthalt, ärztliche Behandlung, Medikamente und jede nur erdenkliche Art der Therapie bis zum Kuraufenthalt einschließlich völlig kostenlos. Er erhält darüber hinaus sogar noch ein Krankengeld, das ihn aller Sorgen um den Unterhalt seiner Familie während der Krankheitsdauer völlig enthebt. Wer würde in dieser wahrhaft sozialen Gesetzgebung nicht das Zeichen eines unleugbaren Fortschritts erkennen, der den Ärmsten vor allen Schlägen des Schicksals bewahrt, der allein einer wirklich humanen Einstellung des Gesetzgebers entspricht? Jedoch, wie sieht der Effekt des Gesetzes in der Praxis aus? Was ist der Kaufpreis für das »versicherte Risiko«?

Die durchschnittliche Praxis des heute frei praktizierenden Arztes besteht zu gut neunzig Prozent aus Kassenmitgliedern. Von den Patienten, die als *Kranke* in die Sprechstunde kommen, stellen sich nach der Untersuchung etwa dreißig Prozent (die Schätzungen liegen zum Teil bedeutend höher) als gesund heraus. Die schwerste und verantwortungsvollste Diagnose, die der Arzt zu stellen hat, ist die Diagnose »gesund«. Für sie müssen alle Hilfsmittel der modernen Untersuchungsmöglichkeiten herangezogen werden. Und erst, wenn nach der Untersuchung in der Praxis auch Röntgenuntersuchung, chemische Analysen, Elektrokardiogramm, Blutuntersuchungen und bakteriologische Untersuchungen negativ verlaufen sind, oft erst, wenn auch eine klinische Beobachtung im Krankenhaus ergebnislos geblieben ist, kann sie gestellt werden.

Wann kann man überhaupt sagen, daß ein Mensch »gesund« ist? Im idealen Fall sind wir alle es den geringsten Teil unseres Lebens. Eine ungewöhnliche Blähung des Darms, eine vorübergehende Neigung zu Schweißausbrüchen, Blutandrang im Kopfe und was dergleichen Sensationen aus der körperlichen Sphäre mehr sind, all das begegnet uns tagtäglich. Wir betrachten uns deshalb jedoch (mit Recht) nicht als krank. Zum Arzt gar zu gehen kommt uns gar nicht in den Sinn. Wir haben vor allem eine ablehnende Einstellung der Krankheit gegenüber, wir wollen nicht krank sein, aus moralischen, beruflichen, wirtschaftlichen Motiven.

Diese Krankheitsablehnung ist die Grundlage unserer psychischen Immunität gegenüber Krankheiten. Sie bewahrt uns davor, jedes aus der Gewohnheit fallende Signal unseres Körpers zu sehr zu beachten, uns unserem Körper beobachtend zuzuwenden, ihn ängstlich zu »überwachen«. Dieser Instinkt bewahrt uns davor, zum Neurotiker zu werden. Gelegenheit dazu hätten wir genug.

Jeder wird sich schon nach diesen wirklich nur lose andeutenden Darlegungen eine leise Vorstellung davon machen können, welche Gefahren drohen, wenn diese Schranke durchbrochen wird. Was geschieht, wenn diese seelische Immunität schwindet? Was sollen wir nun erwarten, wenn die »Krankheit« sogar, weit davon entfernt, Objekt der Ablehnung und des Widerwillens zu sein, sich der unbewußten Einstellung des einzelnen als durchaus annehmbare Erleichterung präsentieren würde?

Zweifellos würde die Idee der Krankheit, in solchem Lichte gesehen, ein unabsehbares Heer von Neurotikern geradezu heranzüchten. Wir wollen dabei den Durchschnittsmenschen durchaus als »moralisch« integer betrachten und das Phänomen der Simulation, der bewußten Krankheitsvortäuschung, völlig außer acht lassen. Es spielt praktisch tatsächlich auch kaum eine Rolle.

Hier geht es um die Eigenschaft der »Härte«, die in verschiedenem Maße jedem normalen Menschen eigen ist. Wir bezeichnen sie als groß bei einem Menschen, der sich in seinem seelischen Gleichgewicht auch durch schon recht erhebliche Störungen seines Körpers nicht beeinträchtigen läßt. Als geringer bei dem weichen »Menschen«, der stets geneigt ist, jede ungewöhnliche körperliche Empfindung lebhaft zu registrieren und zu verfolgen. Sie ist gleich Null beim Neurotiker, dem Menschen, der seinem Körper derart aufmerksam zugewandt ist, daß er sich schon durch die Beobachtung der normalen körperlichen Vorgänge (Herzklopfen!) in seinem Seelenleben gestört fühlt. Bei ihm kommt als wichtiges und erschwerendes Moment hinzu, daß die bei ihm vorliegende seelisch-körperliche Zuwendung nun noch dazu führen kann, daß seine intensive Selbstbeobachtung den normalen Ablauf der körperlichen Vorgänge stört. Es entstehen dann vielerlei körperliche Symptome, ein demonstrables Argument, das ihm seinen Mitmenschen und vor allem der Ärzteschaft gegenüber beweist, daß er »recht hat«. Der »Patient« ist zum Patienten geworden.

Für unsere Untersuchung ist nun die Tatsache wichtig, daß diese Eigenschaft der »Härte« bei jedem einzelnen Menschen variabel ist. Wir sehen schon, daß der Instinkt der Krankheitsablehnung, der ihre Grundlage ist, sich außer aus uns angeborenen Anlagen auch aus beruflichen und sozialen Motiven nährt. »Ich kann es mir nicht leisten, krank zu sein«, ist oft die Antwort eines Menschen, der gefragt wird, wie es ihm gesundheitlich geht. In dieser Antwort steckt sehr viel Wahres. Was wird aus Menschen, die es »sich leisten« können? Was wird aus ganz normalen Menschen, denen das »Kranksein« sich als eine Erleichterung anstatt einer Belastung darstellt? Was wird aus unserer seelischen Immunität, wenn sich angesichts der Krankheit Unlust in Lustgefühle verwandelt?

Das aber ist die Situation, die durch das oben erwähnte Gesetz geschaffen wird. Damit, daß die wirtschaftlichen Rückschläge als Folge der Krankheit aus der Welt geschaffen sind, entfallen für den normalen Menschen ganz wesentliche Motive, aus denen sich seine seelische Krankheitsimmunität speist. Und nun zeigt sich »die Krankheit« in ganz anderem Gewand. Im Daseinskampf des Lebens, in beruflichen, häuslichen, wirtschaftlichen Sorgen, in der ganzen Anspannung des Alltags erblickt der Mensch hier eine Zuflucht. Im Krankenbett zu Hause oder in der Klinik kann er verschnaufen. Er hat Schonzeit, »feiert krank«, wie der zünftige Ausdruck bezeichnenderweise bereits lautet. Hinzu kommen die ganzen Umstände, die im Kranksein schon sowieso positiv bewertet werden. Wer fände es nicht schön, einmal als Objekt der Fürsorge und des Mitleids Mittelpunkt in dem Kreis zu sein, mit dem er sich sonst im »Kampf« des Alltags auseinandersetzen muß.

Wenn wir uns daran erinnern, daß mindestens dreißig Prozent der Patienten, die heute in der Sprechstunde eines Arztes erscheinen, sich schließlich als gesund herausstellen, so betrachten wir diese Tatsache jetzt, hellhörig geworden, mit ganz anderen Augen: Die Vorhut jenes Heeres von Neurotikern ist bereits auf dem Marsch. Diese dreißig Prozent aber machen, wie wir uns erinnern wollen, dem Arzt auch die meiste Arbeit. Sie rauben seine Zeit für die anderen siebzig Prozent, sie verursachen die meisten Kosten. Sie treten psychologisch die Spur für die, die noch nicht auf diesem Wege sind. Vor allem aber: Sie sind krank! Es handelt sich ja nicht um Simulanten! Es bedarf eines ungewöhnlichen Einfühlungs- und seelischen Behandlungsvermögens, um diesen Menschen die Gesundheit wiederzugeben. Sie kämpfen sogar um ihren Anspruch, krank zu sein. Ihre seelische Immunität ist dahin. Wo ist der Arzt, der ihnen nachweisen will, daß sie gesund wären?

Es ist hier nicht der Raum, dieses ganz außerordentlich weitreichende Problem genauer zu erörtern. Wir können nicht näher darauf eingehen, wie der ablaufende Mechanismus der Folgen dieser Gesetzgebung auch die ärztliche Standesethik zu zerstören droht. (Es kann sich zum Beispiel kein Arzt leisten, in den Ruf zu kommen: Dieser Doktor schreibt nicht krank! Er wäre dann wirtschaftlich nicht mehr im Stande, die gesellschaftliche Position zu halten, die er beansprucht und die man von ihm erwartet.)

Auch das natürliche Verhältnis zwischen Arzt und Patient ist bereits weitgehend zerstört. Es ist nicht mehr selbstverständlich, in jedem Patienten den Hilfesuchenden zu sehen. Es geht jetzt sehr oft um die Klarstellung: Ist dieser Mensch wirklich krank, oder »möchte« er – unbewußt – krank sein?
Wie schwer, verantwortungsvoll und zeitraubend ist die Beantwortung dieser Frage, die erfolgen muß, ehe die Behandlung überhaupt beginnen kann. Es sollen hier auch keine Reformvorschläge zum Versicherungswesen der Krankenkassen gemacht werden. Wir wollen nur die Tatsache verzeichnen, daß durch ein in seiner Intention humanes Gesetz die seelische »Härte« der Menschen so herabgesetzt worden ist, daß eine ungeheure Zahl sich krank fühlt. Wir sind augenblicklich dabei, uns durch unsere Gesundheitsgesetzgebung in großer Zahl Neurotiker und Kranke heranzuziehen.
Unser Beispiel hat, auf feststehenden Tatsachen aufbauend, das eingangs zitierte unheimliche Phänomen in deutlichster Form konkret dargestellt. Krankheit als Folge von Gesundheitsfürsorge. Krasser ist die Paradoxie von Absicht und Ergebnis nicht denkbar. Je mehr man sich in diesem Beispiel verliert, um so deutlicher wird die Gefahr, um so größer das Gefühl der Ohnmacht.
Wie kommt es, daß sich menschliches Streben, gestützt auf alle Hilfsmittel des Wissens und der Überlegung, so in sein Gegenteil verkehren kann, daß aus Wohltat Plage wird? Wenn wir die Ursachen erkennen könnten, die verborgene Schuld aufzuspüren vermöchten, die sich im derart verkehrten Ergebnis an uns zu rächen scheint, dann wäre immerhin das Unheimliche dieser Erscheinung gebannt. Aber auch die Hoffnung hätten wir dann, den Fehler vermeiden zu können und damit der Schuld zu entgehen, die wir ja als eine verborgene auf uns nehmen. Dies erscheint von dringlicher Wichtigkeit, denn schon dämmert uns die Gewißheit, daß das gleiche Vergehen gleichem Mißerfolg auf vielen anderen Gebieten zugrunde liegt, auf denen wir ihm nicht weniger fassungslos und bestürzt gegenüberstehen.
Der Mensch ist das Ergebnis einer ungeheuer geheimnisvollen und komplizierten Auseinandersetzung. Der unglaublich verwinkelte Organismus, der seinen Geist zu tragen vermag, dieser

Geist selbst in seinem großen, von uns kaum annähernd zu übersehenden unbewußten Teil und seinem viel kleineren Teil »Bewußtsein«, schließlich auch mit seinem Verstand, befindet sich in steter Auseinandersetzung mit einer nicht minder komplizierten Umwelt. Das unausdenkbar verwickelte Wechselspiel zwischen diesem reagierenden Organismus, der aus Trieben, Begehren, Denken und Wollen, aus Anpassung und lebendiger Ausdauer gefügt ist, mit den vielfältig verwickelten Bedingungen seiner Umwelt, zu der jeweils auch die anderen gehören, die ihm seine Notwendigkeiten, seine Grenzen und den Raum seiner Möglichkeiten auferlegt, ist in wunderbarster Weise auf eine erstaunliche Harmonie abgestimmt. Der Beweis dieser Harmonie und ihr Ergebnis ist der Mensch. Anders ausgedrückt: Die gewaltige Spannung dieser Auseinandersetzung, dieser gegenseitigen Verflechtung von Möglichkeit und Notwendigkeit, von Wollen und Können hat es vermocht, eine lebende Form zu zeugen: den Menschen.

Nichts anderes wollen wir sagen, wenn wir behaupten, hier eine Harmonie zu sehen. Der Mensch lebt und entwickelt sich seit undenkbaren Zeiten. Dies bedeutet, daß jenes Wechselspiel, jene Auseinandersetzung, die wir »Leben« nennen, ein Vorgang ist, der bei aller überschaubaren Kompliziertheit selbsttätig abläuft. Das Leben, sein Fortbestand und seine Entwicklung entspringen einem selbstregulatorischen, eigengesetzlichen Mechanismus: anonym und gleichsam automatisch sich verhaltend und in seiner Kompliziertheit und steten Veränderlichkeit stabil und »gesund« durch eigenständige Gesetzlichkeit. Im Ergebnis zielbewußt. Aus einer unerklärbaren Ursache zugleich elastisch und beständig, ist das Leben ein geheimnisvolles Faktum.

Ich habe mich bewußt nüchtern ausgedrückt. Ich muß aber zugeben, daß jede Nüchternheit des Ausdrucks vor dem Phänomen »Leben« jedenfalls schon eine grobe Schematisierung und Abstraktion bedeutet. Schon der nur scheinbar geheimnisvolle Begriff einer unendlichen Kompliziertheit ist eine vereinfachende, bloße Annahme angesichts der Tatsachen, von denen hier die Rede ist. Er erweckt immer noch den Anschein einer zwar ungeheuerlich großen und praktisch vielleicht unübersehbaren Zahl quantitativer und qualitativer Elemente, die schließlich, aber grundsätzlich sich in endlose Faktoren auflösen ließen. In Wahrheit ist davon nicht die Rede. Die Begriffe des Verstandes bleiben vor diesem Sachverhalt grundsätzlich und stets bloße Annäherung. In welchem Sinne und mit welchem Recht die Menschen diesem Phänomen, das sie selbst sind und das sich ihrem Verstande so letztlich entzieht, in anderer Weise beizukommen versuchen, indem sie sein Wesen und seine Ursachen Natur oder Gott, Teleologie oder Evolution nennen. Wir wollen das zunächst außer acht lassen. Uns fällt bei der Erörterung der Frage, zu deren Lösung wir uns angeschickt haben, eine andere Tatsache ins Auge: die auffallende und grundsätzliche Wandlung in der Einstellung des Menschen gegenüber dem Phänomen »Leben«, deren erste Anzeichen sich vor etwa drei Jahrhunderten abzuzeichnen begannen.

Seit undenkbarer Vergangenheit wie ein mächtiger lautlos fließender Strom durch die Urzeiten treibend, war das Leben die Ordnung der Welt und deren wunderbares Geheimnis vom Menschen stets als jenseits seiner Zuständigkeit begründet, in schweigender Demut hingenommen worden. Wie man das Geheimnis nannte, ob man es in einem Gott begründet glaubte, ob man es als Harmonie einer übermenschlichen Natur oder wie auch sonst benannte, stets war die Einstellung die einer passiven, schließlich demütigen oder gläubigen Anerkennung dieses unerklärlich-wirklichen Phänomens gewesen. Diese Einstellung begann sich grundsätzlich zu ändern. Der ewig tastende Geist entdeckte die Möglichkeit einer neuen Perspektive. Er drang in das Erscheinungsbild des Lebens ein, und die ersten Schritte gelangen. Das, was dem Menschen gemäß ist, weil er ihm entspringt und durch es allein besteht, der schweigend und selbsttätig sich vollziehende Ablauf des Lebens in seiner unergründlich-wunderbaren Zweckmäßigkeit, zeigte sich dem Verstande, allein von ihm betrachtet, in ganz neuer Gestalt.

Der Verstand, fähig nur, einen ganz kleinen Teil zu überblikken, fand nicht alles, was er sah, zu seiner Zufriedenheit. Ihm, dem notwendig der Überblick über den inneren Zusammenhang in seiner Vollständigkeit verborgen bleibt, schienen die Möglichkeiten der Teile des Automaten, die er vorfand, nicht voll ausgenutzt oder unzweckmäßig eingesetzt oder gar schädlich verwendet zu sein. Indem er Teile, nämlich die Teile, die er zu erkennen im Stande war, für das Ganze nahm, entstand ihm eine ungeheuerliche Versuchung. Es bleibt sich gleich, ob wir sagen, der menschliche Verstand ging in die Irre, indem er die Tatsachen verkehrte, Teile für das Ganze und sich selbst schließlich dem Problem für gewachsen hielt, oder ob wir sagen, der Mensch sündigte, indem er die Demut verlor, abließ von Glauben und Verehrung und sich anmaßte zu korrigieren. Jedenfalls erstand vor den Augen des Menschen die gigantische Versuchung, in diesen selbsttätig-wunderbar arbeitenden Mechanismus einzugreifen in dem Glauben, seine Zweckmäßigkeit erhöhen zu können. Der Mensch ist dieser Versuchung erlegen.

Es lag ja so nahe, auf die Idee zu verfallen, daß die planende Umsicht des Verstandes hier müsse verbessern können, nachdem erst einmal dieser »Automat« (der so undenkbar viel mehr noch ist) als übersehbar betrachtet und damit so unglaublich unterschätzt wurde. Die historischen Tatsachen jedenfalls besagen, daß der Mensch mehr und mehr dem Glauben verfiel, seine eingreifende Initiative sei geeignet und mächtig, den Automaten Natur zu entschleiern, und jedenfalls auch, ihn zu korrigieren. Der demütige Glaube an die ursprüngliche Logik des unerklärten Wunders eines Gottes oder einer Natur, die Hingabe an deren im Gebet gesuchte Gebote werden abgelöst durch den Verstand.

In der Geschichte bezeichnet man diese Epoche als die Zeit der »Aufklärung«. Die Konsequenz der »Aufklärung« ist der Rationalismus. Dieser Name bezeichnet als Oberbegriff die ganze Einstellung, deren Fundament die Überzeugung ist, daß der Verstand in dieser Welt schließlich alles vermag. Sie tönt uns heute von allen Seiten, aus allen Bereichen entgegen. Aus dem Munde des Philosophen als betont atheistischer Materialismus, aus dem Munde des Politikers als Staatssozialismus, aus dem des Ökonomen als zentrale Planwirtschaft, aus dem des Psychologen als Seelenhygiene, aus dem des Biologen als Hochzucht des Menschen. All das ist, so verschieden und voneinander getrennt es auch zu sein scheint, nur ein verschiedenes

Gewand für die Überzeugung, die zielbewußte Initiative des Verstandes sei die Instanz letzter Zweckmäßigkeit.

Wir beginnen zu ahnen, worauf es hinausläuft. Man übersah, grob unterschieden, grundsätzlich zweierlei. Einmal die praktische Unmöglichkeit der Konsequenz: Der Organismus »Menschheit« funktioniert ebenso wie der Einzelorganismus »Mensch« eben infolge seiner anonymen Automatie, dank der dieser innewohnenden Harmonie. Diese aber wird nun durch unser Eingreifen gestört. Man hat den Menschen in die Retorte gesetzt. Die natürlichen Bedingungen seines Seins, seiner gegebenen Umwelt werden durch den Eingriff des Verstandes bewußt und künstlich absichtlich geändert, mit dem Gedanken, bestimmte, unerwünschte Folgen zu erzielen. Damit ist aber die Harmonie dahin. Unerwartete Folgen stellen sich ein. Die Riesenarbeit, die ungeahnt und im Verborgenen vom Automaten der »natürlichen Entwicklung« geleistet wurde, fällt jetzt auf den Verstand. Einem Kind, das in eine Hochspannungszentrale geriet und dort nichtsahnend auf die Knöpfe drückt, wird eine im Grunde ähnliche Überraschung zuteil.

Zum anderen übersah man die grundsätzliche Unmöglichkeit: Man griff ein in etwas, das man gar nicht begriff. Im Wahn befangen, zu wissen, in Wahrheit mit dumpf ahnendem Gehirn greifen grobe Hände in das komplizierteste Geschehen, greift die Ratio in irrationale Zusammenhänge ein. Der Mensch »versichert« sich gegen Krankheiten und bringt Kranke hervor.

Es scheint jetzt, nachträglich, so klar, daß eben das »Risiko Krankheit«, die unversicherte Krankheit, der natürlichste Schutz gegen Krankheit ist. Wir hatten es übersehen. Immer neue Aspekte und Möglichkeiten tauchen auf. Wir treiben Komplexprophylaxe. Der Psychoanalytiker muß die Verantwortung für das eheliche Glück übernehmen, Lebensstandards für Bevölkerungsgruppen werden festgesetzt.

Während wir uns verblüffend gründlich durch ausgeklügelte Politiken den Frieden versichern, taumeln wir von einem Krieg in den anderen. Noch nie ist am Glück der Menschheit mit mehr bewußter Energie gearbeitet worden. Und eben deshalb ist des Entsetzens kein Ende. Wann wird Schrecken genug sein, daß endlich unser Eifer und unser Stolz der Erkenntnis der

Menschheit weichen? Die Sünde, die sich als unser Elend bezahlt macht, liegt in der völligen Verkennung der Wirklichkeit. Mit plumpem Ungestüm greifen wir in bewußter Unbekümmertheit in überrationale Mechanismen und Zusammenhänge ein, mit allzu grobem Werkzeug und ohne überschauen zu können, was wir eigentlich bewirken. Wir sollten nicht allzu verblüfft sein, wenn der »Automat« entgleist.

(1946)

Ein Meer von Schweigen

Das Euthanasieproblem

Das Problem der Euthanasie, der »Sterbehilfe«, ist so alt wie der ärztliche Beruf. Schon der »Eid des Hippokrates« nimmt zu ihm Stellung: »Ich werde nicht irgendeinem ein todbringendes Mittel geben, auch wenn er es verlangt, ich werde aber auch nicht andere beeinflussen, einen solchen Rat zu geben. Ebenso werde ich keiner Frau ein Abtreibungsmittel verabreichen.« Dies ist bis heute, zweieinhalb Jahrtausende lang, die Überzeugung der Ärzte geblieben mit den Ausnahmen, die die Regel bestätigen. – »Ich lehne den Standpunkt ab, daß der Arzt die bedingungslose Pflicht hat, Leben zu verlängern, ich bin überzeugt, daß sich, allen selbstsicheren Inhabern der Moral zum Trotz, die höhere Auffassung durchsetzen wird: es gibt Umstände, unter denen für den Arzt das Töten kein Verbrechen bedeutet.« Diese Worte stammen aus der Feder eines berühmten deutschen Psychiaters, der zusammen mit Rudolf G. Bindling am Anfang des Jahrhunderts, noch vor dem Ersten Weltkrieg, eine vielumstrittene Schrift verfaßte, in der die Argumente für eine Legalisierung der Tötung des Patienten durch den Arzt unter bestimmten Umständen gebracht und vertreten werden. In – man möchte fast sagen – regelmäßigen Abständen sieht sich das Verbot der Euthanasie solcher Kritik gegenüber, deren Hauptargument in mancherlei Verkleidung der Vorwurf der »Unmenschlichkeit« ist und die der Verständnislosigkeit gegenüber einem ärztlich-sittlichen Verbot entspringt, das in eben dem Maße willkürlich-autoritativ und als unvernünftig erscheint, in dem seine innere Begründung übersehen oder vergessen wird. Es handelt sich hier um eine typische Krise für alles sittliche Gesetz überhaupt. Die ihm innewohnende, es ursprünglich konstituierende Weisheit gerät allzuleicht während des täglichen Gebrauchs in Vergessenheit. Das Gesetz wird schnell zu einer Formel, zu einem fertigen Rezept für bestimmte Situationen. Eines Tages steht der Mensch mit der ihrer inneren Begründung durch Vergeßlichkeit und Oberflächlichkeit entleerten Regel da, die ihn Umwege machen heißt, deren Grund er nicht mehr einsieht. Es kommt der Augenblick, in dem die »Vernunft« revoltiert, man macht es zu einer Prestigefrage menschlicher Würde, sich über Gebote hinwegzusetzen, deren Sinn man nicht mehr versteht. Es ist das die sogenannte »Aufklärung«. Erst die Folgen der Gefährdung, die solches Außerachtlassen der Weisheit sittlicher Gebote unausweichlich, gesetzmäßig nach sich zieht, pflegen den Menschen dann darüber aufzuklären, daß die scheinbare Unvernunft des übertretenen Gesetzes durch die eigene mangelhafte Nachdenklichkeit vorgetäuscht wurde.

In der oben angedeuteten Lage befindet sich heute das Gebot, das dem Arzt die Tötung eines Patienten in jedem Fall untersagt und das im Paragraphen 216 des deutschen Strafgesetzbuches seinen Ausdruck als geltendes Recht gefunden hat. In den Augen vieler erscheint die ethische Grundlage eines Gesetzes fragwürdig, das dem Arzt verbietet, einen unheilbar kranken, dem Tode verfallenen Patienten, der möglicherweise unter furchtbaren Schmerzen leidet, durch eine Injektion zu einem raschen, schmerzlosen Tode vorzeitig zu verhelfen, auch dann, wenn der Leidende selbst darum bittet. (Sinngemäß gehört auch das Verbot der Tötung unheilbar Geisteskranker hierher, ebenso die jetzt vieldiskutierte Frage des Paragraphen 218 StGB, des Abtreibungsparagraphen. Es genügt aber die Untersuchung der angegebenen Situation, die gefundenen Argumente lassen sich leicht übertragen.) Die Verständnislosigkeit diesem Gebot gegenüber wurde in diesen Wochen wieder einmal besonders deutlich durch die Erregung, mit der öffentliche Meinung und Presse in Amerika den Fall eines Arztes aufgriffen, der eine unheilbar Kranke mit deren Einverständnis tötete, sich selbst dem Gericht stellte und gegen den jetzt verhandelt wird. Aus diesem Anlaß wird in Amerika heute in einflußreichen Kreisen darauf hin gearbeitet, durch eine Änderung des Gesetztextes die Euthanasie, die Tötung des Patienten durch den behandelnden Arzt, unter bestimmten Bedingungen zu legalisieren.

Hier revoltiert die Vernunft gegen ein Gebot, das sie nicht mehr versteht. Die Widerlegung der Berechtigung zu dieser Revolte kann nicht mit Argumenten erfolgen, die dem Bereich von Recht und Sittlichkeit entnommen sind. Die Auflehnung kommt ja eben von einer Seite, die das sittliche Verbot der Euthanasie als vernunftfremd empfindet. Für den Gläubigen ist die Frage mit der Antwort »Du sollst nicht töten« erledigt. Diese Antwort ist jedoch kein Argument von Überzeugungskraft gegen die rationale Auffassung, das Verbot der Euthanasie bedeute eine Grausamkeit, es widerspreche dem Grundsatz der Humanität. Die Tiefe zunehmender Verständnislosigkeit und das Mißtrauen, mit der die Vernunft auf die Aussagen der sittlichen Gebote blickt, sind ja entstanden durch das allmähliche Vergessen, daß all diese Gebote Ergebnisse darstellen von Auseinandersetzungen des Menschen mit den immer wiederkehrenden und gleichbleibenden sittlichen Problemen. Dieser kostbarste Erfahrungsschatz unserer ganzen bisherigen Geschichte erscheint dem Menschen heute, da er Entstehung und Wurzeln vergessen hat, im Licht seiner Vernunft fragwürdig, scheint ihm oft sogar seiner Vernunft zu widersprechen. Nicht mit den fertigen Lösungen können wir argumentieren, die ja eben als solche nicht mehr erkannt werden von denen, die sich heute gegenüber dem ethischen Gebot auf Vernunft berufen, sondern wir müssen versuchen, wenigstens annäherungsweise die Ursachen wieder sichtbar zu machen und in Erinnerung zu bringen, die dieses Gebot einst zu einem Gebot werden ließen.

In einem Roman »Schöne neue Welt« hat Aldous Huxley das karikierte Bild einer zukünftigen Welt entworfen, in der alles »vernünftig« geregelt ist, also auch das so unzweckmäßig-unerfreuliche Sterben: Durch Drogen der Unannehmlichkeiten enthoben und der Einsicht in die Art ihres Zustandes beraubt, werden die Patienten »bis zuletzt« durch Fernsehvorführungen so abgelenkt, daß sie in aller Gemütlichkeit sterben und tot sind, ehe sie es merken. Das ist, allerdings sehr zugespitzt, »totale Euthanasie«. Wem bei der Parodie Huxleys nicht der Angstschweiß ausbricht, der hat kein Gewissen mehr. Der Tod ist ein Teil menschlichen Wesens, und wer kann die Vermessenheit verantworten, einen anderen Menschen um den Tod zu betrügen! Es gehört zu den Schwächen des Menschen, die der Wesentlichkeit seiner Existenz am stärksten entgegenstehen, der Trieb, die Unausweichlichkeit des eigenen Todes zu ignorieren. Die Vogel-Strauß-Politik angesichts der eigenen Vergänglichkeit ist unbewußt eine der wirklichen Ursachen für die Leidenschaftlichkeit, mit der die Euthanasie von vielen vertreten wird. Es verbirgt sich hier die Tendenz, den Tod salonfähig zu machen, ihn irgendwie nicht mehr als Kreatur erleiden zu müssen, sondern ihn in die Hand zu bekommen. (Es ist von der gesetzlich eingeführten Euthanasie die Rede!) Dieser Teil der Stellungnahme wird oft (in gutem Glauben) als Mitleid mit dem Sterbenden deklariert. Diese Art Mitleid erinnert fatal an den Ausspruch eines absolutistischen Granden, der die Klagen einer Bettlerin mit den Worten abschnitt: »Werft die Frau hinaus, oder ihr Jammern bricht mir das Herz!« Es gehört sehr viel dazu, einem Sterbenden das echte Mitleid zuteil werden zu lassen, dessen er bedarf und das er von uns als Mitmensch verlangen kann. Dieses Mitleid erwächst auf dem Boden des Bewußtseins einer moralischen Inferiorität, da wir selbst ja gesund sind, und wird gemildert durch die Sicherheit, daß auch wir sterben werden. Es ist leichter, am Bett eines Sterbenden an Euthanasie zu denken und eine Injektion zu machen, als es zu ertragen, mitanzusehen und helfen zu müssen. Körperliche Leiden Sterbender sind kein Argument im allgemeinen, es gibt gottlob die Mittel, Schmerzen zu nehmen, und auch der verginge sich gegen seinen Beruf als Arzt und gegen die primitivsten Gesetze der Menschlichkeit, der von ihnen nicht ausreichend Gebrauch machte. Bei dem Satz »Ich habe es einfach nicht mehr mit ansehen können« liegt der Ton auf dem ersten Wort. Die eigentlichen Nöte, gegen die es keine Medikamente gibt, sind seelischer Natur. Wieder ist es in Wahrheit ein Ausweichen (und nicht Mitleid), hier abkürzen zu wollen, anstatt sich den Fragen und Ängsten des Sterbenden zu stellen. Es ist ihm nicht damit geholfen, wenn wir seine Fragen dadurch abschneiden, daß wir seinen Tod beschleunigen, wir sind lediglich den Frager los und entheben uns der Peinlichkeit, auf so vieles keine Antwort geben zu können, dem Zugeständnis, über so vieles nicht nachgedacht zu haben. Dieses falsche Mitleid, eigentlich das Mitleid mit uns selbst, ist es, das bei der Frage der Euthanasie unheilbar geistig Kranker, die ja selbst nicht leiden, ganz im Vordergrund steht. (Soweit es sich nicht um den ärztlich indiskutablen, primitiv verbrecherischen Gesichtspunkt handelt, »unnütze Esser« loszuwerden.) Es ist allerlei, durch das Dasein in dieser Form Kranker daran erinnert zu werden, daß der Homo sapiens auch so auftreten kann, daß das Variationen unseres eigenen Wesens sein sollen, denen wir daher Hilfsbereitschaft schuldig sind. Aber man rede hier nicht von Euthanasie.

Es sei hier betont, daß mit diesen zum Teil harten Worten der gute Wille des überwiegenden Teiles derer, die sich für die gesetzliche Einführung der Euthanasie einsetzen, nicht bezweifelt werden soll, wohl aber die Klarheit dessen, was ihnen als Ziel vorschwebt.

Eine weitere Auswirkung des Gesetzes wäre die notwendige Schamlosigkeit, aus dem Sterben (jedenfalls in den betreffenden Fällen) eine Res publica, eine amtliche Angelegenheit, zu machen: Antrag an einen Ärzteausschuß, juristische Prüfung, Befragung des Patienten vor amtlichen Zeugen – es ist nicht schwer und unerfreulich, sich das weiter auszumalen. Die Einzelheiten ließen sich sicher durch geschickte Inszenierung in concreto mildern. Es bleibt die Tatsache, daß das Sterben eines Menschen eine Verwaltungsangelegenheit werden kann.

So unglaublich es klingen mag, so sei doch festgestellt, daß diese Perspektive keineswegs nur abstoßend, sondern auf manche Gemüter beruhigend zu wirken vermag und daher ebenfalls in der Psychologie derer häufig zu finden ist, die sich unter der Flagge der Menschlichkeit für eine öffentlich sanktionierte Euthanasie verbinden. Es ist die Angst vor der Einsamkeit des Todes, die Neigung, das Ereignis selbst, das den Menschen seine Hilflosigkeit und damit seine wahrhafte Natur erleben läßt, in seiner Eindeutigkeit zu vertuschen. Man tritt die Verantwortung der Haltung dem eigenen und dem Tode anderer gegenüber deshalb nicht unbereitwillig an eine außerpersönliche Instanz ab, die auch in dieser Situation schon etwas »organisieren« wird.

Die bisherigen Argumente treffen noch nicht den Kern der Sache. Sie sind auch keineswegs die alleinigen, vielleicht nicht einmal die hauptsächlichen Gründe, derentwegen die Euthanasiefrage wieder einmal so lebhaft diskutiert wird. Jedoch spielen sie ihre Rolle, wenn auch im Hintergrund des Bewußtseins der Streitenden, so doch wirksam genug. Ganz sicher sind es aber die Gesichtspunkte, die bei einer solchen Diskussion zunächst zur Klarheit gebracht werden müssen und deren Erkenntnis die Voraussetzung ist für eine wirkliche und verantwortliche Entscheidung.

Die unserer Ansicht nach unwiderleglichen absoluten Gegenargumente gegen die gesetzlich vorgesehene Möglichkeit für einen Arzt, einen Patienten zu töten, sind ganz nüchterner, praktischer Natur und dürften auch den überzeugen, der die bisher angestellten Überlegungen seiner Einstellung nach als für sich selbst nicht verbindlich abzutun bereit wäre: Ein Euthanasiegesetz wäre ein tödlicher Schlag gegen die Grundlagen des Arzttums, gegen das Verhältnis zwischen Arzt und Patient.

Das ärztliche Tun ist eine Geheimwissenschaft, das heißt, der Patient weiß nicht im einzelnen, was der Arzt an ihm tut, er soll es auch nicht wissen, und er will es im allgemeinen auch nicht (höchstens hinterher). Das hat seine guten Gründe und wird nicht etwa mit einer bestimmten Absicht so herbeigeführt, daß der Arzt seinen Patienten im unklaren bezüglich der an ihm vorgenommenen Handlung läßt, sondern ergibt sich zwangsläufig aus der besonderen Situation. Natürlich wird der Kranke gefragt, ob er mit einer Operation einverstanden ist, selbstverständlich erfährt er, worauf sich die Behandlung ganz allgemein richtet. Aber das Ausmaß der Risiken, die vielleicht bestehen, die möglichen Komplikationen und unter Umständen auch eventuelle Unsicherheiten und Schwierigkeiten der Erkennung seiner Krankheit erfährt der Patient nicht. Ein anderes Verhalten wäre nicht nur grausam, sondern die Diskussion zum Beispiel von Komplikationsmöglichkeiten, die nachher gar nicht eintreten, würde eine Belastung seelischer Art bedeuten, die der Genesung nur abträglich sein kann, und hülfe dem Patienten, der nichts davon versteht, überhaupt nicht. Dieses Meer von Schweigen in der Beziehung zwischen Arzt und Patient wird

vom Patienten aus durch Vertrauen überbrückt, für den Arzt bedeutet es Einsamkeit in der Verantwortung und die ständige Ermunterung zur Anspannung seiner Kräfte. Der Patient kennt die Wege im einzelnen nicht, die der Arzt bei der Behandlung einschlagen wird, ist aber der Richtung aller dieser Wege völlig gewiß. Diese unerschütterliche Gewißheit über das vom Arzt verfolgte Ziel gibt dem Menschen, seit es Krankheit und seit es Ärzte gibt, die Möglichkeit, sich der für den Laien undurchsichtigen und oft unangenehmen Behandlung bereitwillig und vertrauensvoll zu unterziehen, die ihn von seiten des Arztes erwartet, sobald er ihn als Kranker aufsucht. Der Arzt andererseits fühlt sich in dieser einzigartigen menschlichen Beziehung dadurch gebunden, daß er sich als Treuhänder erkennt.
Die Grundlagen dieses besonderen menschlichen Verhältnisses, die die Voraussetzungen für die Möglichkeit einer ärztlichen Behandlung darstellen, würden nun durch einen Euthanasieparagraphen mit Sicherheit wenn nicht zerstört, so doch erheblich erschüttert. Nach logischen Gesichtspunkten brauchte das nicht der Fall zu sein, denn das in Aussicht genommene Gesetz sieht ja das Einverständnis des Patienten für die Euthanasie als Voraussetzung vor. Psychologisch ändert das nicht das geringste an der Tatsache, daß der Arzt sein Gesicht als Treuhänder der ihm blind anvertrauten Gesundheit verlieren würde. Die gesetzlich vorgesehene Möglichkeit, die es ihm erlaubte, bei der Entdeckung bestimmter Umstände von der Richtung seines Behandlungsweges abzugehen, die wir oben als die Grundlage des Vertrauensverhältnisses herausstellten, würde ein Arzttum entstehen lassen, das in der Öffentlichkeit mit vollem Recht nichts mehr mit der bisherigen Tradition gemein hat. Hinsichtlich der praktischen Konsequenzen denke man nur einmal an die tägliche, praktisch-ärztliche Erfahrung, daß Menschen in der berechtigten oder (meist) irrtümlichen Furcht, an einer lebensbedrohenden oder unheilbaren (Krebs!) Krankheit zu leiden, sich nicht zum Arzt zu gehen getrauen, weil ihnen die Sorge lieber ist als die Gewißheit des Gefürchteten. Durch diese psychologischen Zusammenhänge – die ebenfalls mit Logik nichts zu tun haben – wird nur allzuoft der Termin versäumt, in dem noch Hilfe zu bringen wäre, oder werden seelische Leiden er-

tragen, die durch eine einfache Untersuchung zu beseitigen wären. Die mögliche Konsequenz des Ganges zum Arzt, die sich durch einen Euthanasieparagraphen in der Vorstellung des Kranken einstellte, würde hier einfach verheerende Folgen haben.

Die Frage der Euthanasie unheilbar Kranker, die leiden, ist zweifellos ein Problem. Die Lösung dieses Problems durch ein Gesetz jedoch ein Unding. Es wurde oben schon gesagt, daß es gottlob in der Praxis sehr selten ist, daß man körperliche Leiden nicht durch Medikamente auf ein erträgliches Maß mildern kann. In diesen seltenen Situationen nun hat es auch ohne einen entsprechenden Paragraphen immer Ärzte gegeben, welche die ihnen anvertraute Verantwortung und Freiheit der Entscheidung dazu nahmen, ein Leiden zu beenden. Sie gibt es auch heute noch, wie der Fall des amerikanischen Arztes zeigt, von dem oben die Rede war. Hier aber haben diese Ärzte in vollem Bewußtsein gegen geltendes Recht gehandelt und sich dadurch selbst in Gefahr begeben. Das Bewußtsein dieser Gefahr ist, da wir alle Menschen sind, die einzige Gewähr für eine wirklich verantwortliche Entscheidung. Außerdem entspricht nur eine solche Tat, durch die der Arzt die Ruhe seines Gewissens dem Patienten zu opfern gezwungen ist, dem Verhältnis von Arzt und Patient und nicht der Vollzug einer Euthanasie, deren Berechtigung andere entschieden haben und für die der anonyme Gesetzgeber scheinbar die Verantwortung trägt. Scheinbar deswegen, weil ein wirklicher Arzt weiß, daß ein solches Gesetz ihn vor juristischen Konsequenzen schützen, ihm aber seine moralische Verantwortung nicht abnehmen könnte.

Die Behandlung des Euthanasieproblems ist eine Frage, die nur durch menschliche, persönliche Entscheidung auf dem Boden der Beziehung Arzt–Patient in den wenigen Fällen beantwortet werden kann, in denen sie sich tatsächlich erhebt. Wie wenig die mit dieser Frage zusammenhängenden Probleme in Wirklichkeit den Gesetzgeber angehen, erkennt man bei der Betrachtung der Diskussion um die Frage der Schwangerschaftsunterbrechung »aus sozialer Indikation«. Wer dieses Problem analog dem bisher Dargelegten durchdenkt, muß verstehen, daß dem Arzt eine gesetzliche, also in diesem Fall generelle Lösung innerlich gar nichts bedeutet. Der Arzt kann in einer solchen gesetzlichen Lösung tatsächlich nur den Ausdruck gerade vorherrschender Meinungen und Umstände erblicken, die ihn auch in ihrer Manifestation als Gesetz von persönlicher Entscheidung und Verantwortung nie entbinden können. Er sieht mit einer gewissen Verstimmung, daß man sich in dieser Frage von seiten der Öffentlichkeit nur deshalb gerade an ihn wendet, weil er »zufällig« im Besitz der Ausbildung ist, die ihm den Eingriff technisch ermöglichen würde.

Der Gesetzgeber würde mit der Regelung solcher Fragen eine Grenze überschreiten, hinter der, wenn auch in erheblicher Entfernung, so doch dann nicht mehr grundsätzlich getrennt, der »Arzt« sichtbar wird, der als medizinisch qualifizierter Funktionär zum ausführenden Spezialorgan außermedizinischer Tendenzen herabgewürdigt ist, zum Schrecken der »Patienten«. Vestigia terrent!

Die Beharrlichkeit, mit welcher der Kern der Ärzteschaft an den seit Jahrtausenden gleichen Geboten des Standes festhält, hat nichts mit der Exklusivität einer Kaste zu tun. Sie entspringt auch nicht der »Verlogenheit einer tief im Arzttum verwurzelten Humanität«. Sie entspringt der mit der Leidenschaft der Berufenen unter ihnen festgehaltenen Erkenntnis, daß diese fernab von Strömungen der Zeiten und zufälligen Umständen liegenden Gebote allein es ihnen gestatten, soweit das menschenmöglich ist, dem Menschen zu helfen, dem Menschen, der immer der gleiche ist.

(1950)

Die Planwirtschaft der Seele

Besprechung des Buches »Leben und Wirken von Sigmund Freud« von Ernest Jones

Wer sich vor Phrasen nicht fürchtet, mag getrost von einem Markstein sprechen: Ernest Jones, der letzte Überlebende – er starb erst 1958 – jenes Sechs-Männer-Komitees, das etwa von 1913 an als eine Art geistiger Leibwache über die Linientreue der Schüler Freuds, über die Reinheit der Lehre, wachte, legt eine Biographie seines Meisters vor. Von der dreibändigen englischen Originalausgabe ist jetzt zunächst der erste Band in deutscher Übersetzung erschienen.

Über das, was Freud träumte, sind wir durch die von ihm veröffentlichten Analysen weitaus besser informiert als über das, was er in wachem Zustand tat und dachte. Er vernichtete bereits mit 28 Jahren erstmals – das gleiche wiederholte sich später – alle seine persönlichen Notizen, Tagebücher und Unterlagen, als ihm die Möglichkeit aufging, daß die Besonderheit seines Lebens diese Unterlagen zu »Quellenmaterial« für spätere Biographen werden lassen könnte. So hätte auch die vorliegende Biographie die Billigung der Hauptperson nicht gefunden, die in so ungewöhnlichem Maße den Gedanken scheute, ihre private Sphäre vor den Augen der Mit- und Nachwelt ausgebreitet zu wissen.

Die Gründlichkeit, mit welcher sich Jones über diesen Wunsch seines Meisters, dessen Mitarbeiter und engster Freund er jahrzehntelang war, hinwegzusetzen gezwungen sieht, erklärt er mit dem Anspruch der Nachwelt auf genaue Information über einen Menschen, der mehr ist als ein gewöhnlicher Sterblicher. Niemand wagt zu widersprechen.

Warum aber kommt Jones nicht auf den Gedanken, der ihm als Psychoanalytiker so viel näher liegen müßte, daß nämlich die übergroße Scheu seines Helden vor der Öffentlichkeit gar nicht dessen eigentlichen Willen ausdrückte, sondern lediglich als neurotische Reaktion auf besondere Umstände seiner frühen

Kindheit zu interpretieren sei? Dies ist um so auffälliger, als sich psychoanalytische Terminologie und Interpretation dann in solchem Maße in den Vordergrund drängen, daß die ursprüngliche Intention einer objektiv informierenden Wiedergabe dessen, »was geschah«, darunter leidet.
Es liegt nahe, diesen ausgerechnet hier festzustellenden Rückfall des Verfassers in eine konservative Weise der Argumentation als Fehlhandlung im Sinne Freuds zu deuten, die als Hinweis auf einen trotz aller bewußten Rechtfertigung nicht vollständig überwundenen Schuldkomplex des Biographen sympathisch berührt.
Wie dem auch sei: Da ist sie nun, die Biographie mit dem Anspruch auf Authentizität, gegründet auf die Erfahrungen freundschaftlicher Verbindung und wissenschaftlicher Zusammenarbeit während eines halben Lebens, gestützt auf (»glücklicherweise gerettete«) Briefe an die Braut, Briefe an Angehörige, Auskünfte von Verwandten, Freunden, Mitarbeitern, gestützt gelegentlich auch auf die persönliche Ansicht des Autors über das, was Freud »wirklich« gemeint habe, wenn er etwas sagte, tat oder schrieb.
Auch wer der Psychoanalyse fernsteht – für den Adepten dürfte es sich um so etwas wie eine Bibel handeln –, wird das Buch nicht übersehen können, das die bislang gründlichste Kenntnis über den Mann vermittelt, der für lange Zeit darüber entschieden hat, wie wir uns zu sehen und zu verstehen haben. Daß es diese Quelle jetzt gibt, ist das Verdienst eines Autors, dessen Fleiß und Sorgfalt groß sind.
Am schönsten ist das Buch dort, wo Freud selbst zu Wort kommt. Die Schönheit seiner Sprache, ihr alle Möglichkeiten menschlicher, menschlichster Erfahrungen umfassendes Register, von der beschwingtesten Hoffnungsseligkeit bis zur Verzweiflung, von der leisen Ironie bis zum hemmungslosen Wutausbruch, machen das Buch zu einer Kostbarkeit. Leider sind diese Auszüge relativ spärlich. Sie werden zudem durch Erläuterungen von Jones unterbrochen, wie etwa der: daß ein Mann, der in vierjähriger Verlobungszeit solche Leidenschaften durchgemacht habe, wie kein zweiter dazu berechtigt sei, »zu anderen über Liebe zu sprechen«. Wer bereit ist, sich von sol-

chen Schlägen nicht abschrecken zu lassen, der kann in diesen Briefstellen dem Menschen Sigmund Freud begegnen, kann hier aus sicherer Entfernung etwas spüren von den seelischen Gewalten, mit denen fertig zu werden dem Genie aufgegeben ist.

Schwer erträglich ist der Hang des Verfassers, jedes biographische Detail psychoanalytisch zu servieren. Peinlich streift dieser Stil eines Psychoanalytikers, da er aus der Feder des Biographen fließt, mitunter die Grenzen des unfreiwillig Komischen. Nur ein Psychoanalytiker wird es dem Autor glauben, daß der erst zweijährige Freud den eigenen Vater wegen der erneuten Schwangerschaft der Mutter verdächtigt, daß er die Geburt des ersten Geschwisters mit Bitterkeit als den Anlaß erlebte, der ihn »von der Milch seiner Mutter trennte«. Wer das Buch als Ketzer liest, fühlt sich hier unausweichlich an das Standardmodell alter Heldenbiographien erinnert, deren Autoren Wert auf Feststellungen wie diese legen, daß schon der kleine Alexander der Große besonders gern mit Soldaten spielte.

Die Darstellung der eigentlichen Biographie und des wissenschaftlichen Werdeganges von den ersten physiologischen Anfängen, der kümmerlichen Zeit als Spitalarzt, der allmählichen Abkehr von Hirnanatomie und Neurologie zur Psychopathologie bis zu den ersten Ansätzen der eigenen Lehre, all das ist minutiös und anschaulich geschildert. Dabei geht die philologisch-historische Akribie, deren der Autor sich befleißigt, mitunter eine eigenartige Verbindung mit einer nur allzu verständlichen Heldenverehrung ein, was zu offensichtlichen Widersprüchen führen kann. So dürfte Jones wenig Glauben finden mit der überraschenden Versicherung, daß Freud, entgegen aller bisherigen Ansicht, in Wirklichkeit niemals einen seiner Schüler tyrannisiert oder anders als durch die bloße Macht seiner Persönlichkeit beherrscht habe, wenn er einige Kapitel später wahrheitsgemäß zu berichten weiß, daß eine wissenschaftliche Auseinandersetzung mit dem Lieblingsjünger C. G. Jung – vor der späteren Trennung – einen Ohnmachtsanfall bei Freud hervorrief.

Mit Sorgfalt, zum Teil hervorragend geschildert ist die Entstehung der Theorien, ihre mühevolle Erweiterung und Entwicklung bis zur imponierenden, erschütternden Gesamtschau. Die Übersetzung ist ausgezeichnet; einige Fehler finden sich in den Zitaten aus den frühen, neurologischen und hirnanatomischen Arbeiten.

Andererseits hat Jones offenbar wenig Gefühl dafür, daß die Geschichte Freuds auch die tragische Geschichte eines Mannes ist, der es für seine Pflicht hielt, das Tabu, das Schamgefühl vor der privaten Sexualität, vor der »Intimsphäre« des anderen, zu zerschlagen, obwohl er auf diesem, von ihm selbst gelegentlich als furchtbar bezeichneten Wege nicht nur vom Geschrei der Böotier, sondern auch vom eigenen Widerwillen getreulich begleitet wurde. Freud verstand sich als gehorsamen Diener der Wahrheit, der Vernunft, »der auf die Dauer nichts widerstehen kann«. Er war, als überzeugter Atheist, der Seelenforscher, der nie an die Unsterblichkeit der Seele geglaubt hat und der die Lösung eines psychologischen Problems im Ton der Erleichterung mit der Feststellung wiedergab, er habe nun – endlich! – den Eindruck, »das Ding sei jetzt wirklich eine Maschine«.

Diesem Ziel näher zu kommen, war ihm, wenn auch das eigene Gefühl sich oft sträubte, kein Opfer zu groß. Beiläufig erwähnt Jones die Tatsache, daß zwischen Karl Marx und der Familie von Freuds Frau persönliche Beziehungen bestanden. Daß beide Denker aber nicht zufällig in der gleichen Epoche lebten, dafür ist der Biograph blind.

Marxismus und Psychoanalyse, sie sind beide das Vermächtnis einer Zeit, welche auf den Gedanken kam, daß die seit je als schicksalhaft hingenommene Abhängigkeit des Menschen von außermenschlichen Gewalten nichts als die vermeidbare Folge von Unwissenheit über die »wirklichen Zusammenhänge« und daß grundsätzlich alles wißbar und zu berechnen sei. Dies ist doch die geschichtliche Rolle Freuds und seiner Lehre.

Der Marxismus verheißt das Paradies auf Erden in der Gewißheit, daß es die ökonomischen Bedingungen sind, welche den Gang der Menschheitsgeschichte bestimmen, deren Beherrschung den ewigen Frieden der Welt ebenso wie das ungetrübte Glück des einzelnen garantieren könnte.

Die meisten von uns sind solchem Optimismus gegenüber skeptisch geworden.

Warum sind sie es eigentlich so viel weniger, wenn die Psychoanalyse das gleiche verheißt, nämlich: die Befreiung von Kriegen als den Folgen globaler Neurosen und von der Trübung des Seelenfriedens etwa durch ein schlechtes Gewissen als Folge der »Religion« genannten Zwangsneurose (Freud)? Warum reagieren wir anders, wenn der planende Eingriff nicht in die Struktur der Wirtschaft, sondern in die der Seele erfolgt? Auch gegen eine Planwirtschaft im Bereich der Seele ließen sich Argumente vorbringen.

Jones, der Psychoanalytiker, meint, daß der schmerzliche Gesichtsausdruck Freuds sein Krebsleiden spiegelte. Denkbar wäre aber auch, daß Freud, im Gegensatz zu seinem Biographen, mit Schmerzen das Wagnis ahnte, das es bedeutet, für eine hypothetische Verheißung die unsterbliche Hälfte seiner Seele zu erschlagen.

(1960)

Eine neue Epoche in der Psychiatrie

Die erstaunliche Wirkung der Neuroleptika

Psychopharmaka, also chemische Substanzen, die in der Lage sind, psychische Wirkungen irgendwelcher Art hervorzurufen, sind so alt wie die Anfänge menschlicher Kultur. Das bekannteste Beispiel dürfte der Alkohol sein, eine chemische Substanz, die sich großer Beliebtheit und Verbreitung erfreut, weil sie Sorgen zu verscheuchen und Hemmungen zu beseitigen vermag. Zu nennen wären hier ferner bestimmte Rauschdrogen wie Opium, Meskalin, Haschisch und andere, deren Genuß ekstatische Stimmungszustände mit visionären Erlebnissen erzeugen kann, eine Eigenschaft, die ihnen in den Religionen archaischer Kulturen eine bedeutende Rolle zukommen ließ. Hierher gehören aber schließlich auch modernere, synthetische Medikamente wie die verbreiteten Schlafmittel oder die zahlreichen schmerzbetäubenden Arzneimittel, denn auch Schlaf oder Schmerz sind psychische Phänomene. Insofern bezeichnet also der Terminus »Psychopharmakon« zunächst einen altbekannten Tatbestand.
In den letzten Jahren ist es nun aber gelungen – eigentlich nur durch Zufall –, psychisch wirksame Medikamente zu entwikkeln, die nicht nur für die Dauer ihrer akuten Einwirkung seelische Veränderungen beim Gesunden hervorrufen, sondern die auch, wenn sie an Geisteskranke verabreicht werden, dazu führen, daß sich krankhafte seelische Veränderungen in Gestalt von wahnhaften Erlebnissen und Sinnestäuschungen zurückbilden, in günstigen Fällen sogar völlig verlieren. Man nennt diese spezielle Gruppe von Psychopharmaka die »antipsychotisch« wirksamen Substanzen , wobei die Psychiater das Adjektiv »antipsychotisch« in Gänsefüßchen zu setzen pflegen, um zu erkennen zu geben, daß wir bis heute nicht wissen, wie diese Wirkung zustande kommt und ob es sich wirklich – im medizinisch strengen Sinne – um eine heilende Wirkung auf die Psychose selbst handelt.

Genaugenommen ist es bisher immer noch nur eine einzige Gruppe von Psychopharmaka, die das leistet, und zwar sind es die sogenannten »Neuroleptika«. Chemisch ist diese Gruppe recht bunt zusammengesetzt. Es gehören zu ihr vor allem das Reserpin – ein natürlich vorkommender pflanzlicher Wirkstoff –, eine ganze Reihe von Phenotiazinderivaten, aber auch einige Butyrophenonabkömmlinge und andere synthetische Substanzen. Trotz aller chemischen Verschiedenheit gehört diese ganze Gruppe aber unter psychiatrischem Aspekt zusammen, weil alle diese Stoffe ein und dasselbe ebenso charakteristische wie neuartige psychische Wirkungsbild aufweisen und weil sich dieses psychische Wirkungsbild aus bis heute nicht völlig geklärten Gründen bei vielen bislang als unheilbar geltenden Geisteskrankheiten als therapeutisch wirksam erwiesen hat.

Die Neuroleptika stellen daher für die Psychiatrie den Beginn einer neuen Epoche dar. Auch der Psychiater ist heute in der Lage, einen Großteil seiner Patienten durch die Verwendung gewöhnlicher Tabletten zu behandeln und sogar zu heilen. Das hat nicht nur unter praktisch-ärztlichen Gesichtspunkten eine Bedeutung. Immerhin haben die gerade hinter uns liegenden zehn Jahre der medikamentösen Psychosentherapie bereits zu einem grundlegenden Wandel in der Atmosphäre der psychiatrischen Krankenanstalten in der ganzen Welt geführt. Aus den »Irrenhäusern« früherer Zeiten und den »Schlangengruben«, von denen die landläufige Meinung immer noch spricht, sind heute längst Kliniken und Krankenhäuser geworden, die sich von den entsprechenden Institutionen anderer medizinischer Disziplinen kaum noch unterscheiden. Wie groß die Bedeutung dieses Gestaltwandels allein im Hinblick auf die in dieser Sphäre so wichtigen psychologischen und sozialen Faktoren ist, bedarf keiner Erläuterung.

Aber nicht weniger wichtig ist ein ganz anderer Gesichtspunkt. Es ist bekannt, daß wir über die Ursache und Entstehung von Geisteskrankheiten bis heute noch kaum etwas wissen. Auch in dieser Hinsicht nun scheinen die Neuroleptika eine völlig neue, unerwartete Möglichkeit zu eröffnen: Denn wenn ich auf eine neue, in sich verschiedenartige Medikamentengruppe stoße, der ein einheitliches psychisches Wirkungsbild entspricht, und wenn ich dann weiter feststelle, daß dieses Wirkungsbild auf bisher unbeeinflußbare geistige Störungen heilend wirken kann, dann liegt der Gedanke nahe, aus einer wissenschaftlichen Analyse der genauen Wirkungsweise eines solchen Medikamentes auch etwas erfahren zu können über die Natur der Störungen, die es zu beseitigen im Stande ist.

Die Analyse des Wirkungsbildes der sogenannten Neuroleptika hat ergeben, daß sie eine für prinzipiell gehaltene Regel über die Beeinflussung der Hirntätigkeit durch chemische Substanzen außer Kraft zu setzen scheinen. Diese Regel, die nicht nur für das hier erörterte Problem, sondern in abgewandelter Form auch für sehr viele andere biologische Abläufe gilt, besagt, daß kompliziertere und entwicklungsgeschichtlich jüngere biologische Funktionen leichter störbar sind als relativ elementare, entwicklungsgeschichtlich alte Funktionen. In dieser abstrakten Form bleibt das natürlich vorerst unverständlich. Das Prinzip leuchtet aber unmittelbar ein, wenn wir es uns an einem bekannten medizinischen Beispiel anschaulich machen, nämlich am Beispiel der Narkose, der künstlichen Betäubung eines Menschen vor einem chirurgischen Eingriff.

Der Mediziner unterscheidet im Ablauf einer solchen Narkose verschiedene, wohlcharakterisierte Stadien, die in jedem Fall stereotyp zu beobachten sind. Zunächst schwindet das Bewußtsein des Patienten, er »schläft ein«. Sobald das geschehen ist, erfolgt etwas sehr Eigenartiges: Jetzt setzt nämlich eine starke Unruhe ein, der Patient strampelt mit den Beinen und schlägt um sich. Der Mediziner spricht hier vom sogenannten »Exzitationsstadium« der Narkose. Das regelmäßige Auftreten dieses Stadiums ist übrigens auch der Grund dafür, warum man vor einer Narkose in der Regel angeschnallt wird.

Wie ist dieses Exzitationsstadium nun zu erklären? Ganz einfach dadurch, daß entsprechend der zitierten Regel auch bei einer Narkose die Lähmung der einzelnen Abschnitte des menschlichen Gehirns nicht gleichzeitig und gleichmäßig eintritt, sondern *nacheinander*, und zwar eben in Abhängigkeit vom entwicklungsgeschichtlichen Alter der einzelnen Hirnteile und vom Grad der Kompliziertheit der psychischen Funktionen, die sie steuern.

Dementsprechend stellt bei der Narkotisierung des Patienten zuerst die Großhirnrinde ihre Funktion ein. Psychisch entspricht dem das Schwinden von Urteils- und Kritikfähigkeit, das Schwinden der Fähigkeit, die eigene Situation und ihre Zusammenhänge übersehen, über sich selbst reflektieren zu können. Das alles sind fraglos die kompliziertesten und entwicklungsgeschichtlich jüngsten Funktionen unserer psychischen Tätigkeit. In diesem Stadium übernehmen dann sofort ältere, elementarere Abschnitte des sogenannten Zwischen- und Mittelhirns das Regiment, sie springen automatisch für die ausgefallenen obersten Zentren ein. Und was tun sie? Sie registrieren ohne *Bewußtsein* des Patienten die Situation einer beginnenden Vergiftung – eine Narkose ist ja nichts anderes als eine ärztlich »gesteuerte« Vergiftung – und beantworten sie, von ihrem »beschränkten Standpunkt« aus in höchst zweckmäßiger Weise, mit einer massiven Abwehr- und Fluchtreaktion. Das ist das Exzitationsstadium.

Da man in diesem Stadium, obwohl auch die Schmerzempfindung bereits ausgelöscht ist, naturgemäß noch nicht operieren kann, vertieft der Anästhesist nun die Narkose noch weiter, bis auch die für diese instinktive Abwehr verantwortlichen tieferen Hirnteile von ihr betroffen werden. Jetzt endlich erschlafft die Muskulatur, der Patient liegt in »tiefer Narkose« ruhig schlafend da. Immer noch, auch in diesem Stadium, funktionieren aber ungestört die ältesten, tiefsten Teile des Hirnstammes, die für den Ablauf der elementarsten Funktionen eines jeden lebenden höheren Organismus verantwortlich sind: für Kreislauf, Stoffwechsel, Atmung und Herzschlag! Eine Selbstverständlichkeit, die viel zu selten bedacht wird: Man kann einen Menschen überhaupt nur deshalb narkotisieren, ohne ihn gleichzeitig umzubringen, weil die einzelnen Hirnzentren, je nach ihrer Kompliziertheit, für das Narkosemittel in sehr unterschiedlichem Maße empfindlich sind, weil, wie es die Regel besagt, kompliziertere und entwicklungsgeschichtlich jüngere biologische Funktionen leichter störbar sind als alte, elementare biologische Abläufe.

Nach dieser Regel richten sich nun in entsprechender Form auch alle bis vor kurzer Zeit bekannten Psychopharmaka. In ihrem Wirkungsbild drückt sich das in der Form aus, daß sie alle psychischen Funktionen beeinflussen, und zwar, mit nur kleinen zusätzlichen Varianten, eigentlich nur in zwei monoton immer wiederkehrenden Richtungen: dämpfend (der Mediziner sagt: sedierend) oder anregend beziehungsweise stimulierend. Ob Amphetamin, Koffein oder Kampfer – alle diese Stoffe stimulieren, und zwar *alle* psychischen Funktionen (wenn auch, wie wir soeben gelernt haben, in oft sehr unterschiedlichem Grad). Auf der anderen Seite stehen die zahlreichen Narkotika oder Sedativa, Schlafmittel, Meprobamat, auch alle die zahlreichen sogenannten Tranquilizer. Sie dämpfen alle psychischen Funktionen genau nach dem angeführten Modell der Narkose, wenn auch in sehr unterschiedlicher Intensität.
Die sensationelle Ausnahme – hier ist diese Vokabel wirklich einmal am Platz – sind die Neuroleptika. Für sie gilt diese Regel, ohne daß wir den Grund dafür bisher kennen, zum großen Erstaunen aller Experten nicht. Jetzt endlich können wir die ganze Bedeutung dieser unscheinbaren Feststellung erfassen: Die Neuroleptika sind das erste Beispiel für Substanzen, die einzelne psychische Funktionen isoliert beeinflussen, und zwar gerade ältere, fundamentalere Funktionen wie Antrieb und Gefühlsintensität, ohne höhere Leistungen wie Kritik, Orientierung oder Bewußtsein zu berühren.
Praktisch bedeutet das, daß man den Antrieb und die Gemüts- oder Gefühlserregbarkeit eines Menschen durch ein Neuroleptikum isoliert und gesteuert dämpfen kann, ohne seine Kritikfähigkeit oder seine »Wachheit« zu beeinträchtigen. Der Psychiater kann einen Patienten, der unter wahnhafter Angst steht, an bedrohlichen Halluzinationen leidet oder von pathologischem aggressivem Zorn erfüllt ist, durch ein Neuroleptikum in einen entspannten, gelösten Zustand versetzen, gelegentlich schon innerhalb weniger Stunden! Der Patient bleibt dabei wach, kritikfähig und kontaktbereit – das ist das entscheidende. Er ist dann, etwas vereinfacht ausgedrückt, in der Lage, sich gewissermaßen in der Verfassung sachlicher, distanzierter Nüchternheit im psychotherapeutischen Gespräch mit seinem

Arzt über seine krankhaften Vorstellungen kritisch zu unterhalten. Ob dies nun bereits für sich allein den eigentlichen therapeutischen Faktor der Neuroleptika bei geisteskranken Patienten darstellt, ist jedoch mehr als fraglich. Vieles spricht dafür, daß ein zweiter Gesichtspunkt zumindest die gleiche Aufmerksamkeit verdient. Körperlich, neurophysiologisch gesehen, wirken die Neuroleptika ja auf phylogenetisch relativ alte, für instinktartige Funktionen bedeutsame Hirnteile. Und dieser Tatsache entsprechend beschäftigt sich einer der interessantesten Zweige der Forschung auf diesem Gebiet heute mit der Frage, ob nicht bestimmte Geisteskrankheiten, die ja nur beim Menschen vorkommen, womöglich Ausdruck einer Desintegration, einer funktionellen »Entgleisung« der beim Menschen ohnehin biologisch relativ rückentwickelten angeborenen Instinktmuster sind.

(1963)

Der Sinn der Sterblichkeit

Über den Ursprung von Alterung und Tod

Warum sind eigentlich alle vielzelligen Lebewesen sterblich? Und warum müssen aus diesem Grunde alle Menschen, wir selbst also, altern und schließlich sterben? So zu fragen war bis vor nicht allzu langer Zeit den Philosophen und Theologen vorbehalten. Kaum ein anderes Indiz weist den Außenstehenden so eindrucksvoll auf die außerordentliche und umfassende Bedeutung der heutigen naturwissenschaftlichen Forschung hin wie die Tatsache, daß derartige Fragen heute in immer weiterem Umfang auch zum Gegenstand naturwissenschaftlicher, experimenteller Untersuchungen werden. Um gleich einem auf naturwissenschaftlicher Seite mitunter anzutreffendem Mißverständnis vorzubeugen, sei betont, daß diese Fragen ihr metaphysisches Moment und ihre philosophische Relevanz keineswegs dadurch verlieren, daß sie sich nun den modernen objektivierenden Untersuchungsmethoden als zugänglich erwiesen haben. Der Bereich der Philosophie schrumpft also nicht gewissermaßen in unseren Tagen in dem Sinne etwa, daß Philosophie auf eine vorläufige Weise der Betrachtung der Welt reduziert sei, die zu übertreffen und überflüssig zu machen sich naturwissenschaftliche Methoden anschicken. Andererseits ist jedoch die Zeit der großen metaphysischen Systeme vorbei, und alle Versuche, die Welt und den Menschen philosophisch zu deuten und zu verstehen, bleiben im bloß Formalen stecken, wenn sie die Ergebnisse der Naturwissenschaft nicht zur Kenntnis nehmen und berücksichtigen. Dieses bemerkenswerte Phänomen ist nicht viel älter als hundert Jahre.

Diese Fragen, die besonders die Molekularbiologen und die Zellgenetiker beschäftigen, haben zwei verschiedene Aspekte. Sie betreffen zunächst die Ursachen im engeren Sinne, also die biologischen Vorgänge, die sich an der Zelle abspielen mit der Folge des Alterns und des Todes der Zelle und schließlich des

Individuums, das aus derartigen Zellen besteht. Zweitens gilt die Frage aber auch dem biologischen Sinn dieser Prozesse und ihres unvermeidlichen Endergebnisses. Sie lautet in dieser zweiten Form: Warum gehört zu den Kennzeichen des Lebens auf der Erde auch das der zeitlichen Begrenzung, worin besteht die arterhaltende Bedeutung des Phänomens »Sterblichkeit«? Daß diese arterhaltende Bedeutung groß sein muß, ergibt sich für den Biologen allein aus dem Umstand, daß die Evolution auf unserem Globus nicht ein einziges Lebewesen hervorgebracht hat, das unsterblich wäre.

Welche biologischen Vorgänge bewirken, daß ein Organismus älter wird?

Das erste – schon ältere – Ergebnis der Forschung ist negativ und besagt, daß weder der Bauplan eines Organismus noch Besonderheiten seiner Physiologie in einem durchsichtigen Zusammenhang mit der ihm angeborenen Lebensdauer stehen. Es gibt sehr primitive Tiere, die dennoch ein hohes Alter erreichen (Seeanemonen etwa können fast hundert Jahre alt werden). Erstaunlicherweise hat auch die Stoffwechselgeschwindigkeit mit der Lebensdauer nichts zu tun: Manche Vögel (Adler, Geier und Papageien) erreichen ein ehrwürdiges Alter, obwohl man annehmen könnte, daß sich Organismen mit der bei ihnen gegebenen großen Stoffwechselgeschwindigkeit besonders rasch abnutzen.

Die vergleichende Untersuchung der Baupläne der Individuen verschiedener Arten mit unterschiedlicher Lebensdauer führt also ebensowenig weiter, wie Stoffwechselanalysen für die Bearbeitung der uns hier interessierenden Fragen erfolgversprechend sind. Aufschlüsse ergeben sich erst bei der Untersuchung der Vorgänge an und in der einzelnen Zelle.

Die erste Auskunft gibt uns das altbekannte Phänomen der »Unsterblichkeit« der Einzeller. Diese mikroskopischen, wie der Name sagt, aus einer einzigen Zelle bestehenden Lebewesen vermehren sich bekanntlich dadurch, daß sie sich in zwei praktisch gleiche Hälften teilen. Das ursprüngliche Individuum »verschwindet« natürlich bei diesem Vorgang, aber seine beiden Hälften leben als vollständige Individuen weiter, es bleibt also – definitorisches Kennzeichen des Todes – keine Leiche zurück. Das ist ein erstaunlicher Gedanke: Jedes Paramaecium (Pantoffeltierchen), das heute auf der Erde existiert, ist die überlebende Hälfte der überlebenden Hälfte einer überlebenden Hälfte usw. – die Reihe geht zurück zur Entstehung des ersten Pantoffeltierchens im frühen Kambrium vor einer Milliarde Jahren oder noch früher! Natürlich sterben auch die Paramaecien, ununterbrochen und in großen Mengen – aber nur durch »Unfälle«: Sie werden gefressen, oder sie vertrocknen in verdunstendem Wasser. »Gott sei Dank kann man sie umbringen«, sagte ein bekannter Biologe kürzlich bei einer wissenschaftlichen Diskussion über dies Problem, »sonst wäre die ganze Welt voll von Paramaecien!«

Sind die Pantoffeltierchen vielleicht deshalb unsterblich, *weil* sie sich fortwährend teilen? Für diese Annahme könnte man die Erfahrungen mit der zweiten großen Gruppe von Lebewesen auf unserer Erde anführen, den Pflanzen. Viele höhere Pflanzen, besonders unter den Bäumen, leben über außerordentlich lange Zeiträume, ohne die geringsten Alterungserscheinungen aufzuweisen. Und wenn man zum Beispiel das Reis einer 6000 Jahre alten *sequoia gigantea*, eines kalifornischen Mammutbaums, neu einpflanzt oder umpfropft, wächst dieser kleine Trieb mit ungebrochener Vitalität zu einem neuen Riesenbaum heran.

Wichtig ist in unserem Zusammenhang, daß alle diese Pflanzen sogenannte »Vegetationspunkte« aufweisen, von denen aus sie fortwährend wachsen. Die Vegetationspunkte bestehen aus Zellen, die sich fortlaufend teilen. Genaugenommen lassen sich diese – prinzipiell ebenfalls als unsterblich vorstellbaren – Pflanzen eher mit einer riesigen »Kolonie« von Einzellern vergleichen als mit einem tierischen »Individuum«.

Demgegenüber ist nun festzustellen, daß sich bei Mensch und Tier zwar manche Zellarten – vor allem die Zellen der Haut und des Blutes – auch bis zum Lebensende teilen und damit indirekt erneuern, daß ein großer Teil der übrigen Zellen bei ihnen aber nicht ausgewechselt werden kann und für die ganze Dauer des Lebens leistungsfähig bleiben muß. Dazu gehören vor allem die Zellen des Herzmuskels und die Nervenzellen. Unser Problem reduziert sich damit auf die Frage nach den Ursachen für die Alterung von Zellen, die sich nicht teilen.

Eine wesentliche Ursache für das Nachlassen der Vitalität einer derartigen Zelle ist darin zu erblicken, daß sich im Lauf ihres Lebens in ihrem Kern zunehmend Mutationen ansammeln. Durch »Pannen« bei der biochemischen Synthese, als Folge der Einwirkung der natürlichen – und neuerdings auch der künstlichen – Radioaktivität der Umgebung und aus anderen Gründen erfolgen ja von Zeit zu Zeit Veränderungen an den Chromosomen des Zellkerns, die nicht nur die erbliche Veranlagung der Zelle repräsentieren, sondern auch ihren Stoffwechsel zentral steuern. Zwar ist eine Zelle in erstaunlichem Grad befähigt, derartige Mutationen zu kompensieren, dennoch sammeln sich im Lauf der Zeit so viele Mutationen an, daß die Zelle früher oder später nicht mehr damit fertig werden kann. Ist nun dieser Prozeß die eigentliche Ursache des Alterns?
Es gibt eine Fülle von Versuchen, welche diese Annahme stützen. Der amerikanische Strahlenbiologe Baxter wies nach, daß Taufliegen – die bei den Genetikern ihrer raschen Generationsfolge wegen stets beliebte Drosophila – vorzeitig altern und sterben, wenn man sie mit einer hohen Röntgendosis bestrahlt. Curtis erzeugte auf die gleiche Weise eine vorzeitige Senilität bei Mäusen. Da derartige Strahlen die Entstehung von Mutationen begünstigen, schien die Frage mit diesen Experimenten entschieden. Dem bekannten Altersforscher Strehler gelang dann jedoch der Nachweis, daß eine niedrige Strahlendosis das Leben vieler Versuchstiere verlängert und daß bei bestimmten Tieren sogar eine nachgewiesene Steigerung der Mutationsrate ohne Einfluß auf die Vitalität bleibt. Die Ansammlung von Mutationen ist also sicherlich nicht der einzige und nicht der entscheidende Grund der Alterung.
Ein weiterer wichtiger Ansatzpunkt der Forschung auf diesem Gebiet ergibt sich im Zusammenhang mit dem Problem der Zellspezialisierung. Dieses fundamentale Problem der Biologie läßt sich etwa folgendermaßen skizzieren: Jede der Billionen Zellen eines höheren Lebewesens entsteht aus ein und derselben befruchteten Eizelle durch deren fortlaufende Teilung. Infolgedessen enthält jede einzelne Zelle des Körpers den vollständigen Satz der Erbanlagen des betreffenden Individuums. Wie ist es aber möglich, daß trotz dieser identischen Veranla-

gung aller Zellen dennoch bei der Entstehung des Organismus eine Vielfalt differenzierter Zellen mit unterschiedlichster Spezialisierung entsteht, daß zum Beispiel bestimmte Zellen zu Leberzellen werden, andere zu Haaren, wieder andere zu Muskel- oder Drüsenzellen usw.?

Elektronenmikroskopische Untersuchungen haben in den letzten Jahren ergeben, daß der Zell-Leib, das Protoplasma, nicht, wie man früher glaubte, eine ungegliederte Eiweißmasse ist, sondern daß schon die einzelne Zelle eine Fülle von zum Teil sehr komplizierten »Organellen«, eine Vielfalt der verschiedensten »Apparate« enthält – etwa Mitochondrien, endotheliales Retikulum, Lysosomen –, von denen einige offenbar die Zelldifferenzierung lenken. Darunter muß ein Mechanismus sein, welcher der Zelle gleichsam »sagt«, wie lange sie sich teilen soll und wann sie damit aufhören muß. Denken wir beispielsweise an die Haut, die ja wegen der Abnutzung der hornigen Oberfläche ständig nachwachsen und außerdem auch in der Lage sein muß, Verletzungen durch die Bildung von Narbengewebe wieder zu schließen. In der Haut gibt es demnach Zellen, die normalerweise ruhen, bei Verletzungen plötzlich anfangen, sich zu teilen, und die aufhören, sich weiter zu teilen, sobald der durch die Verletzung entstandene Hautdefekt wieder ausgefüllt ist, nicht früher und nicht später! Es muß also einen – bisher noch nicht entdeckten – Zellapparat geben, der in der Lage ist, die Fähigkeit der Zelle zur Teilung anzuregen oder zu stoppen.

Auch dieser bisher noch unbekannte Apparat läßt in seiner Leistungsfähigkeit im Lauf des Lebens offensichtlich nach – wie sich aus der zunehmenden Häufigkeit des Vorkommens von Hautkrebs in höherem Alter deutlich ergibt. Denn ein Hautkrebs ist ja nichts anderes als die Folge davon, daß einmal zur Teilung angeregte Hautzellen nicht mehr aufhören, sich zu teilen, so daß sie ein Gewächs entstehen lassen. Alterungsvorgänge bisher noch unbekannter Art spielen sich also auch im Zellplasma und seinen Organellen ab.

Zuletzt erwähnt sei noch das schon seit Jahrzehnten bekannte, sich im Zell-Leib langsam ansammelnde sogenannte Alterspigment, bei dem es sich aller Wahrscheinlichkeit nach um unver-

wertbare »Schlacken« der von der Zelle aufgenommenen Nahrungsstoffe handelt, an deren Überbleibseln, eben dem Pigment, die Zelle früher oder später einfach erstickt.
Es gibt, mit anderen Worten, nicht eine einzige, sondern zweifellos viele verschiedene Ursachen des Alterns und des natürlichen Todes. Nun bleibt noch die letzte der eingangs aufgeworfenen Fragen offen: Warum gibt es überhaupt Altern und Tod, warum enthält die Natur den Lebewesen die Unsterblichkeit vor, nach der das Individuum verlangt?
In der Natur ist das Interesse der Art dem Interesse des einzelnen Individuums übergeordnet. Eine Begrenzung der Lebensdauer des Einzelwesens ist für die Erhaltung der Art deshalb nützlich, weil erst auf diese Weise eine Generationenfolge möglich wird. Diese aber ist die Voraussetzung für ständig neue Kombinationen aller in einer bestimmten Art vorhandenen Erbanlagen, die in immer neuen Individuen der Umwelt zur Bewährung angeboten werden müssen, wenn sich die Art weiterentwickeln soll. Die Entwicklung der Art, also die Evolution des Lebens auf der Erde, setzt die Sterblichkeit der Einzelindividuen voraus. Daher kann man, wenn man die Zusammenhänge genauer betrachtet, nicht einmal sagen, das Prinzip der Sterblichkeit verstieße gegen das Interesse des einzelnen Lebewesens. Denn dieses Interesse gilt in erster Linie ja der eigenen Existenz. Ohne die fast unendliche Reihe eines ständigen Generationenwechsels aber, also ohne die Sterblichkeit der Individuen bis zurück ins Kambrium, hätte die Natur höhere Lebewesen überhaupt nicht hervorbringen können.

(1965)

Die Idee des Dr. Fuchs

Wie ein Arzneimittel entsteht

Im Sommer 1954 beobachtete der junge Assistenzarzt Dr. Fuchs in einem Berliner Krankenhaus innerhalb weniger Wochen mehrere unangenehme Zwischenfälle bei Patienten, die er unter der Aufsicht seines Chefs mit einem neuen Sulfonamid, dem Versuchspräparat einer großen Mannheimer Arzneimittelfirma, behandelt hatte. Ein Sulfonamid ist eine chemische Verbindung, die in der Lage ist, bestimmte bakterielle Krankheitserreger im Körper abzutöten. Für ihre Entdeckung hatte der in einem industriellen Forschungslaboratorium tätige deutsche Pharmakologe Gerhard Domagk 1939 den Nobelpreis erhalten. Seit dieser Zeit bemühten sich Wissenschaftler in aller Welt, die ursprünglich von Domagk gefundene Substanz in immer neuen Variationen abzuwandeln, um sie besser verträglich und stärker wirksam zu machen. Dabei war man auf eine ganze Reihe unerwünschter Nebenwirkungen gestoßen. Es zeigte sich, daß Sulfonamide dann, wenn sie ohne ausreichende Flüssigkeitsmengen eingenommen wurden, die unangenehme Neigung hatten, in den feinen Nierenkanälchen, durch die sie ausgeschieden werden sollten, auszukristallisieren, was zu schmerzhaften Nierenkoliken führte. Andere Sulfonamide dieser ersten Zeit erwiesen sich auf die Dauer als »neurotoxisch«, sie schädigten bei hoher Dosierung also die Nerven und bewirkten Neuritiden mit Gefühlstörungen und Kribbeln in Zehen und Fingerspitzen.

Alle diese »Kinderkrankheiten« des neuen chemotherapeutischen Prinzips, das innerhalb weniger Jahre Millionen Menschen auf der ganzen Welt das Leben gerettet hatte, waren 1954 aber längst überwunden. Und die Nebenwirkungen, die Dr. Fuchs in jenem Jahr an seinen Patienten beobachtete, waren für Sulfonamide in keiner Weise charakteristisch. Die Patienten klagten über Übelkeit, Zittern der Knie und Schweißausbrüche. Einige von ihnen gaben auf Befragen auch ein starkes Hungergefühl an. Dr. Fuchs brach die Behandlungsversuche natürlich sofort ab. Da er aber wissenschaftlich besonders interessiert war, begann er, das Versuchspräparat selbst einzunehmen in der Hoffnung, dabei der Natur der unerwarteten Nebenerscheinungen auf die Spur zu kommen. Wenige Tage später war das Rätsel gelöst: Es handelte sich um starke hypoglykämische Reaktionen, um nachhaltige Senkungen des Zuckergehaltes im Blut, die erfolgten, sobald man das Versuchspräparat in höherer Dosierung einnahm.

Dr. Fuchs schickte das Präparat daraufhin der Forschungsabteilung des Herstellers mit einer Schilderung seiner Beobachtungen zurück. Damit hätte die Begebenheit ihr Ende finden können. Es kommt vor, daß ein Versuchspräparat aus der klinischen Prüfung zurückgezogen werden muß, weil Nebenwirkungen auftreten, die seine Einnahme zu unangenehm machen und die auf die Dauer möglicherweise sogar bedenklich werden könnten. In diesem Fall legte der Berliner Arzt jedoch sich und den Wissenschaftlern der Herstellerfirma die Frage vor, warum man nicht den Versuch machen solle, diese eigenartige blutzuckersenkende Nebenwirkung des neuen Sulfonamids einmal als »Hauptwirkung« zu betrachten und zu probieren, ob sich dieser hypoglykämische Effekt nicht bei Zuckerkranken, also bei Patienten, deren Blutzuckergehalt krankhaft erhöht ist, therapeutisch nutzbar machen lasse. Dieser Einfall war die Geburtsstunde der Entdeckung eines neuen Behandlungsprinzips der Zuckerkrankheit.

In dieser Geschichte sind zwei für das Problem der Entwicklung neuer Arzneimittel bis heute außerordentlich bedeutsame Faktoren enthalten. Zum ersten die große Rolle des glücklichen Zufalls. Die Chemiker, die das Sulfonamid synthetisiert hatten, das man dann Dr. Fuchs in Berlin übergab, hatten ja versucht, eine antibakteriell wirksame Substanz herzustellen. Niemand hätte auf den Gedanken kommen können, daß die kleine Manipulation, die sie an dem Molekül vornahmen, um seine Wirkung zu verbessern, die Wirkungsrichtung des Präparats wesentlich verändern würde. Das ist aber erst die eine Seite. Eine ganze Reihe anderer Ärzte machte damals mit dem gleichen Versuchspräparat die gleichen Untersuchungen wie Dr. Fuchs.

Daß die Substanz Unverträglichkeitserscheinungen hervorrief, stellten sie natürlich bald ebenfalls fest. Aber damit war der Fall für sie erledigt. Ein glücklicher Zufall fügte es, daß der Berliner Arzt sich mit diesem Ergebnis nicht zufriedengab.
Die zweite wichtige Lehre dieser medizingeschichtlich bedeutsamen Episode besteht darin, daß sie die relative Natur des Begriffs »Nebenwirkung« anschaulich machen kann. Die Nebenwirkung eines Medikamentes ist eben nicht, wie der Laie meist glaubt, irgendeine Giftqualität, die in der einen Substanz drinsteckt und in einer anderen nicht. Daß grundsätzlich jede Substanz giftig sein kann und daß es allein von der Dosis abhängt, ob sie giftig wirkt oder nicht, hatte schon der große Paracelsus im Mittelalter erkannt. Umbringen kann ich einen Menschen auch mit Kochsalz oder einem beliebigen Vitamin, wenn ich die Dosis nur hoch genug ansetze.
Eine Nebenwirkung ist etwas ganz anderes. Bei ihr handelt es sich um eine Eigenschaft, eine »Teilkomponente des Wirkungsprofils«, wie der Pharmakologe sagt, die im Hinblick auf den klinischen Zustand, den ich mit dieser Substanz heilend beeinflussen will, unerwünscht oder zumindest unnötig ist. Eine solche Nebenwirkung ist also in sich selbst in keinem Fall gut oder schlecht. Ob sie positiv oder negativ zu beurteilen ist, hängt vielmehr ausschließlich davon ab, was ich mit ihr ärztlich erreichen will. Das gilt schon für die pharmakologischen Wirkstoffe des Alltags, die wir aus Gewohnheit gar nicht mehr als Medikamente anzusehen pflegen, obwohl sie es in Wirklichkeit sind. Wenn ich Kaffee trinke, um meine Müdigkeit zu bekämpfen, dann erscheint es mir als Nebenwirkung des Kaffees, wenn ich dabei außerdem Herzklopfen bekomme, denn dieser Kreislaufeffekt hat mit der in der geschilderten Situation für mich allein interessanten Weckwirkung des Kaffees nicht das geringste zu tun. Gerade diese Kreislaufwirkung aber wird natürlich in dem Augenblick zur »Hauptwirkung«, wenn ich den Kaffee etwa trinke, um eine Kreislaufschwäche nach längerer Bettlägerigkeit zu überwinden. Diese Relativität der Nebenwirkung, das Prinzip, daß keine Nebenwirkung an sich gut oder schlecht ist, sondern daß das immer nur im Hinblick auf das jeweilige Behandlungsziel gesagt werden kann, gilt in jedem Fall. Auch im Fall

des furchtbarsten Beispiels einer medikamentösen Nebenwirkung, das die Arzneimittelforschung erlebt hat. Die Tatsache, daß eine chemische Substanz spezifische Stadien der Reifung wachsenden Gewebes hemmen kann, ist an sich weder positiv noch negativ zu bewerten. Zu einer katastrophalen Nebenwirkung wird diese Fähigkeit aber natürlich dann, wenn sie sich an ungeborenen Kindern auswirkt, deren Mütter die Substanz lediglich zu dem Zweck eingenommen haben, um besser schlafen zu können. Aber selbst noch in dieser Eigenschaft des Contergans, mit dessen Namen sich für jeden Laien verständlicherweise nur die Erinnerung an eine furchtbare Katastrophe verknüpft, steckt für die Zukunft vielleicht die Möglichkeit einer segensreichen Wirkung. Dann nämlich, wenn es zum Beispiel gelingen sollte, eben diese spezifische Hemmwirkung auf rasch wachsendes Gewebes eines Tages etwa in der Krebstherapie einzusetzen. Entsprechende Untersuchungen werden in zahlreichen Laboratorien in aller Welt durchgeführt.
Aber so wichtig die Rolle des Zufalls auch ist, die Bedeutung der ärztlichen Beobachtung und Erfahrung im Rahmen der klinischen Prüfung und der Einfallsreichtum des Wissenschaftlers, der die klinischen Prüfungsprotokolle auswertet und der sich dabei über eventuell festgestellte Nebenwirkungen Gedanken macht, auf diesen Grundlagen allein arbeitet die moderne Arzneimittelforschung schon seit Jahrzehnten nicht mehr. Am Beginn jeder derartigen Entwicklung steht die Idee, die Überlegung, an welcher Stelle in dem Arsenal medikamentöser Behandlungsmöglichkeiten, die dem Arzt zur Verfügung stehen, eine Lücke festzustellen ist, ob neue Krankheitsformen bekannt geworden sind, die die Entwicklung neuer therapeutischer Prinzipien notwendig machen, oder ob versucht werden soll, durch eine Abwandlung, eine sogenannte Molekülvariation, ein schon bekanntes Medikament stärker wirksam oder besser verträglich zu machen. Hat sich der Forschungsstab für eine dieser Möglichkeiten entschieden, so beginnt eine planmäßige Arbeit in den chemischen Laboratorien, deren Aufgabe es ist, eine Substanz zu synthetisieren, welche die geforderten Eigenschaften haben soll.
Tatsächlich ist ein Chemiker heute in der Lage, eine Substanz

zu synthetisieren, die es in der Natur womöglich gar nicht gibt, und dennoch schon wenigstens ungefähr die Hauptwirkungsrichtungen vorherzusagen, die diese Substanz haben wird. Das Prinzip, nach dem das geschieht, ist vor allem deshalb außerordentlich interessant, weil es gleichzeitig etwas darüber verrät, auf welche Weise, durch welchen Mechanismus eine chemische Substanz überhaupt eine Wirkung auf die Körperfunktionen eines lebenden Organismus ausübt, was ihr dann, wenn diese Wirkung erwünscht ist, den Rang eines Medikamentes verleihen kann.

Dieses Prinzip besteht, vereinfacht ausgedrückt, darin, daß die Chemiker die pharmakologischen Wirkstoffe – oder besser: die Moleküle, aus denen diese Wirkstoffe bestehen – im Grunde wie kleine Schlüssel betrachten. Die dreidimensionale, also die räumliche Struktur oder »Konfiguration« eines Moleküls ist es nämlich, die über seine Wirkung entscheidet, die Frage, wie groß seine einzelnen Teile sind, wie sie räumlich zueinander stehen, welche von ihnen womöglich in welcher Ebene drehbar sind usw. Von dieser räumlichen Form eines Moleküls hängt es ab, ob es von der Darmschleimhaut aufgenommen und an das Blut weitergegeben wird, wenn man es schluckt, und an welcher Zellart im Körper es schließlich hängenbleibt, um seine Wirkung zu entfalten. Die pharmakologische Wirkung chemischer Substanzen ist nur damit zu erklären, daß die Wände der verschiedenen Zellen spezifisch geformte Einbuchtungen aufweisen – Rezeptoren nennt sie der Pharmakologe –, in die die passend geformten Moleküle hineinpassen wie ein Schlüssel in das zugehörige Schloß.

Ist die Substanz synthetisiert, so beginnt die Arbeit medizinischer Wissenschaftler, denen die Aufgabe zufällt zu ermitteln, ob der neue Wirkstoff die Eigenschaften auch tatsächlich hat, die er theoretisch haben soll. Zu diesem Zweck muß zunächst ein sogenanntes »pharmakologisches Modell« entwickelt werden, eine Versuchstieranordnung, welche das klinische Krankheitsbild möglichst genau kopiert, gegen das die Substanz angewendet werden soll. Gleichzeitig beginnt auch schon die Untersuchung der Verträglichkeit, als erstes die Feststellung der »therapeutischen Breite«. Das ist der Abstand zwischen der Dosis, bei welcher der neue Wirkstoff Gifteigenschaften zu zeigen beginnt, und der Dosis, die zur Erzielung der erwünschten Wirkung notwendig ist. Ist dieser Abstand groß genug, werden Versuche zur Feststellung der chronischen Verträglichkeit aufgenommen. Gruppen von Versuchstieren verschiedener Spezies (von der Maus bis zum Hund oder auch zum Affen) bekommen Monate, in manchen Fällen auch jahrelang hohe Dosen der Substanz ins Futter. Sie werden während dieser ganzen Zeit eingehend ärztlich überwacht und untersucht.

All das dauert im Durchschnitt mindestens zwei bis drei Jahre. Erst wenn alle Resultate dieser und noch vieler anderer Untersuchungen und Experimente vorliegen, kann der nächste entscheidende Schritt erfolgen, der Versuch am Menschen.

In der Regel erfolgt dieser Schritt in der Gestalt von Selbstversuchen der an der Entwicklung beteiligten Wissenschaftler. Das ist kein Heroismus, sondern dient lediglich zur Vervollständigung der Untersuchungsbefunde. Die vorangegangenen eingehenden tierexperimentellen Untersuchungen haben das Wirkungsbild zu diesem Zeitpunkt längst so weit abgeklärt, daß diese Selbstversuche gänzlich undramatisch verlaufen. Erst danach beginnen dann in einigen ausgewählten Kliniken, die auf dem betreffenden Gebiet über besondere Erfahrungen verfügen, die ersten vorsichtigen Stichversuche am Patienten. Schritt für Schritt wird die klinische Prüfung, die wiederum meist mehrere Jahre in Anspruch nimmt, immer weiter ausgedehnt, bis das Versuchspräparat dann, wenn es auch in dieser letzten Phase tatsächlich alle Erwartungen rechtfertigt, schließlich als neues Arzneimittel offiziell eingeführt werden kann.

Dies ist, in großen Zügen, der Weg, den eine pharmakologische Wirksubstanz zurückzulegen hat, um als neues Medikament eingesetzt werden zu können. Die Mühe und der Aufwand, die auf diesem Wege von den beteiligten Wissenschaftlern aufgebracht werden müssen, kann sich ein Laie kaum vorstellen. Aber vielleicht vermittelt es doch einen kleinen Eindruck davon, wenn man erfährt, daß von etwa 4000 neuen Wirkstoffen, die ein Chemiker synthetisiert, durchschnittlich nur ein einziger alle Untersuchungen und Kontrollen dieses langwierigen Entwicklungsganges übersteht und schließlich als neues Arzneimittel in der Öffentlichkeit erscheint.

(1967)

ÖKOLOGIE UND POLITIK

Noch einmal das Problem Ernst Jünger

Über das Manuskript »Der Friede«

Seit dem Ende des Krieges zirkuliert in Deutschland in weitem Kreise eine Schrift Ernst Jüngers mit dem Titel »Der Friede«. Sie ist im Handel nicht zu haben, da sie nie gedruckt wurde. Als Manuskript geht sie von Hand zu Hand und hat doch eine weitere Verbreitung gefunden als manches Buch, das in der gleichen Zeit erschien. Wie ist das Interesse an diesem Aufsatz zu erklären, dessen Verbreitung durch die größere Mühe seiner Vervielfältigung offenbar keinerlei Einbuße erleidet? Wir haben in Deutschland seit nunmehr zwei Jahren eine Gemeinde, die sich um einen Aufsatz kristallisiert hat, der offiziell nicht existiert. Dies Phänomen ist interessant genug, um ihm einmal eine nähere Untersuchung zu widmen.

Der erste Teil der Schrift heißt »Die Saat«. Jünger meint damit den vergangenen Krieg. Diese Überschrift stimmt mit Recht bedenklich. In einer meisterhaften Sprache mit einer Kraft der Bilder, die echt Jünger ist, wird hier eine Gesamtschau des Krieges von monumentaler Pracht entworfen. Gewaltige Geschwader, die brausend die Sonne verdunkeln, edle Arbeitsheere (!), Armeen, die sich zum Opfer bieten, sind die Themen einer gewaltigen Symphonie, deren titanisch-kosmischer Charakter in seiner Großartigkeit keiner weiteren Rechtfertigung bedarf. Das Detail, der einzelne und sein Leiden sowohl wie sein Handeln schrumpfen zum bloßen Zierat zusammen, der selbst keine Bedeutung hat und nicht gewertet werden kann. Bei allem Glanz der Formulierung, bei aller meisterlichen Kraft einzelner Bilder ist doch die Lektüre dieses Teils eine schwer erträgliche Zumutung. Hier wird das Grauen nicht etwa künstlerisch überwunden. Weit davon entfernt, sich ihm als Tatsache zu stellen, macht man hier den Versuch, es als Ornament des Monumentalen zu bagatellisieren. Jünger läßt das Entsetzen auf den hohen Stelzen des Pathos einherschreiten in dem Glauben, es verlöre in dem Maße an Schrecken, in dem es so an äußerlicher Würde gewönne. In uns, die wir zu diesem Entsetzen eine lebendige Beziehung haben, sträubt sich alles gegen eine solche Darstellung. Sie ist unehrlich. Ihre formale Großartigkeit verbirgt schamhaft oder auch geschickt den Umstand, daß sie den Weg des geringsten Widerstandes geht. Nicht ein einziges Mal nämlich in diesem ganzen ersten Teil spricht Jünger von menschlicher Verantwortung oder menschlicher Schuld. Das ist kein Zufall. Wenn man das Geschehen des Krieges als schicksalhaften Naturvorgang hinstellt, fällt der Mensch sogleich wieder in die Anonymität eines natürlichen Objektes, eines passiven Statisten auf der Bühne des Kosmos zurück. Dieser Ausweg ist ebenso bequem wie verlockend. Hier bietet sich ein Schlupfloch für jeden, dessen Gedächtnis mit seinem Gewissen in Konflikt zu geraten droht. Um der außerordentlichen Unbequemlichkeit derartiger Möglichkeiten sicher zu entgehen, braucht er nur auf seinen Charakter als sittlich selbstverantwortliche Persönlichkeit zu verzichten. Alsbald sieht er sich als namenloses Mosaiksteinchen, überpersönlichen Gesetzen passiv folgend, wohlig und geborgen in den alles umhüllenden Schoß der Natur zurückversetzt. Das Gewicht der Verantwortung ist ungeheuer, und die Erinnerung an das Geschehene lastet so schwer auf uns, daß es verständlich ist, wenn vor diesem Druck viele kapitulieren und lieber auf den Anspruch der Mündigkeit verzichten.

Das Interesse an dieser schwächsten Jüngerschen Schrift braucht nicht weiter begründet zu werden. Der psychologische Mechanismus, der hier angedeutet wurde, ist sicher den wenigsten bewußt. Was die meisten der Verteidiger dieser Schrift aus einem regelrechten Instinkt der Selbsterhaltung anzieht, ist die (unechte) Souveränität, mit der hier Leiden, Schuld und Verantwortung als unwesentliches Beiwerk des Eigentlichen, des monumental Kosmischen schlechthin, abgetan werden. Also gerade das, was die meisten der heute endlich nachdenklich gewordenen Deutschen so unausbleiblich vor den Kopf stößt. Und was es auch den Verlegern unmöglich macht, diesen Traktat zu veröffentlichen. Wir nehmen es als selbstverständlich an, daß hier der Grund für die Nichtveröffentlichung des Aufsatzes zu suchen ist. Man kann aber getrost behaupten, daß, selbst angenommen, eine Drucklegung käme in Frage, einfach keine wirksamere Verbreitungsweise denkbar ist als die vorliegende. Zu dem Anreiz als bequemer Ausweg für den Gewissensmüden gesellen sich so noch der Nimbus einer gewissen Illegalität oder auch der Glanz der Exklusivität, indem man auf den Gedanken verfallen könnte, eine Schrift in der Hand zu haben, die offenbar zu schade sei, um durch gewerbsmäßige Verbreitung profaniert zu werden. Dieser Kombination verdankt der Aufsatz seine aktuelle Bedeutung.

Der zweite Teil (als Hauptteil gedacht) erstaunt lediglich durch das verblüffend ungünstige Verhältnis von aufgewandter Sprachgewalt und tatsächlichem Inhalt. Er ist der typische Irrweg eines Sprachmagiers, der nicht nur glaubt, die Geschehnisse mit Worten und Symbolen einfangen, sondern auch sie gewissermaßen magisch beeinflussen zu können wähnt. Das Ergebnis ist ein Sturmlauf gegen den Nihilismus mit der trivialen Begründung, er sei schädlich. Dieses Argument gewinnt keineswegs an Bedeutung, wenn es sich in eine noch so schöne Sprache verkleidet. Der zweite Gedankengang dieses Teils ist die Feststellung eines weltweiten Gefühls der Brüderlichkeit und Gleichberechtigung aus der Gemeinsamkeit und Gleichmäßigkeit des Erlittenen heraus. Dieser Gedanke kann nur einem Menschen einfallen, der eben im Krieg eine schicksalhafte Naturkatastrophe sieht. Sobald man so anspruchsvoll ist, den Menschen als sittliche Persönlichkeit mit Verantwortung zu würdigen und zu belasten, wird die Jüngersche Behauptung zur Plattitüde im Dienste politischer Zweckmäßigkeit.

Wir halten diese Schrift für eine nicht unbedeutende Gefahr. Sie bietet eine verlockend einleuchtende Möglichkeit des Ausweichens. Die Unerbittlichkeit, mit der die historische Konsequenz und ihr Erleben, mit der unser Gewissen und die Fragwürdigkeit unseres Lebens uns heute zur Nachdenklichkeit zwingen wollen, wird durch ein derartiges Werk abgeschwächt. Das einzig Fruchtbare des großen Leidens unserer Tage ist die ständige Aufforderung zum Wesentlichen aus dem Zwang der Erinnerung und dem Stachel des Gewissens. Diese Nötigung ist die ganze Kostbarkeit unserer so erschütternd armen Existenz.

Die Spannung, in die wir als Folge unseres Tuns gegen unseren Willen hineingeraten sind, findet nun in solchen Gedankengängen wie denen Jüngers ein Loch, durch das sie zu einer seichten Pfütze abfließen kann. Es ist ein trostvolles und ermutigendes Zeichen, daß der Instinkt für die Erbärmlichkeit und Sinnwidrigkeit solchen Ausweichens heute in Deutschland lebendig ist. Immerhin ist ja dieser Aufsatz nirgends gedruckt worden. Er würde auch sicher von der weitaus überwiegenden Zahl der Leser entschieden abgelehnt werden. Aber anderseits hat er seine Gemeinde, und schlechte Beispiele verderben bekanntlich gute Sitten. Die Stellung dieses Kreises wird zudem noch (scheinbar) verstärkt durch die Autorität des Namens Ernst Jünger.

Es ist naheliegend, der besagten Gemeinde diesen Trumpf dadurch zu nehmen, daß man Jüngers Autorität bestreitet. Das ist denn auch mit teilweise erheblichem Stimmaufwand und mehr oder weniger Geschick versucht worden. Wenn man diesen Stimmen folgen wollte, so bliebe von Jünger tatsächlich nicht viel übrig. Aber das geht nun doch nicht. Diese Radikalität widerlegt sich selbst. Sie ist zu offenbar pragmatisch.

Die Anrufung Ernst Jüngers in einer so zweideutigen Angelegenheit entbehrt nicht einer gewissen Tragik für den Träger dieses Namens. Man ist aufgrund dieses Anrufs tatsächlich dabei, ihn lebendigen Leibes in jenes geistige Internierungslager zu stecken, in welchem nach vielvertretener Ansicht neben Nietzsche auch Hegel, für manche selbst Luther zugunsten der Aufrechterhaltung der Ordnung verschwinden müßten. Das ist der Versuch, die Demokratie mit diktatorischen Methoden einzuführen. Es ist paradox, das heißt, es führt zum Mißerfolg. Auch auf geistiger Ebene. Dadurch, daß man Jünger diffamiert, erreicht man – ganz abgesehen davon, daß man sich damit ins Unrecht setzt – gar nichts. Man macht ihn höchstens in den Augen seiner Anhänger zum Märtyrer.

Jünger ist ein großer Dichter. Daran ist nicht zu rütteln. Man kann seine Anschauung betrachten und annehmen oder ablehnen. Man kann auch Kunstkritik an ihr üben. Aber niemand hat einen begründeten Anspruch auf ein Urteil, ob Jüngers Schriften Daseinsberechtigung haben oder nicht. Solche Urteile werden nur durch die Geschichte gefällt. Das Problem des Wertverhältnisses zwischen der rein ästhetischen Auffassung, frei von jeglicher sittlichen Erwägung, und der sittlichen Praxis des Menschen mit ihrer notwendigen Schuldverstrickung (wie es etwa Herrmann Hesse im »Glasperlenspiel« entwickelt hat) ist von einer Lösung wohl stets gleich weit entfernt und viel zu diffizil, als daß es hier praktisch als gelöst betrachtet werden könnte. Denn das ist doch die stille Voraussetzung dessen, der sich im Besitz des Rechtes wähnt, Jünger schmähen zu dürfen.

Jünger hat die Freiheit als Künstler, seine Betrachtungsweise zu entwickeln und darzustellen ohne Rücksicht oder Übersicht auf sich ergebende Konsequenzen. Ob wir ihnen folgen, ob wir sie und wieweit wir sie akzeptieren oder etwa gar als Richtschnur annehmen, ist unsere eigene Angelegenheit. So wird aus der Kritik an Jünger unversehens eine Selbstkritik. Ist die Leidenschaft, mit der man heute gegen diesen Mann zu Felde zieht, nicht zum Teil wenigstens im eigenen schlechten Gewissen begründet? Haßt man in ihm nicht einfach den Exponenten einer Anschauung, deren Praxis uns tatsächlich an den Rand des Abgrundes brachte? Wir sahen uns ja als vollziehende Organe einer historisch-biologischen Evolution. Wir stellten folglich die kausale Logik und Konsequenz dieser Entwicklung über das individuelle Gewissen. Aber diese Anwendung einer Betrachtungsmöglichkeit auf die Praxis und erst recht ihre radikale Durchführung erfolgte aufgrund einer Entscheidung, mit der Jünger nichts zu tun hat. Es ist wohl kaum zu bezweifeln, daß Jünger selbst oft an die Praktizierbarkeit seiner Anschauung geglaubt hat. Wenn wir ihm deshalb schuld geben wollen, so versuchen wir nur, uns selbst zu entlasten. Denn wer zwang uns, diese Entscheidung zu unserer eigenen zu machen? Hier liegt wieder das gleiche Phänomen des Ausweichens vor, dem wir oben schon einmal begegneten. Dort handelte es sich um das Ausweichen vor persönlicher Verantwortung in die Anonymität überpersönlicher Gesetzmäßigkeit. Hier ist die Anklage ein Ausweichen vor der Erkenntnis, daß die Verantwortung bleibt, auch wenn wir behaupten, andere hätten für uns entschieden. Die Verantwortung besteht dann eben darin, daß wir uns entschieden haben, unser Vertrauen auf etwas zu setzen, was es nicht wert war, wie wir heute selbst anklagend feststellen.

Kehren wir zu dem zitierten Aufsatz zurück. Auch hier ist es so, daß die aktuelle Bedeutung des Werkes einer Quintessenz entspringt, die seine jetzigen Verfechter aus ihm gezogen haben und die Jünger nicht im Auge gehabt zu haben braucht. Wir müssen den verdrängten Komplex der Nachkriegsliteratur, den dieser Artikel darstellt, sich abreagieren lassen, wenn wir die Gefahr bannen wollen, die er für das wiedererwachende Verantwortungsgefühl bedeutet. Das heißt, wir müssen ihn sachlich öffentlich besprechen, wie wir es hier versuchen. Wir müssen ihn ans Tageslicht ziehen, um zu zeigen, wie er sich da ausmacht, ohne die Hilfsmittel des Nimbus seines Schattendaseins, von denen er nun schon so lange lebt. Vielleicht sollte man ihn, wenn es in absehbarer Zeit um ihn immer noch nicht still geworden sein sollte, veröffentlichen. Mit einem einleitenden Hinweis, der nicht schmäht, sondern aufklärt.

Ebensowenig, wie wir Jünger von vornherein in toto akzeptieren oder gar als Maxime unseres Handelns betrachten wollen, ebensowenig dürfen wir ihn aber auch in Bausch und Bogen verdammen. Unsere Aufgabe ist es vielmehr, seine Bedeutung zu erkennen und seine Autorität klar abzugrenzen.

Jüngers Größe besteht in seiner geradezu medialen Gabe, Zusammenhänge aufzuspüren und in Symbolen zu erfassen, die der moderne Mensch zu sehen längst verlernt hat. Er ist ein Magier des Wortes, ein Virtuose des sprachlichen Bildes. Seine Tagebücher, seine Sprachuntersuchungen und seine allegorischen Essays sind seine einmalige wirkliche Leistung. Diese Begabung ist von geradezu archaischer Kraft. Es steckt in seinen Bildern und Symbolen noch etwas von jener bannenden Gewalt der ersten Namengebung vor Urzeiten, die zum erstenmal in der Geschichte des Menschen das drohend Unbekannte der Umwelt seinem dämonischen Eigenleben entriß und es als Benanntes der Umwelt des Menschen gleichsam domestiziert einfügte.

Das Aufdecken von Beziehungen, das Beziehen scheinbar unvereinbarer Elemente aufeinander und über allem die stete

Ahnung eines vollständigen Zusammenhanges aller Elemente des Kosmos nach dem gleichen Gesetz, das ist Jünger. Es ist der dichterische Ausdruck einer Mathesis universalis. Es ist eine Welt der ästhetischen Harmonie. Sittliche Momente sind noch kaum angedeutet, über diese Welt herrscht das Symbol. Jüngers Gefühl für das symbolische Element in der Sprache ist unübertrefflich fein und heute eine Seltenheit, die wir zu schätzen wissen sollten. Überall, wo es sich um eine inhaltliche Analyse handelt, ist Jünger eine Autorität.
Absolut unzulässig dagegen wird er, wo er glaubt, mit Symbolen selbständig operieren zu können in der Art, daß das Ergebnis eine Vorwegnahme der tatsächlichen Entwicklung bedeute. Schwach ist er da, wo er glaubt, prophezeien zu können. Hier überschätzt er die Bedeutung des vom Sachverhalt abstrahierten Symbols. Er kann dieser Versuchung einer Algebra der bloßen Begriffe nicht immer widerstehen. Auch im »Frieden« wird besonders hervorgehoben, daß seine Niederschrift bereits in der Mitte des Krieges erfolgt sei, also auf diese Komponente ausdrücklicher Wert gelegt. Das ist bedauerlich. Dieses Verschwimmen der Grenze zwischen Symbol und Wirklichkeit gehört aber wesensmäßig zu der Welt, in der Jünger lebt. Auch der Medizinmann verbrennt die Puppe, die den Gegner des Stammes symbolisch repräsentiert, mit der Absicht, diesem damit wirklichen Schaden zuzufügen.
Jünger ist ein Spezialist der lebendigen Sprache, ein Deuter der Symbolik unserer Welt. Die Grenzen seiner Fähigkeit entsprechen der Grenze zwischen eschatologischer und sittlicher Betrachtungsweise. Diese Grenze haben wir zu beachten, wo wir für Jünger Autorität beanspruchen wollen.
Wer Jünger verbieten will, stellt unserem Volk ein erschütterndes Armutszeugnis aus. Er stellt sich nämlich auf den Standpunkt, der Deutsche habe ein so geringes kritisches Vermögen, daß er einer geistigen Vorzensur bedürfe. Wir müssen gerade den umgekehrten Weg gehen, wenn wir jemals ein gewisses Niveau erreichen wollen. Wir müssen uns darin üben, aus der Fülle des Gebotenen selbständig zu wählen. Nur so können wir mündig werden. Nur so kann aus affektiver Polemik ein sachliches Urteil werden. Und erst dann werden wir in der Lage sein,

zwischen dem uns wahrhaft Nützlichen und dem uns von irgendeiner Seite tendenziös Gebotenen zu unterscheiden.
Um unserer Selbstachtung und unserer Selbsterhaltung willen müssen wir Jünger gerecht werden.

(1948)

Europa und der Sozialismus

Ein Ausweg aus der Krise unseres Kontinents

Auf den folgenden Seiten wird der Versuch gemacht, die aktuelle Stellung Europas zum Sozialproblem geistesgeschichtlich zu analysieren, mit dem Ziel, erstens festzustellen, daß dies Problem eine unvermeidbare Aufgabe im Sinne geschichtlicher Notwendigkeit ist, und zweitens zu beweisen, daß ihre mögliche Lösung zwar in ihrer Gültigkeit und Anwendbarkeit fraglos die Grenzen der Nationalität überschreitet, jedoch innerhalb der höheren Einheit einer kulturellen Völkergemeinschaft, wie sie Europa darstellt, ein ganz spezifisches Gepräge erhalten muß. Diese charakteristische Besonderheit wäre als spezifisch europäischer Sozialismus in ihrer Eigenart die historisch notwendige Folge der durchaus eigenen Entwicklung dieses Kulturkreises, und ihre Beschränkung auf denselben wäre ein erneuter Hinweis auf dessen immer noch aktuelle geschichtliche Geschlossenheit im Sinne einer übernationalen, kontinentalen Zusammengehörigkeit gegenüber der gemeinsamen und für diese Gemeinschaft besonderen Aufgabe.

Das Problem, welches seit Generationen das Gefüge unserer kontinentalen Struktur unerbittlich und von Grund auf erschüttert, zeigt seine Ausmaße sowohl als auch seine speziellen Aufgaben und damit seine Lösungsmöglichkeiten erst, wenn es im geschichtlichen Zusammenhang gleichsam genetisch betrachtet wird. Es stellt somit – gerade für den Europäer – kein isoliertes Faktum dar, welches als etwas Zuständliches einer Lösung auf induktivem Wege zugänglich wäre, sondern eine geschichtliche Erscheinung, deren wirkungsmäßige Gesamtheit erst erfaßt ist, wenn man sie nicht für sich nimmt, sondern sie als vorläufigen Zustand in einer kontinuierlichen Kette historischer Veränderlichkeit gleichzeitig mit ihrer Vergangenheit beobachtet. Diese genetische und damit auch wirkungsmäßige geschichtliche Geschlossenheit wird noch offenbarer, wenn man bedenkt, daß manifeste politische Strömungen in ihrer sichtbaren Gestalt nicht selbständig lebendige Kräfte sind, sondern lediglich Symptome der geistigen und seelischen Grundhaltung. So fällt ihr erstes Auftreten nicht mit ihrer zeitlichen Entstehung zusammen, sondern zeigt lediglich das Stadium an, in dem die geistigen und seelischen Faktoren sich bereits soweit eingespielt haben, daß sie als Zeichen einer relativen Stabilität der Wurzeln der Evolution zwangsläufig einen spezifischen Einfluß auf die Gestalt der gesellschaftlichen Ordnung auszuüben beginnen.

Unter diesem Aspekt zeigt sich der Sozialismus als Konsequenz eines Evolutionsprozesses geistig-weltanschaulicher oder (im weitesten Sinne begriffen) religiöser Art, dessen korrespondierende Funktion oder dessen abhängiger Symptomkomplex eben die gesellschaftliche Struktur ist. Dieser geistige Prozeß ist seit langer Zeit bekannt und ergreift jetzt nach vielen anderen Bezirken auch diese Sphäre des menschlichen Lebens mit entwicklungsgeschichtlicher Notwendigkeit. Er drückt sich aus in der sich seit Jahrhunderten unaufhaltsam vollziehenden Abkehr des Menschen von einer unveränderlichen, gottgegebenen Weltordnung, deren Gerechtigkeit wegen ihrer himmlischen Herkunft indiskutabel ist, zu einer menschlichen, irdisch-vernünftigen Ordnung, deren Gerechtigkeit vom Verstand postuliert und eingesehen werden kann, jedoch naturgemäß mit aller durch die Beziehung auf eine derartige Instanz bedingten Labilität und Problematik behaftet ist.

Die Wendepunkte dieses kontinuierlich sich abspielenden seelischen Prozesses erscheinen in der Geschichte als Reformation und als französische Revolution. Wieder nicht in dem Sinne begriffen, als hätten etwa diese Ereignisse einen bestimmten Einfluß auf die ihnen folgenden Zeiträume ausüben können, sondern in der Weise verstanden, daß diese geschichtlichen Ereignisse bestimmte Stadien der Anschauungswandlung zeitlich markieren.

Die theoretische Weltanschauung des Mittelalters ist die göttliche Weltordnung. Die Struktur der natürlichen und staatlichen Form stellt gleichsam einen Kegel dar: Gott, als das höchste Allgemeine, bildet die Spitze, von der aus sich im Abstieg die

Gattungen zunehmender Besonderheit und Beschränkung stufenweise entfernen, bis an der Basis die weitest mögliche Entfernung von Gott erreicht ist, in der die Besonderheit elementaren Charakter trägt. In dieser Rangordnung ist jedem Wesen in der Natur von Gott sein Platz gegeben. Fürsten von Gottes Gnaden regieren über Untertanen, deren Stellung ebenso von demselben Gott gewollt ist. Der Begriff einer sozialen Gerechtigkeit findet in dieser transzendental gebundenen, göttlich fixierten Welt nicht einmal theoretisch Platz. Dagegen erhält dieselbe Welt ihre Dynamik gerade dadurch, daß eine metaphysische Gerechtigkeit besteht, indem die Wesen der Natur, von Stufe zu Stufe fortschreitend, angezogen von der Liebe Gottes, immer höhere Grade der Vollkommenheit erreichen, bis sie, nachdem alle Stufen durchwandert sind, in Gott ihre Ruhe finden. Die Teleologie des Systems besteht in der Vervollkommnung des Individuums in Richtung auf Gott mit dem Charakteristikum, daß die Möglichkeiten der Vervollkommnung in der Überwindung der Entfernung zu Gott bestehen, diese Entfernung jedoch durch eine Stufenordnung bewirkt ist, die außerhalb des Individuums liegt und deren Durchwanderung ebenfalls allein durch die überpersönliche, göttliche Kraft bewirkt wird. Die Analogie dieser Anschauung zu der durch sie bedingten staatlichen Morphologie, dem sozialen und staatlichen Feudalsystem, ist offenkundig. Unter Verzicht auf Intelligibilität der Berechtigung ist diesem System ein Höchstmaß an sozialer Sicherheit eigen, da sämtliche diesbezüglichen Probleme entfallen. Getragen wird das Gebäude durch den Glauben an den Sinn einer Rangordnung durch gottgewollte Unterschiede. Dieser Glaube ist die Rechtfertigung der Rangordnung des Mittelalters.

Dieser Glaube verliert nun langsam seine Festigkeit. Durch welche Anlässe oder Triebkräfte bewirkt, ist nicht einzusehen, es steht jedoch als historisches Ereignis fest, daß im Anfang des 16. Jahrhunderts diese Entwicklung bereits so weit fortgeschritten war, daß die um diese Zeit erfolgende Zerstörung der alten Rangordnung gegenüber Gott durch Martin Luther von damals lebenden Menschen als Befreiung empfunden wurde. Sobald mit dem Glauben die metaphysische Rechtfertigung des

Stufensystems zu schwinden beginnt, erhebt sich notwendig die Forderung nach einer intelligiblen Ordnung. Diese Umstellung der Weltanschauung zieht sich über fast drei Jahrhunderte hin. Sie beginnt damit, daß Luther die einzelnen Wesen in ihrer Beziehung zu Gott nebeneinanderstellt.

Das entscheidende Gewicht liegt auf der Tatsache, daß mit dem Verschwinden der äußerlichen Rangordnung die teleologischen Entwicklungsmöglichkeiten in das Individuum selbst verlegt werden. Damit schenkt diese Epoche dem Individuum für den Glauben die persönliche Freiheit, ein Geschenk, daß sich in der Zukunft zur größten ethischen Aufgabe entwickelt.

Mit der Reformation beginnt das Gebäude zu wanken, mit dem Glauben entschwindet die Seele der alten Ordnung, immer lauter erhebt sich in vielerlei Verkleidung der Ruf nach einer menschlichen Ordnung der Welt. Aus dem Schlagwort »Zurück zur Natur!« hört man die ehrliche Entrüstung gegenüber dem Anblick einer Welt, deren gesellschaftliches Gefüge damals bereits willkürlich und sinnlos erscheinen mußte. Und schließlich zieht in völliger Konsequenz der Entwicklung und mit symbolischer Klarheit die Vernunft auf die Altäre der Menschen.

Freiheit von allen Bindungen, die außerhalb der eigenen ethischen Persönlichkeit liegen, Gleichheit aller vor Gott und untereinander und Brüderlichkeit aus dem Gefühl der Verwandtschaft als Mensch, das sind die Ideale und Bedingungen der neuen Ordnung.

Wieder vergehen Generationen, bis die Ergebnisse der geistigen Revolution in symptomatischer Form als politisches Gedankengut ihren Einzug halten in das Denken der Massen. Und dann kommen die Forderungen, die die praktische Konsequenz der neuen Ordnung bilden. Der Aufbruch der Massen vollzieht sich. Die Ableitung der Rechtfertigung einer irdischen Ordnung durch die Möglichkeiten menschlicher Vernunft führt zur Grundlegung menschlich-vernünftiger Gerechtigkeit, das heißt also, um auf das Bild des Kegels für das Feudalsystem zurückzugreifen: All das, was sich an geistigen und materiellen Möglichkeiten an der Spitze des Kegels in Gottnähe konzentrierte, muß sich jetzt gleichmäßig über die gesamte menschli-

che Gesellschaft verteilen. Der Gleichberechtigung der individuellen Seele gegenüber Gott folgt jetzt die Forderung der prinzipiellen Nivellierung der weltlichen Möglichkeiten.
In diesem, dem gegenwärtigen Stadium der geistigen Evolution ergibt sich die soziale Forderung als ein Problem geschichtlicher Notwendigkeit, welches, als solches betrachtet, noch mehr ist als eine rein technische Frage der praktischen Möglichkeiten. Ganz abgesehen von dem Für und Wider der politischen und wirtschaftlichen Bedingungen ergibt sich aus dem Gesagten die Notwendigkeit – im Sinne einer Erfüllung der historischen Logik –, die gesellschaftliche und weltanschauliche Krise Europas im Sinne des Sozialismus zu lösen, und zwar unter Berücksichtigung nicht nur der materiellen Fragen, sondern auch mit dem Ziel, diesen Teil des Problems mit dem theoretischen und weltanschaulichen organisch zu durchdringen.
Dieser Arbeit galt unsere Untersuchung, die wir mit dem Ergebnis abschließen können, daß die vielfältige und physiologische Bindung des aktuellen kontinentalen Problems an dessen besondere geistesgeschichtliche Tradition beweisend für die eingangs aufgestellte Behauptung einer besonderen und eigenen Stellung Europas zum Sozialismus spricht. Das Individuum der europäischen Tradition steht in der Mitte als Angelpunkt des ganzen Problems. Es hat sich in Jahrhunderte währender Umstellung von einer von außen gegebenen Ordnung losgesagt, um sich eine eigene Welt zu bauen, deren Gesetzlichkeit es aus sich selbst schöpft. Ein europäischer Sozialismus wird in seiner Extensität ebenfalls durch die Eigengesetzlichkeit der äußerlich freien Persönlichkeit begrenzt sein.
Der Versuch, die Krise Europas etwa mit Methoden anzugehen, die vielleicht in analogen Situationen anderer Kultursphären einen bestimmten Erfolg gehabt haben, wäre ein Vergehen gegen den Takt einer physiologischen Entwicklung, welches zur Katastrophe führen müßte. Die Einzelpersönlichkeit unseres Kontinentes hat durch ihre Geschichte eine Prägung erfahren sowie innerhalb ihrer Kultur eine Bedeutung erworben, die sie scharf trennen sowohl von dem Individuum des transozeanischen Westens, welches ohne Reformation in ein und derselben geistigen Grundhaltung sogleich mit der Vernunft als alleiniger

Maxime hat anfangen müssen oder dürfen, als auch nicht minder von ihrer östlichen Analogie, die als Einzelwesen lediglich den unbewußt-beseelten Teil einer gleichsam pandemischen Raumseele verkörpert.
Die Besonderheit der europäischen Persönlichkeit ist die Berechtigung für einen eigenen europäischen Sozialismus, der den Konsequenzen der Entwicklung gerecht wird, indem er sowohl die materiellen Forderungen der Massen als auch den metaphysischen Anspruch der freien Persönlichkeit berücksichtigt.

(etwa 1950)

Und das am grünen Holze...

Analyse unseres politischen Bewußtseins anhand einer Nummer der »Zeit«

Eine Zeitung liest man im allgemeinen, um sich über aktuelle Fakten und Begebenheiten zu informieren. Man kann allerdings auch einmal den Versuch machen, gleichsam umgekehrt vorzugehen, indem man im Besitz bestimmter Fakten und Ansichten nach der Form fragt, in welcher sich diese Fakten in einer bestimmten Zeitung niedergeschlagen haben. Unergiebig muß dieser Versuch natürlich bei Produkten wie etwa dem »Reichsruf« oder der »Deutschen Soldatenzeitung« bleiben, deren bornierte Selbstgerechtigkeit so überwältigend ist, daß man schon vorher weiß, welche Mißgestalt Tatsachen und Begebenheiten angenommen haben müssen, ehe sie auf den Seiten dieser Erzeugnisse Platz finden können.

Nimmt man zu dem Experiment jedoch eine Zeitung, deren Bemühen um Objektivität außer Frage steht und deren Standpunkt zudem als repräsentativ gelten darf, so verspricht das Ergebnis, sehr interessant zu werden. Wenn man etwa einmal danach fragt, in welcher Weise sich unsere aktuelle politische Situation in der »Zeit«, und natürlich nicht im politischen Teil, sondern gerade in den Sparten Kultur, Literatur, Mode, Unterhaltung widerspiegelt, wird man hoffen dürfen, auf den Ausdruck unserer unreflektierten politischen Haltung, auf Typisches, mit anderen Worten: auf unsere politischen Vorurteile zu stoßen, auf jene unsichtbaren Souffleure, die unsere Überlegungen und Handlungen auch in der jetzigen Krise* unbemerkt, aber entscheidend mit beeinflussen.

Machen wir dieses Experiment mit der letzten Nummer der »Zeit«, der Nr. 38 vom 15. September. Geht man wirklich vorurteilslos an die Lektüre als an den Spiegel unserer unbewußten, aber nichtsdestoweniger typischen politischen Einstellun-

* Der Artikel wurde kurz nach Sperrung der Grenze zwischen Ost- und Westberlin am 13. August 1961 geschrieben; die Red.

gen heran, so muß man immer nachdenklicher werden, je weiter man liest.

Beginnen wir mit Harmlosem, wenngleich Bezeichnendem: Auf Seite 36 (»Modernes Leben«) stoßen wir auf die Großaufnahme eines Mannequins, das, angetan mit Brokat-Abendmantel, Seidenkappe und Tüllschleier, den Betrachter mit jenem Schafsausdruck anblickt, der in dieser Branche aus irgendwelchen Gründen als attraktiv gilt. Das Wesen dient der Illustration eines Aufsatzes über den »süßen Unsinn der Boutique«. Gut gemacht, stilvoll, und überhaupt: warum auch nicht! Aber jetzt die Bildunterschrift: »Es ist ein Vorteil unseres westlichen freien Lebens, daß wir im Warenüberfluß leben und daß (...).« Da ist es, prompt und mit der Unausweichlichkeit eines eingefahrenen Reflexes, von uns allen gedankenlos in dieser oder jener Form immer wieder verwandt, und doch das dümmste Argument von allen: das »Eisschrank-Argument«! Eine »Freiheit«, die sich durch die Anzahl von Fernsehantennen oder das durchschnittliche Hubraumvolumen von Automobilmotoren definiert, hat nicht mehr Zukunft als die »Freiheit innerhalb des Stacheldrahtes« uns gegenüber. Die sachliche Feststellung ist fraglos richtig. Aber sie ist kein politisches Argument. Ganz im Gegenteil würde sich vielmehr die Überlegenheit unserer Gesellschaftsordnung gerade daran erweisen können, daß sie unabhängig von wirtschaftlichen Faktoren wäre, daß sie beispielsweise eine wirtschaftliche Krisensituation wie die chronische Mitteldeutschlands ohne Schaden zu nehmen überdauern könnte (wer möchte dafür die Hand ins Feuer legen?).

Warum sind wir eigentlich von einer so grenzenlosen politischen Instinktlosigkeit? Wie ein Faustschlag wirken da, in diesem Zusammenhang, die beiden Sonette zum Thema »Wahl« auf Seite 14 (Feuilleton) der Nr. 38: »An diesem Tage, da die Fahnen wehen/derweil der Bürger wählt, geht die Gewalt/vom Volke aus – auf Nimmerwiedersehen.« Gescheit, witzig, bissig, ohne Frage. Aber warum nur strengt der Mann seinen Verstand so sehr an, um auf witzige Weise bissig zu sein? Hat er einen schwerwiegenden Anlaß, einen ehrlichen Zorn, dem er, mutig, wie er einmal ist, Luft zu machen gedenkt, ohne Rücksicht auf die Folgen? Oder will er gar – »nach Shakespeare, nach Petrarca und nach zwei Kriegen« – einfach nur ein wenig geistreich sein, nichts weiter? Warum nicht! Wir sind jedoch, bei unserer Lektüre »andersherum«, gezwungen, das etwas beklemmende Phänomen zu registrieren, daß auf diese Weise in der gleichen Zeitung auf Seite 36 ein Luxusweibchen als Prototyp unserer Lebensform vorgestellt und auf Seite 14 unser Wahlprinzip durch den Kakao gezogen werden in eben dem gleichen Augenblick, in dem andere Deutsche täglich ihr Leben aufs Spiel setzen auf der Suche nach der von uns verkündeten Freiheit. Daß das überhaupt möglich ist, ist natürlich ein Beleg für diese Freiheit. Aber belegt es nicht ebenso überzeugend unsere politische Instinktlosigkeit?

Hat das Recht wohl jemals in der Geschichte schlechtere Fürsprecher gehabt, als wir es sind? Warum nur, um alles in der Welt, halten wir von unserem eigenen Recht so wenig und bemühen uns dafür bis zur Selbstverleugnung darum, den Ansprüchen des Gegners gerecht zu werden? Beides scheint mir, hat die gleiche Wurzel: die Verständnislosigkeit gegenüber der Drohung, der wir uns gegenübersehen und deren Wesen wir noch immer, trotz vorgerückter Stunde, nicht erfaßt haben.

Diese Ahnungslosigkeit äußert sich, da sie sich ihrer selbst naturgemäß nicht bewußt sein kann, teils als schlichtes Mißverstehen dort, wo Verständnis eines Tages Vorbedingung des Überlebens sein wird, nicht selten aber auch in der Gestalt spöttischer Überheblichkeit. Für beide Formen finden sich in der Nr. 38 der »Zeit« typische Beispiele:

In dem Aufsatz »Ein echtes gesamtdeutsches Gespräch« (Seite 8) stellt ein kommunistischer Funktionär fest, für die gesellschaftliche Position der bürgerlichen Klasse gelte, daß sie sich in der ideologischen Defensive befinde. Woraufhin sich der westdeutsche Gesprächspartner »hilfesuchend« an die übrige Runde wendet und seinerseits feststellt, daß er davon »kein Wort verstehe«. Weiß Gott, er versteht kein Wort davon! Wir alle verstehen kein Wort davon! Aber was wir schleunigst lernen müssen, ist, daß das *unsere* Schuld, *unser* Versäumnis ist und, wie ich fürchte, möglicherweise auch noch unser *Verhängnis* werden kann: daß wir nämlich das, wovon auf der Seite 1 der gleichen Ausgabe über vier Spalten ausschließlich die Rede ist: unsere eigentümliche politische Ohnmacht, daß wir das schon auf Seite 8 nicht mehr erkennen *in dem Augenblick, in dem ein kommunistischer Funktionär – in seiner Ausdrucksweise – das gleiche sagt*!

Wir alle haben nämlich längst so etwas wie einen »antikommunistischen Reflex« entwickelt, und Reflexe laufen bekanntlich unter Umgehung der Großhirnrinde ab. Wir tadeln – mit Recht! – den Funktionär als einen Mann, der es aufgegeben hat zu denken. Aber was geben wir selbst für ein Beispiel? Innerhalb weiter Bereiche der politischen Auseinandersetzung bedarf es im Umgang mit uns längst keiner Argumente mehr. Es genügt der Hinweis darauf, daß eine Behauptung, eine Tendenz kommunistischen Ursprungs ist, und schon sehen wir den Wald vor Bäumen nicht mehr. Hierher gehört eine weitere Gruppe vermeintlich antikommunistischer, in Wirklichkeit ebenfalls verfehlter Argumentation, die man unter »spöttische Überheblichkeit« einordnen könnte. Auch für sie findet sich in der Nr. 38 der »Zeit« ein anschauliches Beispiel, das als sehr komisch gelten könnte, wenn nicht das Phänomen an sich so beschämend – und gefährlich! – wäre, nämlich die Glosse »Kapitalist Crusoe« auf Seite 14. Hier mokiert sich der Verfasser über die Forderung eines sowjetischen Literaturkritikers, daß die russische Jugend den »Robinson« von Defoe nicht lesen solle, weil der Held ein typischer Kapitalist sei.

Keiner von uns – seien wir ehrlich! –, der nicht sogleich mit dem Autor amüsiert (und überlegen) schmunzelt. Aber halt, Augenblick mal! Wie war das doch? Robinson hat doch nicht nur in typischer Kapitalistenart seinen Besitz ängstlich verschlossen und den »Freitag« zu seinem Sklaven gemacht! Er, der von Moral und naiver Selbstgerechtigkeit förmlich trieft, hat doch auch nach erfolgreichen Abwehrkämpfen gegen die Kannibalen mit peinlicher Sorgfalt jedesmal Rechnungen aufgemacht wie diese:

Angreifende Schwarze	23
davon getötet	7
verwundet	11
bleibt Rest	5

Und ist das – ich bitte um Vergebung! –, ist das nicht charakte-

ristisch für den Kapitalismus des 18. Jahrhunderts? Und ist es eigentlich wirklich und objektiv komisch, wenn jemand davon abrät, ein solches Erziehungswerk – der »Robinson« ist ein Abenteuerroman mit deutlicher pädagogischer Tendenz! – in die Hände von Kindern zu legen? Eine *treffende* Argumentation könnte hier dagegen von der Überraschung ausgehen, die es hervorrufen muß, auf Äußerungen eines solchen Zartgefühls gerade aus dem Lager des russischen Imperialismus zu stoßen.
Das eben ist das schlimmste an diesen antikommunistischen Reflexen, die sich bei uns entwickelten, ehe wir Zeit fanden, den russischen Kommunismus verstehen zu lernen: daß sie uns daran hindern, unsere gerechte Sache auch dem Gegner gegenüber *überzeugend* zu vertreten. Sie schlagen uns mit Blindheit für die Stellen, die beim Gegener *wirklich* schwach sind!
Das entscheidende Argument einem kommunistischen Funktionär gegenüber ist eben nicht der entrüstete Hinweis darauf, daß er ein kommunistischer Funktionär ist. Das einzig zutreffende und daher durchschlagende Argument ist vielmehr der Hinweis darauf, daß er in Wirklichkeit *kein* kommunistischer Funktionär ist, wie er glaubt, sondern Handlanger eines imperialistischen Systems, das sich mit kommunistischen Kernsätzen verbrämt hat. (Man muß das dem Mann natürlich beweisen können. Es geht!)
Kehren wir noch einmal zurück zur Nr. 38 der »Zeit«. In dem schon erwähnten »Gesamtdeutschen Gespräch« auf Seite 8 legt R. W. Leonhardt den Finger mitten auf die entscheidende Stelle, wo er feststellt, daß es ja gar nicht *nur* die Nieten oder die Gangster oder die Schwachköpfe sind, aus denen sich die Kader der Funktionäre im russischen Imperium rekrutieren. Wir reden uns mit einer unverzeihlichen Hartnäckigkeit immer ein, daß man kriminell oder schwachsinnig sein müsse, um Kommunist sein zu können. Und dann sind wir verständlicherweise fassungslos erstaunt über die bedrohliche Leistungsfähigkeit dieser Gemeinschaft vermeintlicher Schwachköpfe!
Es hilft nichts: Auch wenn alle unsere antikommunistischen Reflexe revoltieren, wir müssen, wenn wir uns wirksam wehren wollen, endlich begreifen, daß Kommunismus und russischer Imperialismus zweierlei sind. Daß der Kommunismus eine Phi-

losophie ist, eine humanitäre, optimistische, fortschrittsgläubige noch dazu, mit anderen Worten, eine höchst attraktive und, wie wir tagtäglich erleben, lebendige Ideologie. Wir berauben uns einfach der Glaubwürdigkeit, wenn wir versuchen, ihn zu »widerlegen«. Man *kann* Philosophie nicht widerlegen.

Wenn wir überhaupt eine Chance haben wollen, uns gegen das, was da auf uns zukommt, erfolgreich zu wehren, müssen wir endlich unterscheiden lernen. Im direkten Widerspruch zu ständig und gedankenlos aufgestellten Behauptungen geht es heute in Wirklichkeit gar nicht darum, ob der Kommunismus, also die philosophische Lehre des Marxismus-Leninismus, »recht« hat oder nicht! Es geht einzig und allein darum, ob es dem russischen Imperialismus gelingt, seine Ziele unter dem Deckmantel einer kommunistischen Phraseologie durchzusetzen. Er hat sich unter dieser Decke versteckt wie einst Hitler unter der schwarz-weiß-roten Tradition. Und der russische Imperialismus hat die marxistische Ideologie längst ebenso verraten wie Hitler damals die nationalistischen Ziele derer, die ihm zur Macht verhalfen. *Das* ist das entscheidende Gegenargument! Schon einmal sind wir fast zugrunde gegangen daran, daß wir da nicht unterscheiden konnten.

In dieser Unterscheidung zwischen Kommunismus und russischem Imperialismus liegt der Grund für jedes wirklich stichhaltige Argument dem Kommunisten gegenüber, der erst dadurch unser Feind wird, daß er sich für die Ziele dieses Imperialismus einspannen läßt. Wir können den russischen Führern gar keinen größeren Gefallen tun, als daß wir beides fortwährend verwechseln und ihre Ziele mit denen des unverfälschten Kommunismus identifizieren, mit dem sie ihre Funktionäre ideologisch an der Stange halten. Hier liegt Sprengstoff, der tödlich sein könnte für das russische Imperium, wenn wir nur darauf kämen, von ihm Gebrauch zu machen, anstatt uns in grundsätzlich endlose – und *politisch* vollkommen unwichtige! – Polemiken über die »Richtigkeit« des Marxismus oder dialektischen Materialismus verwickeln zu lassen.

Unser Versuch, eine Nummer der »Zeit« einmal »andersherum« zu lesen, hat sehr weit geführt. Der Versuch, nunmehr am Schluß das Ergebnis zusammenzufassen, scheint zu ergeben, daß bei dieser Art der Lektüre manche Fragen, die im politischen Teil der Zeitung gestellt wurden und offenblieben, auf den »unpolitischen« Seiten eine indirekte Antwort erhielten. Insbesondere bin ich nach diesem Experiment nicht mehr so fest davon überzeugt, daß wir so gänzlich schuldlos sind daran, wenn wir uns in drohendes Verhängnis immer ohnmächtiger zu verstricken scheinen.

(1961)

Nur noch Stehplätze frei

Über die »Bevölkerungsexplosion«

Der für den 13. Juni des Jahres 2116 vorausgesagte Weltuntergang findet, neuesten Berichten zufolge, nicht statt!
Hier ist nicht von einem Aprilscherz die Rede, sondern von den Untersuchungsergebnissen einer Reihe von Bevölkerungsstatistikern und Medizinsoziologen, die sich wissenschaftlich mit dem Anwachsen der Weltbevölkerung befassen. Ihre Befunde erschienen ihnen so alarmierend und die Indolenz, auf die sie mit ihren Verlautbarungen stießen, so besorgniserregend, daß einige von ihnen eine »publizistische Flucht nach vorn« antraten und den Versuch machten, die Öffentlichkeit durch provozierende Formulierungen in der Tagespresse aus ihrer Lethargie aufzuschrecken. Das liegt jetzt etwa zwei Jahre zurück. Damals kam das Wort von der »Bevölkerungsbombe« auf, deren Sprengkraft (nämlich die natürliche Zuwachsrate) die menschliche Zivilisation in absehbarer Zeit – in längstens zwei Jahrhunderten – mit größerer Gewißheit zerstören werde als alle technischen Vernichtungsmittel. Einer dieser Autoren veröffentlichte eine Rechnung, aus der hervorging, daß just am 13. Juni 2116 – an einem Freitag notabene, wie hätte es anders sein können! – die Zahl der Weltbevölkerung auf einen Wert angestiegen sein würde, der dem einzelnen auf dem Festland der Kontinente nur noch einen Stehplatz zur freien Verfügung überließe. Auf diesen Tag datierte er folglich den Weltuntergang, der weder durch eine kosmische noch durch die Katastrophe eines thermonuklearen Krieges herbeigeführt werden würde, sondern einfach dadurch, »daß wir uns gegenseitig physisch erdrücken«.
Immerhin erschien diese Rechnung nicht zuerst in der Tagespresse – die sie aber natürlich sofort übernahm –, sondern in der angesehenen wissenschaftlichen Zeitschrift »Science«. Der absichtlich sensationelle Stil sollte nicht darüber hinwegtäu-

schen, daß sie sich auf ein Problem bezog, das in der Tat alarmierend genug ist und das dennoch erstaunlich wenig Beachtung findet.

Genau betrachtet ist diese Bedrohung eine Folge des technisch oder wissenschaftlich manipulierten Eingreifens des Menschen in die Faktoren eines dynamischen biologischen Gleichgewichts. Die Gefahren, denen das einzelne Lebewesen unter natürlichen Bedingungen ausgesetzt ist, sind so zahlreich und übermächtig, daß die meisten Arten, die den sich über Jahrmillionen erstreckenden Evolutionsprozeß überlebten, mit einer Vermehrungsfähigkeit ausgestattet sind, die unglaublich hoch erscheint. Ein einziger Frosch kann bis zu 10000 Eier legen. Stände einer solchen Vermehrungsrate nicht eine fast ebenso große natürliche Sterberate gegenüber, so würden die meisten Tierspezies den gesamten Globus innerhalb weniger Generationen übervölkern. Beim Menschen erinnert an eine solche Vermehrungsrate nur noch die heute überflüssig hohe Zahl der Keimzellen, die sich für das einzelne Individuum auf mehrere hunderttausend beläuft.

Der natürliche Entwicklungsprozeß steuert immer auf ein Gleichgewicht zu. Als sich die natürliche Vernichtungsrate für den Menschen – und die höheren Tiere – in späteren Stadien der stammesgeschichtlichen Entwicklung drastisch reduzierte – als Folge der Entwicklung überlegener Formen der Anpassung und Verteidigung –, sank offensichtlich auch die potentielle Vermehrungsrate auf ihren heutigen Stand, mit dem Ergebnis, daß die tatsächliche Vermehrungsrate auch unter den veränderten Bedingungen weiterhin im großen und ganzen konstant blieb. Diese Vermehrungsrate, als Ergebnis des sich über geologische Zeiträume erstreckenden Entwicklungsprozesses in unserer biologischen Konstitution erblich fixiert, hat dabei einen konstanten Wert angenommen, der ausreicht, um den Bestand unseres Geschlechtes aufrechtzuerhalten gegenüber den Faktoren der natürlichen Vernichtungsrate, dargestellt durch die Grenzen des Nahrungsangebotes, tödliche Krankheiten und den Tod durch natürliche Gegner.

Das ganze Problem der Zahl beziehungsweise des Anstieges der Zahl der Weltbevölkerung liegt nun darin, daß der zivilisierte

Mensch es in den letzten Generationen gelernt hat, die seiner Art von der Natur auferlegte Vernichtungsrate drastisch zu senken, indem er die Ernährung einer ständig zunehmenden Zahl von Individuen ermöglichte und die großen Volksseuchen wie Pest, Cholera und andere Krankheiten ausrottete. Da diese Veränderung der Vernichtungsrate, die sich am sinnfälligsten in der Verlängerung der durchschnittlichen Lebenserwartung des heutigen Menschen ausdrückt, nun aber – an geologischen Zeiträumen gemessen – relativ plötzlich erfolgt ist und zudem nicht natürliche, sondern zivilisatorische Ursachen hat, bleibt die selbstregulatorische Anpassung der Vermehrungsrate aus, mit anderen Worten: Das natürliche Gleichgewicht ist außer Kraft gesetzt, und der stark gesenkten Todesrate steht nach wie vor eine unveränderte Geburtenzahl gegenüber.

Betrachten wir einmal einige Zahlen, die illustrieren, in welchem Ausmaß und in welch bestürzend kurzer Zeit das biologische Gleichgewicht gestört worden ist: Die prähistorische Geschichte des Homo sapiens begann vor etwa 100 000 Jahren. Fast diesen gesamten, unermeßlichen Zeitraum, und zwar nicht weniger als 98 000 Jahre, benötigte diese neue Spezies, um sich bis auf die relativ bescheidene Anzahl von insgesamt etwa 250 Millionen Individuen zu vermehren. So wenig Menschen gab es noch vor 2 000 Jahren, zur Zeit von Christi Geburt. Die erstaunliche Langsamkeit der Vermehrung in dieser ersten Phase führen die Ethnologen heute auf die zunächst katastrophalen Folgen der ersten Bildung größerer sozialer Gruppen unter primitiven Bedingungen zurück. Dadurch wurde der Verbreitung ansteckender Krankheiten, dem Auftreten von Hungersnöten und auch der Häufigkeit kriegerischer Auseinandersetzungen zunächst Vorschub geleistet. Aber schon in dieser allerersten Zeit zeigten sich entscheidende Eigenschaften, die verrieten, daß es sich hier um die Spezies handelte, die später die Erde erobern würde: eine Art, die, wenn auch vorerst noch äußerst dünn, so doch über die ganze Erde verbreitet war, die eine biologische Toleranz gegenüber einer bisher nie vorgekommenen Vielzahl der verschiedenartigsten Nahrungsstoffe besaß und die die Fähigkeit zur interindividuellen Zusammenarbeit hatte.

Immerhin ist bemerkenswert, daß die geringe, praktisch nahezu

stationäre Vermehrungsrate auch durch die erste Phase der Entwicklung intelligenter Verhaltensweisen – Werkzeugherstellung, Töpferei, Haustierhaltung in der neueren Steinzeit – nicht nennenswert beeinflußt worden zu sein scheint. Es war aber nur noch eine Frage der Zeit, bis dieses Wesen es lernen würde, in sozialer Gemeinschaft zusammenzuleben, ohne dafür den Tribut einer erhöhten Sterbequote entrichten zu müssen.
Im Vergleich zu den 100 000 Jahren, die bis zur Erreichung der Zahl von insgesamt 250 Millionen Menschen vergingen, erfolgte der Zuwachs der nächsten 250 Millionen bis zur Verdoppelung der ursprünglichen Zahl bereits in der erstaunlich kurzen Frist von nur eineinhalb Jahrtausenden. 500 Millionen Menschen gab es, so schätzt man heute, zur Zeit der Entdekkung Amerikas. Die Zeit bis zur abermaligen Verdoppelung – Zuwachs um wiederum 500 Millionen Menschen auf insgesamt eine Milliarde – betrug kaum mehr als 300 Jahre; die Zahl von einer Milliarde Menschen wurde etwa Mitte des vorigen Jahrhunderts erreicht. Und von dieser Zeit an stieg die Vermehrungsrate sprunghaft: Von 1940 bis heute ist die Zahl der Menschen von 2,5 Milliarden auf 3,2 Milliarden gewachsen. Das heißt, der Zuwachs in diesen 23 Jahren war größer als die Gesamtzahl der Menschen im Jahre 1800! Die Vermehrung um 500 Millionen Individuen erfolgt heute bereits in nur sechs bis sieben Jahren, die Frist bis zur Verdoppelung der Menschheit von rund 3 auf 6 Milliarden ist auf 35 Jahre zusammengeschrumpft, und bei Beibehaltung des bisherigen Entwicklungstempos läßt sich ausrechnen, daß sich die Bevölkerung der Erde in den kommenden hundert Jahren versechsfachen müßte!
Diese Daten sprechen eine deutliche Sprache und zeigen, daß die anfangs zitierten Formulierungen der Bevölkerungsstatistiker ungeachtet ihrer provozierenden Aufmachung im Grunde weder sensationell noch gar eine hysterische Übertreibung sind. Es bedarf keiner näheren Begründung, daß eine Versechsfachung der Erdbevölkerung innerhalb der lächerlich kurzen Frist von hundert Jahren zu einer weltweiten Katastrophe führen müßte. Der »Weltuntergang«, oder doch wenigstens eine weltweite Krise von einem Ausmaß, die eine solche Bezeichnung verdiente, würde gewiß nicht bis zu jenem Termin auf

sich warten lassen, für den die nüchterne Rechnung ergibt, daß dann auf der Erde buchstäblich nur noch Stehplätze frei sind. In der nüchternen Sprache der Wissenschaft, mit den Worten des amerikanischen Wissenschaftlers Kingsley Davis gesagt: »Die Wachstumsrate der Erdbevölkerung hat heute einen Wert erreicht, der die Beibehaltung des augenblicklichen Entwicklungstempos für mehr als einen geologischen Augenblick unmöglich macht.«

Bisher wurde noch nicht erwähnt, daß ein Faktor der natürlichen Vernichtungsrate auch in der zivilisierten Menschheit unangetastet geblieben ist; er ist in der letzten Generation sogar in ähnlichem Tempo sprunghaft gestiegen wie die Vermehrungsrate, und zwar die durch kriegerische Auseinandersetzungen bedingte potentielle Vernichtungsquote. Dieses Faktum mag durchaus Indiz einer durch uns unbekannte Zusammenhänge herbeigeführten selbstregulatorischen Ausgleichsfunktion sein. Daß wir eine derart katastrophale »Beseitigung« des Problems nicht als eine Form seiner Lösung zu akzeptieren wünschen, sollte uns nicht darüber hinwegtäuschen, daß sie einen der wahrscheinlichen Ausgänge der Entwicklung bilden dürfte für den Fall, daß andere Lösungen ausbleiben sollten.

Die offenbar einzige Methode, die uns zur Verfügung steht und die daher heute auch weltweit diskutiert wird, besteht in der »humanen Reduzierung« der Vermehrungsquote, mit anderen Worten in einer Politik der Geburtenkontrolle. Ihr stehen nun aber praktisch fast unüberwindliche Schwierigkeiten entgegen. Es wird zum Beispiel immer nationale Gruppen geben, die in einer konsequenten Nichtbeachtung einer etwa durch die UNO koordinierten restriktiven Bevölkerungspolitik ein wirksames Mittel zur Verfolgung nationalegoistischer Interessen erblicken. Also hätten wir nur die »Wahl« zwischen einer weltweiten, praktisch undurchführbaren Bevölkerungspolitik und der »Lösung« des Problems durch eine kriegerische Katastrophe? Kingsley Davis, als mehrjähriges Mitglied der UN-Bevölkerungskommission ein genauer Kenner des Problems, berichtet in seinem zitierten Aufsatz im »Scientific American« über Beobachtungen, die einen Ausweg aus diesem Dilemma anzudeuten scheinen.

Er bringt zwei Weltkarten, auf denen ein erstaunliches Phänomen sichtbar wird. Auf der ersten Karte sind die verschiedenen Grade der Bevölkerungsdichte für die einzelnen Länder durch unterschiedliche Farbtöne von weiß über rosa bis dunkelrot graphisch dargestellt, auf der zweiten in der gleichen Weise die Prozentzahlen des jährlichen Bevölkerungszuwachses. Der Vergleich beider Karten ergibt nun, daß sich die eine zur anderen fast exakt so verhält wie ein photographisches Negativ zum fertigen Abzug: Die hohen Zuwachszahlen liegen in den Gebieten mit der geringsten Bevölkerungsdichte und umgekehrt. Hier wird also mit einem Male ein bremsender Faktor sichtbar, der auf irgendeine Weise mit dem Ausmaß der bereits erreichten Bevölkerungsdichte zusammenzuhängen scheint. Welcher Natur ist dieser Faktor?

Die naheliegende Annahme, daß er einfach durch die Armut, durch die zunehmende Verelendung übervölkerter Gebiete gebildet wird, ist falsch, denn es sind ganz im Gegenteil sogar die Gebiete mit dem höchsten Lebensstandard, die sowohl die größte Bevölkerungsdichte als auch die geringste Zuwachsrate aufweisen. Die soziologische Analyse hat vielmehr ergeben, daß es sich um einen psychologischen Faktor handelt, der selbstregulatorisch wirksam wird: Hoher Lebensstandard ist gleichbedeutend mit zunehmender Kompliziertheit und Vielfalt der soziologischen Strukturen und Möglichkeiten, damit aber auch mit zunehmenden Anforderungen an die individuelle Ausbildung und Unabhängigkeit und folglich mit einem »automatischen« Ansteigen des Heiratsalters sowie einer »freiwilligen« Tendenz zur Einschränkung der Familiengröße.

Auch in der zivilisierten Gesellschaft also treten im Verlauf ihres vorerst noch krisenhaften Wachstums bereits selbstregulatorische Mechanismen in Erscheinung, von denen für die Zukunft die Herstellung eines neuen Gleichgewichtes zu erhoffen ist. Eine Klippe bilden hierbei nur die »Entwicklungsländer«. Denn auch bei ihnen ist die durchschnittliche Lebenserwartung durch die Hilfestellung der modernen Medizin bereits auf »westliche« Maßstäbe angestiegen, ohne daß sich bei ihnen aber bisher die ausgleichende Wirkung durch einen entsprechend hohen Lebensstandard geltend machen konnte. Hier durch

»Entwicklungshilfe« auch diese Seite des Prozesses in Gang zu bringen ist also nicht nur eine Frage moralischer Verpflichtung, sondern nicht weniger dringend auch eine Forderung der Vernunft.

(1963)

»Global 2000« und die Politik

Eine Wahlkampfrede

Ich möchte Sie bitten, sich einmal folgende Situation anschaulich auszumalen und sich ein Urteil über sie zu bilden: Ein Mann geht zum Arzt, weil er seit einiger Zeit an Beschwerden leidet, die ihm Sorgen machen, und bittet um eine Diagnose. Der Arzt untersucht ihn gründlich von Kopf bis Fuß, macht ein ernstes Gesicht und sagt etwa folgendes: »Mein Lieber, ich habe eine schlechte Nachricht für Sie. Es steht ernst, das muß ich Ihnen ganz offen sagen. Sie haben eine Chance, noch einmal davonzukommen, wenn Sie sich sobald wie möglich operieren lassen. Am besten gleich morgen. Andernfalls kann ich für nichts garantieren.«

Und jetzt stellen Sie sich bitte vor, daß der Mann darauf antwortet: »Ach, morgen schon? Da wollte ich eigentlich ins Kino, da läuft gerade so ein interessanter Film. Und außerdem will ich in der nächsten Woche erst einmal auf Urlaub fahren. Und außerdem glaube ich überhaupt nicht, daß es wirklich ernst ist, Sie haben sich sicher geirrt.«

Wir würden uns, denke ich, leicht darauf einigen können, daß ein Mensch, der in der beschriebenen Situation so reagiert, den Verstand verloren haben muß – wenn er jemals einen hatte! Und jetzt vergleichen Sie diese erfundene Geschichte bitte einmal mit der folgenden wahren Begebenheit:

Am 23. Mai 1977 forderte der damalige US-Präsident Jimmy Carter den amerikanischen Kongreß auf, als »Grundlage für unsere langfristige Planung« in Zusammenarbeit mit mehreren Bundesbehörden und Universitäten »die voraussichtlichen Veränderungen der Bevölkerung, der natürlichen Ressourcen und der Umwelt auf der Erde bis zum Ende dieses Jahrhunderts« zu untersuchen.

Der Grund auch dieses Wunsches waren Beschwerden, globale Beschwerden beträchtlichen Ausmaßes: Energieengpässe, Verschmutzung von Luft und Wasser, zunehmende Unterernährung in weiten Gebieten der Dritten Welt und andere mehr. Ihre Ursachen wünschte der Präsident geklärt und das Ausmaß der Gefahren sachverständig beurteilt zu sehen.

Auf Wunsch des Präsidenten machten sich Hunderte von Regierungsangestellten, Wissenschaftlern und anderen Experten ans Werk. Drei Jahre später, 1980, wurde das Ergebnis ihrer Bemühungen vorgelegt. Es trägt den Titel »Global 2000. Der Bericht an den Präsidenten«. Die Autoren legten dem mehr als tausend Seiten dicken Bericht einen Brief bei, in dem es unter anderem heißt: »Die Schlußfolgerungen, zu denen wir gelangt sind, sind beunruhigend. Sie deuten für die Zeit bis zum Jahr 2000 auf ein Potential globaler Probleme von alarmierendem Ausmaß. Der Druck auf Umwelt und Ressourcen sowie der Bevölkerungsdruck verstärken sich und werden die Qualität menschlichen Lebens auf diesem Planeten zunehmend beeinflussen.« Und weiter: Angesichts der Dringlichkeit und des Ausmaßes der Gefahren sei eine globale Zusammenarbeit notwendig, »wie sie in der Geschichte ohne Beispiel ist«.

Eine wahrhaft alarmierende Auskunft, sollte man meinen. Was aber tut der Präsident, als die Diagnose über den Zustand der Welt bei ihm eintrifft? Der Präsident – inzwischen heißt er Ronald Reagan – legt den Bericht ungelesen in die Schublade und wendet sich anderen Dingen zu, die ihm wichtiger erscheinen: einem massiven Aufrüstungsprogramm, der Entfesselung von Handelskriegen in einer Welt, in der es ohnehin in allen Fugen kracht, und ähnlicher Kurzweil. Ich bitte Sie, selbst Ihre Rückschlüsse zu ziehen auf die geistige Verfassung, in der ein Mensch sich befinden muß, der in der beschriebenen Situation in dieser Weise reagiert.

Jedoch: Wir sollten uns hüten, hier vorschnell ein Feindbild aufzubauen. Das ist immer so verführerisch einfach. Aber es ist eben fast immer auch falsch und deshalb gefährlich. Denn immer dann, wenn wir einen Sündenbock ausgemacht zu haben glauben – die Kommunisten, die Industrie, oder im vorliegenden Falle eben den amerikanischen Präsidenten –, dann beschränken wir uns allzuleicht und allzu gedankenlos auf das

Mit-dem-Finger-Zeigen, auf das Anklagen. Die damit einhergehende Entrüstung verschafft ein so befriedigendes Gefühl, daß man leicht vergißt, an die Möglichkeit zu denken, daß vielleicht auch der Standpunkt eine kritische Überprüfung verdienen könnte.

So auch im Fall von »Global 2000«. Denn dieser Bericht, von dem man ohne Übertreibung sagen kann, daß er das Schicksal unserer Zivilisation berührt, daß er die Zukunft unserer Gesellschaft und unserer Kinder als einen Alptraum schildert, dieser Bericht ist eben nicht nur von der amerikanischen Regierung ad acta gelegt und ignoriert worden. Auch bei uns läuft die Politik so weiter, als wäre diese beängstigende Diagnose vom bevorstehenden Kollaps der menschlichen Gesellschaft nie gestellt worden. Zwar hat der Deutsche Bundestag nach einer zwei Jahre dauernden Schrecksekunde das brisante Dokument schließlich doch noch, am 28. Oktober 1982, in einer mehrstündigen Sitzung diskutiert. Aber das war's auch schon. Entschlüsse wurden nicht gefaßt, Entscheidungen nicht getroffen. In der Erklärung der neuen Regierung kam die drohende Katastrophe gar nicht erst vor.

Zugegeben: Im augenblicklichen Wahlkampf ging das Wort von der »Umweltkrise« plötzlich auch einigen der Politiker mit verblüffender Leichtigkeit über die Lippen, die sich über den gleichen Begriff noch wenige Monate zuvor lustig gemacht und ihn als »Hirngespinst linker Spinner« verspottet hatten.

Es wäre jedoch mehr als naiv, wenn wir die jetzt im Wahlkampf plötzlich ganz anders lautenden Äußerungen aus der gleichen Ecke für den Ausdruck eines echten Gesinnungswandels hielten. Alle Erfahrungen der Vergangenheit rechtfertigen den Verdacht, daß es sich auch hier nur wieder um eine Spezialprägung jener luftigen Wahlkampfwährung handelt, deren Kurswert dann unmittelbar nach dem Wahltag regelmäßig auf Null abzustürzen pflegt.

In der von vielfältigen Sachzwängen und kurzatmigen Legislaturperioden eingeengten Kunstwelt unserer Berufspolitiker ist der Raum für globale Perspektiven offensichtlich längst nicht mehr gegeben. Wer sich öffentlich dessen rühmen zu können glaubt – Klaus Bölling hat den Sachverhalt seinerzeit ja eilfertig vor aller Augen ausgebreitet[*] –, daß er dreißig Tage und Nächte, bis zur physischen Erschöpfung, damit zugebracht habe, an Texten herumzufeilen, die keinen anderen Zweck hatten als den, den politischen Gegner in ein möglichst ungünstiges Licht zu rücken und die eigene wahltaktische Ausgangslage möglichst günstig zu gestalten, von so jemandem freilich darf man billigerweise nicht auch noch den langen Atem erwarten, den es braucht, um über die Lösung existentieller Probleme unserer Gesellschaft sinnvoll nachdenken zu können.

Wen die Götter verderben wollen, den schlagen sie zuvor mit Blindheit. Die Verdrängung der Gefahr ist in unserer Gesellschaft so total, daß immer von neuem ins Bewußtsein gehoben werden muß, was da ganz konkret, scheinbar mit schicksalhafter Unabwendbarkeit auf uns zukommt.

Die in »Global 2000« zusammengetragenen Zahlen, Fakten und Daten belegen die erschreckende Tatsache, daß das Mißverständnis zwischen den Möglichkeiten, welche die Leben tragende Oberfläche der Erde bietet, und den Ansprüchen der menschlichen Population, deren einzige Existenzgrundlage diese Oberfläche ist, heute bereits ein kritisches Ausmaß erreicht hat. Angesichts der vielfach rückgekoppelten Struktur aller natürlichen ökologischen Systeme ist es völlig gleichgültig, an welcher Stelle man mit der Schilderung der Gefahr beginnt: Pestizidrückstände in der Muttermilch, die die für käufliche Milcherzeugnisse festgelegten Toleranzgrenzen zeitweilig übersteigen, ein Kohlendioxidanstieg in der Atmosphäre, der unser Klimagleichgewicht langfristig unweigerlich aus den Fugen geraten lassen wird, oder auch das lautlose Verschwinden der Schmetterlinge aus unseren Gärten – das alles sind ja nicht lediglich ästhetische Einbußen, bloß sentimentale Defizite, die man nostalgisch beklagen, vor denen man sich aber nicht zu fürchten braucht, wie es mir kürzlich noch ein leibhaftiger Nobelpreisträger beruhigend einzureden versuchte. (Ein Nobelpreisträger der Wirtschaftswissenschaften notabene, kein Naturwissenschaftler oder gar Biologe!) Das alles sind Alarmsignale, Symptome, die sämtlich auf die eine gleiche Krankheit

* Diese Bemerkung bezieht sich auf das Buch »Die letzten 30 Tage des Kanzlers H. Schmidt« (1982); d. Red.

hinweisen, eine Krankheit, die uns nicht mehr erst in Zukunft droht, sondern die uns bereits befallen hat, deren Anfangsstadien wir, wenn wir nur darauf achten, in unserer eigenen Umgebung überall selbst feststellen können: von der Erkrankung unserer Wälder bis zum biologischen Absterben unserer Bäche und Flüsse, von der Nitratanreicherung in unserem Trinkwasser bis zur Verschmutzung unserer Atemluft. (Oder glaubt wirklich jemand, daß eine Atmosphäre, an der unsere Wälder zugrunde zu gehen beginnen, von uns selbst auf die Dauer unbeschadet eingeatmet werden könnte?)

Es ist aller Anerkennung wert und zu begrüßen, wenn Idealisten das Aussterben der letzten deutschen Adler durch die aufopfernde Bewachung der Gelege zu verhindern trachten, oder wenn sich Naturfreunde gegen die Zerstörung der letzten bei uns noch existierenden natürlichen Biotope durch Trockenlegung, Bachregulierung und ähnliche Maßnahmen zur Wehr setzen. Das hilft nicht nur regional, es ist auch als Beispiel von unüberschätzbarer Bedeutung. Die viel zu wenigen jedoch, die heute schon erkannt haben, was auf dem Spiel steht, kämpfen in völlig hoffnungsloser Position, wenn ihnen nicht sehr schnell auch die entschiedene Unterstützung jener viel zu vielen zuteil wird, die heute noch immer nach einem flüchtigen Blick aus ihrem Fenster achselzuckend feststellen, das ständige Gerede von einer drohenden Umweltkatastrophe sei im Grunde doch fürchterlich übertrieben.

Der Konstanzer Biologe Hubert Markl hat die natürliche Aussterberate auf eine Art pro Jahr geschätzt. Das ist die Zahl, die während der hinter uns liegenden Jahrmillionen der Erdgeschichte galt. Während der letzten 100 bis 200 Jahre jedoch, während deren die Menschheit immer größere Teile der Erdoberfläche für die eigenen Bedürfnisse mit Beschlag belegte, nahm diese Aussterberate rapide zu. Heute beträgt sie nicht mehr eine Art pro Jahr, sondern bereits eine Art pro Tag. Wenn die bisherige Entwicklung anhält, dann wird sie bis zum Jahre 2000 auf eine Art pro Stunde angestiegen sein. Stunde für Stunde, 24mal am Tag, wird dann eine Tier- oder Pflanzenart von der Erdoberfläche verschwinden, endgültig und auf Nimmerwiedersehen.

Warum bekommen wir es eigentlich nicht mit der Angst zu tun angesichts dieser Zahlen? Warum erscheinen uns noch immer ganz andere Probleme wichtiger? Oder fürchten wir uns vor der Möglichkeit ausbleibenden wirtschaftlichen Wachstums oder auch vor dem Zwang, eine stabile Gesellschaftsordnung ohne Notwendigkeit permanenten Wachstums »erfinden« zu müssen, nicht noch immer sehr viel mehr als vor der sehr realen Gefahr, selbst in den schon anhebenden Strudel weltweiten Aussterbens mit hineingezogen zu werden?

Die Frage nach den Ursachen des lautlosen Massenaussterbens ist leicht zu beantworten: Wir haben es uns angewöhnt, die Erde in solchem Maße als ausschließlich unser Eigentum anzusehen, daß wir längst wie selbstverständlich dazu übergegangen sind, alle übrigen Lebensformen, die es auf der Erde auch noch gibt, unter dem einen einzigen Gesichtspunkt zu betrachten, ob sie für uns in irgendeiner Weise nützlich sind oder nicht. Für uns gibt es daher nur noch einige wenige Nutztierarten. Alle anderen Tiere sind in unseren Augen entweder Schädlinge oder, im günstigsten Falle, ohne Bedeutung. Wir akzeptieren ebenso nur eine relativ winzige Zahl von Pflanzen als »Nutzpflanzen« – alles andere ist für uns »Unkraut«. Unkraut aber und Schädlinge bekämpfen wir erbarmungslos mit allen Mitteln, und niemand kann behaupten, daß diese Mittel nicht wirkungsvoll seien. Was darüber hinaus keinen unmittelbaren Nutzen für uns verspricht, betrachten wir mit Gleichgültigkeit und ohne jede Rücksicht.

Auf die Bundesrepublik bezogen, hat diese Einstellung dazu geführt (ich beziehe mich hier wieder auf Angaben von Hubert Markl), daß 85 Prozent des deutschen Bodens land- oder forstwirtschaftlich genutzt werden. Weitere 10 Prozent sind von Städten, Verkehrswegen und Industrieansiedlungen zugedeckt. Insgesamt ergibt sich, daß wir die Hälfte des uns zur Verfügung stehenden Bodens für die höchstens zwei Dutzend Arten reserviert haben, die wir als »nützlich« ansehen, und daß die mindestens 50000 bis 100000 übrigen Arten auf 1, höchstens 2 bis 3 Prozent Fläche zurückgedrängt worden sind, die es bei uns (höchstens!) noch im Naturzustand geben dürfte. Auch diese nicht als zusammenhängende Fläche selbstverständlich, son-

dern in Abertausende kleine Fetzchen zerrissen, die weit voneinander getrennt sind.
Da hilft dann freilich kein noch so liebevolles Bewachen der Nester seltener Vögel mehr. Da nimmt die bunte Vielfalt der Schmetterlinge auch dann unwiderruflich weiter ab, wenn der eine oder andere Gartenfreund trotz nachbarlicher Proteste vielleicht ein paar Brennesseln oder anderes »Unkraut« stehen läßt. Eine so radikale Beschneidung des Lebensraumes hält keine biologische Population auf die Dauer aus.
Die Erde insgesamt wird infolge dieser Tendenz bis zum Jahr 2000 etwa fünfzehn bis zwanzig Prozent ihres auf zehn Millionen geschätzten Artenbestandes unwiederbringlich verlieren. Das ist sage und schreibe ein Fünftel des Gesamtbestandes! Nach Jahrmillionen eines natürlichen Gleichgewichts innerhalb von lächerlichen zwei Jahrzehnten das Verschwinden von ein bis zwei Millionen Tier- und Pflanzenarten von der Erdoberfläche! Wer es angesichts dieser Zahlen nicht mit der Angst zu tun bekommt, der hat keine Ahnung von ökologischen Zusammenhängen. Denn dieses in der Erdgeschichte fast beispiellose Geschehen gefährdet selbstverständlich auch unsere Existenz.
Ich kann das hier wieder nur mit einem einzigen Beispiel erläutern. Es klingt so einleuchtend, so verführerisch vernünftig, wenn man sagt, daß man ein Stück wilder, »nutzloser« Natur in einen Garten verwandeln wolle, etwa ein Stück Urwald in einen Acker. Wenn das weltweit geschieht, hat das aber selbstmörderische Konsequenzen. Denn in jedem Fall – und Gott sei Dank beginnt sich das herumzusprechen – bedeutet es die Umwandlung einer genetisch unvorstellbar vielfältigen Artengemeinschaft in die genetische Armut einer (aus menschlicher Perspektive »nützlichen«) Monokultur. Vier Fünftel der gesamten Weltnahrung stammen heute schon von weniger als zwei Dutzend Pflanzen- und Tierarten. Das Mißverhältnis hat bei näherer Betrachtung den Charakter einer Zeitbombe. Malen Sie sich bitte einmal die Abhängigkeit aus, die sich in dieser Proportion ausdrückt!
Was ist denn, wenn diesen zwei Handvoll Arten in Zukunft einmal etwas zustoßen sollte – eine epidemische Infektion, ein Zusammenbruch der Resistenz gegen bestimmte Mikroben, das

Auftauchen neuer Schädlingsarten, oder was es sonst an Möglichkeiten gibt?

Die Geschichte liefert Beispiele dafür, was in einem solchen Fall passiert. In den vierziger Jahren des vorigen Jahrhunderts brach in Irland eine Kartoffelseuche aus. Da die Iren sich zu ihrer Ernährung leichtfertigerweise auf eine einzige Kartoffelsorte spezialisiert hatten, bestand die Folge damals in mehr als zwei Millionen Hungertoten. Bei einer so hochgradigen Spezialisierung ist der Ausbruch einer Katastrophe lediglich eine Frage der Zeit. Daran sollten wir denken, wenn wir uns heute weltweit einer vergleichbaren Situation nähern. Und wenn wir gleichzeitig durch rücksichtslose Verdrängung aller anderen Arten die genetischen Reserven endgültig vernichten, die uns im Notfall züchterische Ausweichmöglichkeiten bieten könnten.

»Unkraut«, so hat es eine amerikanische Biologin kürzlich treffend formuliert, nennen wir Pflanzen, deren mögliche zukünftige Bedeutung für uns wir noch nicht erkannt haben. Wenn wir Millionen von Arten durch Vernichtung ihres Lebensraums heute dem Aussterben ausliefern, so verhalten wir uns folglich wie ein Fluggast, der während des Fluges in das Cockpit geht und dort alle Instrumente als »überflüssig« herausreißt, deren Funktion er noch nicht begriffen hat.

Der Ernst unserer Lage läßt sich noch durch ein anderes Beispiel belegen. Die Grundlage des irdischen Ökosystems wird von nur vier biologischen Produktionsquellen gebildet: von den Ozeanen und Binnengewässern (Fische), von den Wäldern (Holz), vom Weideland (Vieh) und von den landwirtschaftlichen Anbauflächen, die Getreide, Gemüse usw. liefern. Es ist noch immer nicht überflüssig, ausdrücklich darauf hinzuweisen, daß es andere Eiweißproduzenten, andere Nahrungsquellen auf der Erde nicht gibt! Dies sind die sogenannten (»regenerierbaren Ressourcen«, die lebensnotwendigen Grundstoffe, die in der Natur, wie es so beruhigend heißt, »von selbst« immer wieder nachwachsen.

Nun ist jedoch der Begriff der »Regenerierbarkeit« – ein weiteres höchst beunruhigendes Alarmsymptom! – in allen diesen Fällen heute inzwischen schon einzuschränken. Wir haben, wie weltweit durchgeführte Untersuchungen ergeben haben, auch hier in den letzten zwanzig Jahren eine kritische Schwelle überschritten: In allen vier Fällen ist inzwischen der Verbrauch deutlich größer als die natürliche Produktion. Wir leben längst nicht mehr nur von dem, was in den Meeren, den Wäldern, auf unseren Wiesen und Feldern nachwächst. Pro Kopf der Weltbevölkerung geht die Produktion trotz weltweiter Anstrengungen spürbar zurück. Wir leben bereits von der Substanz. Die Wälder der Erde schrumpfen in erschreckendem Tempo (bis zum Jahr 2000 wird etwa die Hälfte des heutigen Bestandes verschwunden sein). Weideland verwandelt sich infolge von Überweidung in Wüste. Erosion und Versalzung (infolge unvermeidbarer Überdüngung) führen zum relativen Rückgang der Fruchtbarkeit unserer Anbauflächen, ungeachtet von deren laufender Erweiterung. Und auch der Kabeljaukrieg hier bei uns ist eben nicht nur das politische Problem, zu dem er in der öffentlichen Diskussion verniedlicht wird, sondern in erster Linie ein alarmierender Hinweis darauf, daß der noch vor einer Generation unerschöpflich scheinende Fischreichtum der Weltmeere heute nicht mehr ausreicht, um alle hungrigen Münder zu stopfen.

Wir leben also bereits von der Substanz. Mit der zwangsläufigen Folge, daß unser heutiger Verbrauch die Quellen zukünftiger Produktion vernichtet. Wir sind, wie es ein französischer Biologe kürzlich zornig formulierte, »heute und jetzt dabei, unsere Enkel zu ermorden«.

Auch hinsichtlich der Zahl der Erdbevölkerung sieht die Lage düster aus. Entgegen anders lautenden, wahrhaft verantwortungslosen Behauptungen ist es an der Zeit, daß wir uns zu der Einsicht durchringen, daß die Erde in Wahrheit heute schon übervölkert ist. Schon heute ist durch keine Maßnahme mehr zu verhindern, daß die Erdbevölkerung von im Augenblick 4,6 Milliarden auf 6,5 Milliarden Menschen im Jahr 2000 ansteigen wird. 1950, eine Zeit, an die sich die Älteren von uns noch gut erinnern, waren es erst 2,5 Milliarden! Das heißt aber, daß wir – und wir sind gezwungen, an dieser Stelle resignierend ein »eigentlich« hinzuzusetzen – eigentlich 800 Millionen zusätzlicher Wohnungen bauen müßten und daß wir eigentlich weltweit fast eine Milliarde neuer Arbeitsplätze schaffen müßten, wenn diese zwei Milliarden Menschen, die es im Jahre 2000 mehr geben wird, nicht einfach, ohne jede Hoffnung, nur dahinvegetieren sollen. Wobei die Ausbildungserfordernisse, der Energie- und Rohstoffbedarf oder auch die Abfallproduktion, die eine Milliarde zusätzlicher Arbeitsplätze mit sich bringen würden, in die Rechnung auch noch aufzunehmen wären. Wer diese schon heute nicht mehr abwendbaren Folgen der augenblicklichen Situation durchdenkt, dem geht die ganze Verantwortungslosigkeit des Geredes von der Möglichkeit auf, daß die Erde in Wirklichkeit sogar acht oder zehn oder noch mehr Milliarden Menschen tragen könnte. Auf dem Papier läßt sich eine solche Rechnung ungestraft aufmachen, aber eben nur auf dem Papier.

Wenn wir dem Viertel der Menschheit, das heute noch am Rande des Hungertodes und in völliger Hoffnungslosigkeit in Wirklichkeit nur dahinvegetiert, zu einem Lebensstandard verhelfen würden – und das wäre doch eigentlich unsere selbstverständliche moralische Pflicht –, der allein als »menschenwürdig« anzusehen wäre, dann würde die damit einhergehende ökologische Belastung die Biosphäre bei der heutigen Organisation unserer Gesellschaft mit Sicherheit bereits zusammenbrechen lassen. Denn: von der Luftverschmutzung bis zur Schadstoffbelastung unseres Trinkwassers, von der Überfischung der Weltmeere bis zu den Engpässen in der Energie- und Rohstoffversorgung, von der Klimagefährdung durch einen stetigen Kohlendioxidanstieg in der Atmosphäre bis zur großflächigen Waldvernichtung durch Abholzung zur Landgewinnung für immer neue Menschen oder durch sauren Regen – keines dieser Krankheitssymptome unserer Biosphäre, das letztlich nicht auf eine zu große Anzahl der Mitglieder unserer eigenen Spezies zurückzuführen wäre. Kein Zweifel, von allen Formen des Wachstums, die heute an Grenzen stoßen, jenseits deren unsere Überlebenschancen zunehmend bedroht sind, ist das Wachstum unserer eigenen Art die gefährlichste. Auch für uns selbst gilt das unumstößliche Gesetz, daß eine globale, die ganze Erdoberfläche in Anspruch nehmende Ausbreitung einer Monokultur mit der Überlebensfähigkeit der betreffenden Art auf die Dauer nicht vereinbar ist. Wie verzwickt unsere Lage ist und wie aussichtlos jeder Versuch

bleiben muß, durch die noch so entschlossene Behebung des einen oder anderen Einzelsymptoms etwas an ihr zu ändern, dafür nur noch ein einziges Beispiel, und zwar in der Form eines Gedankenexperimentes. Stellen wir uns einmal vor, es erschiene, wie im Märchen, eine Fee (sie als »gütige« Fee zu bezeichnen, wäre, wie sich noch erweisen wird, voreilig) und böte uns eine »Energiepille« zur Behebung aller unserer Energieprobleme an: kostenlos, unerschöpflich, ohne alle schädlichen Nebenwirkungen. Es stimmt nachdenklich, wenn man sich darüber klar wird, daß eine solche utopische, im ersten Augenblick ideal wirkende Lösung aller unserer Energieprobleme uns nicht helfen, daß sie uns vielmehr endgültig zugrunde richten würde. Denn der durch eine solche unerschöpfliche und kostenlose Energiequelle unweigerlich ausgelöste explosive Wachstumsschub hätte ebenso unweigerlich nur eine um so raschere Erschöpfung unserer Rohstoffe zur Folge, eine um so raschere Vermehrung der Weltbevölkerung mit allen sich daraus ergebenden katastrophalen Folgen für die übrige belebte Natur und eine dann zweifellos endgültig mörderische, illusionäre Selbsttäuschung über die Risiken unserer wirklichen Lage.
Wie aber ist uns denn dann noch zu helfen? Die Autoren von »Global 2000« haben auch darauf eine Antwort gegeben: »Neue und phantasievolle Ideen – und die Bereitschaft, sie in die Tat umzusetzen – sind heute wichtiger als alles andere.« Diese Forderung hat nun ganz offensichtlich nicht begriffen, wer die bloße Aufforderung, das Wachstumsdogma unserer Gesellschaft einmal kritisch zu überprüfen, als systemfeindliche Zumutung von sich weist oder gar als eingeschmuggelte Feindpropaganda verleumdet – ich erinnere an das Wort von der »trojanischen Sowjetkavallerie«!
Im September 1981 veröffentlichte die Zeitschrift »Fusion«, die in mehreren Sprachen von einem industriellen Fusionsenergie-Forum herausgegeben wird, ein Sonderheft, mit dem die Redaktion nach eigener Angabe versuchte, »eine der ungeheuerlichsten Betrügereien der jüngsten Zeit auffliegen zu lassen: den Bericht Global 2000«. Was ist das für eine Gesellschaft, in der ein privates industrielles Interessentenforum einen mit den Mitteln einer Weltmacht erstellten Bericht auf diesem Niveau at-

tackieren kann, weil er den eigenen Interessen widerspricht, ohne daß Kritik laut wird, während kaum jemand daran Anstoß zu nehmen scheint, wenn ein hessischer Ministerpräsident* die Mitglieder einer radikalökologischen Bewegung, wie es die Grünen sind, in die Nähe von Faschisten rückt, nur weil sie nicht nachlassen, ihn darauf zu stoßen, daß er kurzatmiger Interessen wegen gegen ökologische Grundregeln verstößt und damit gegen die langfristigen Interessen der Gesellschaft, von der Schaden abzuwenden er doch geschworen hat!

Ist es eigentlich so schwer zu verstehen, wenn man Angst davor bekommt, daß jener »bayerische Vollblutpolitiker« nach der bevorstehenden Wahl in Bonn wieder entscheidende Verantwortung mit den entsprechenden Folgen für uns alle übernehmen könnte, der die Grünen noch im letzten Jahr »irrational, unchristlich und zutiefst unmoralisch« nannte? Ich gehöre zu denen, die grundsätzlich und entschieden widersprechen, wenn dieser Mann als »faschistoid« bezeichnet wird. Wer dieses zur Mode verkommene Schimpfwort gedankenlos benutzt, zeigt nur, daß er nicht weiß, was Faschismus ist. Was mich an dieser und anderen Äußerungen von Franz Josef Strauß und vergleichbaren Äußerungen vieler anderer Politiker so erschreckt, ist die sich hier kundgebende totale Blindheit für die Gefahren, mit denen wir fertig werden müssen, wenn wir überleben wollen. Wer eine Bewegung wie die der Grünen, die ich als eines der wenigen hoffnungsvollen Symptome eines noch existierenden gesunden Instinktes unserer Gesellschaft für ihre augenblickliche Lage ansehe, in dieser Weise in Mißkredit zu bringen und zu verleumden versucht, verrät nur, daß er in blinder Borniertheit auf Taktiken der Machterhaltung und des Machterwerbs in einem Ausmaß fixiert ist, das ihn für eine Führungsrolle in der augenblicklichen Situation objektiv disqualifiziert. Dies jedenfalls sind nicht die Menschen, die uns aus der vom Bericht »Global 2000« geschilderten Situation heraushelfen könnten.

Was da auf uns zukommt, das ist ja nicht unvermeidliches »Schicksal«. Es sind die Folgen unseres eigenen Fehlverhaltens.

* Holger Börner (SPD); d. Red.

Das einzusehen ist deshalb so schwer, weil ein egoistischer Umgang mit der natürlichen Umwelt und ein möglichst großes Vermehrungs- oder Wachstumspotential während aller bisherigen Epochen der menschlichen Geschichte Voraussetzungen des Überlebens unserer Art gewesen sind.
Der unbestreitbare, geradezu atemberaubende Erfolg dieser Strategien hat die Situation jedoch von Grund auf verändert. Daher steht unsere Generation heute unvermittelt vor der ungeheuerlichen Aufgabe, in atemberaubend kurzer Frist lernen zu müssen, daß wir uns umbringen würden, wenn wir an den bisher erfolgreichen Verhaltensregeln weiter festhielten, nur weil sie bisher so erfolgreich waren. Der Umlernprozeß, der uns damit zugemutet wird, ist an Radikalität in der Tat kaum zu überbieten. Wir müssen dennoch versuchen, das Pensum rechtzeitig zu bewältigen, da Lernunfähigkeit oder gar Lernunwilligkeit auf diesem Felde gnadenlos mit Aussterben bestraft werden.
Ich zitiere nochmals die Autoren von »Global 2000«, die mit Nachdruck feststellen, daß neue und phantasievolle Ideen sowie die Bereitschaft und der Mut, diese auch in die Tat umzusetzen, heute wichtiger seien als alles andere. Umzulernen, das ist es, was die Situation von uns verlangt. Wer daher die Diskussion über die Möglichkeiten einer Gesellschaft ohne Wachstum als »Systemfeindlichkeit« ablehnt und damit schon das Nachdenken über alternative Gesellschaftsstrukturen verbietet, versperrt einen der wenigen, vielleicht den einzigen Ausweg, der uns aus der Gefahr herausführen könnte. Wer jeden Zweifel an der Weisheit des nuklearen Schreckensgleichgewichts als Unterstützung gegnerischer Interessen verurteilt, gehört ganz sicher auch nicht zu jenen, die fähig oder willens wären, jene neuen Ideen zu denken und in die Tat umzusetzen, mit denen allein uns noch zu helfen wäre.
Man hört heute immer wieder, daß der Mensch über eine hinreichende Kreativität und Erfindungsgabe verfüge, um, wie bisher in seiner schon immer gefahrvollen Geschichte, auch mit der jetzigen Situation fertig zu werden. Das ist sicher richtig, man muß zu diesem Zweck die menschliche Kreativität und Erfindungsgabe nur wirklich einsetzen.

Dazu aber braucht es zwei Voraussetzungen. Die erste: Vor allem anderen muß die Gefahr zunächst einmal gesehen und überhaupt zur Kenntnis genommen werden. Eine Gesellschaft, deren Mehrheit noch immer dazu neigt, jene, die das tun, als »ökologische Spinner« zu belächeln oder gar als »Systemfeinde« anzuschwärzen, hat diesen Schritt in Wirklichkeit ganz offensichtlich noch immer nicht geleistet.
Aber auch die zweite Voraussetzung ist noch unerfüllt: Sie bestände darin, einen wirklich nennenswerten Teil jener »Brain-Power«, jener Kreativität und Erfindungsgabe, die heute einseitig etwa von den technologischen Großprojekten der Kern- oder Rüstungsindustrie absorbiert werden, auf die Probleme anzusetzen, von denen unser Überleben abhängen wird.
Solange diese beiden Voraussetzungen nicht erfüllt sind, können wir nicht ruhig schlafen. So lange müssen einen Resignation oder, je nach Temperament, auch tiefer Zorn befallen bei vielem, was sich in unserer offiziellen Politik abspielt. So lange erscheint mir, ungeachtet aller denkbaren Einwände in diesem oder jenem Detail, jede, aber auch jede Unterstützung der grünen Bewegung angebracht und wichtig. Denn die Erfahrung zeigt: Nicht die für den normalen Bürger bereits unübersehbaren Symptome der Gefahr, sondern nur der von dieser Bewegung ausgehende zunehmende Druck ist in der Lage, die für die Zukunft unserer Gesellschaft Verantwortlichen aus der Faszination aufzuschrecken, in die sie sich bei ihrem wechselseitigen Spiel um Machterwerb und Machterhaltung verstrickt haben. Nur dieser Druck wird diese verhängnisvolle Verengung der Betrachtungsweise aufbrechen und damit den Blick freilegen können auf jene »neuen und phantasievollen Ideen, die heute wichtiger sind als alles andere«.

(1983)

Verteidigung bis zum letzten Europäer?

Anmerkungen zur Realpolitik

Im Jahr 1957, als die atomare Bewaffnung der Bundeswehr ernstlich in Erwägung gezogen wurde, waren es Naturwissenschaftler, die warnend ihre Stimme erhoben. Damals protestierte ein kleiner Kreis weltbekannter Göttinger Physiker, die »Göttinger 18«, unter ihnen Max Born, Otto Hahn und Werner Heisenberg. Auch sie mußten sich mit der Behauptung der verantwortlichen Politiker auseinandersetzen – 1957 war es vor allem der damalige Verteidigungsminister Franz Josef Strauß –, daß nur eine atomare Aufrüstung die Chance biete, mit der Sowjetunion zu einer Vereinbarung über eine weltweite Abrüstung zu kommen.

Aufrüsten, um aus einer Position der Stärke heraus abrüsten zu können – das war bereits in den fünfziger Jahren das angeblich einzige Rezept. Für die Befürworter der »Nachrüstung« gilt das offensichtlich heute noch. Dabei sollten wir in der seit den Tagen der »Göttinger 18« vergangenen Zeit eigentlich gelernt haben, was von diesem Rezept zu halten ist.

Gewiß, es hat gelegentlich auch vorsichtige Schritte einer Rüstungsbegrenzung gegeben, vom Atomteststopp in der Atmosphäre bis zur Begrenzung der Zahl ballistischer Raketen. Aber auch in der Rüstungsentwicklung gilt das Prinzip der Echternacher Springprozession. Auch bei ihr ergeben drei Schritte vorwärts und nur einer zurück im Endeffekt ein Mehr von zwei Schritten. Wir haben seit dem Ende des letzten Krieges eine inzwischen nicht mehr zu übersehende Zahl von Abrüstungsverhandlungen erlebt und in der gleichen Zeit ein stetiges Anwachsen der Vernichtungspotentiale in Ost und West bis hin zu dem heutigen wahnwitzigen Stand, der es jeder der beiden Seiten im Ernstfall ermöglichte, den Gegner gleich mehrmals umzubringen, was immer für einen Sinn das haben mag. Overkill heißt das bekanntlich, ein Ausdruck, an den wir uns in bedenk-

licher Weise schon zu gewöhnen beginnen, statt uns in jedem Augenblick bewußt zu sein, daß er das Symptom einer geistigen Störung unserer Gesellschaft darstellt.
Weit und breit gibt es keinen objektiven Grund, der verstehen lassen könnte, warum die beiden Supermächte kriegerisch übereinander herfallen sollten. Vor allem ist nichts ausdenkbar, was es rechtfertigen könnte, daß sie das mit Vernichtungsmitteln tun würden, die den Bestand der ganzen menschlichen Gesellschaft gefährdeten. Und wir werden, als ob das noch nicht genügte, über den mehrfachen Tod jedes einzelnen von uns hinaus auch noch mit den Schrecken der biologischen und chemischen Kriegführung konfrontiert. Deren Wirksamkeit ist, was die Beseitigung aller lebenden Kreatur von dieser Erde betrifft, der des atomaren Holocaust durchaus ebenbürtig.
Es gibt keinen erdenklichen Grund, der Menschen dazu berechtigen könnte, diese selbstgefertigte Hölle auf ihre Mitmenschen loszulassen. Es will sicher auch niemand den Krieg, jene paar Verrückten ausgenommen, die man immer in Kauf zu nehmen hat. Aber warum fühlen viele dennoch, daß wir bereits nicht mehr in einer Nachkriegs-, sondern schon in einer Vorkriegszeit leben und daß die Gefahr einer kriegerischen Entladung der allenthalben spürbaren Spannung wie ein unabwendbares Schicksal drohend immer näher zu rücken scheint?
Wollen uns etwa die Russen mit Krieg überziehen? Nichts spricht für einen solchen Verdacht. Oder bedrohen uns die Amerikaner? Das ist ein lächerlicher Gedanke. Welche Ursache hat dann das unabweisbare Gefühl eines trotzdem auf uns zukommenden Verhängnisses? Seine Quelle ist leicht auszumachen. Die Wurzel der Gefahr ist der tödliche Clinch, in den sich die beiden Supermächte, wie hypnotisch aufeinander fixiert, seit Jahrzehnten und in den letzten Jahren mit angsteinflößend zunehmendem Tempo verstrickt haben. Wir dürfen beiden glauben, daß sie den Krieg nicht wollen. Aber sie kommen ihm dennoch immer näher. Gefangen in der einzigen Form von Gemeinsamkeit, die es zwischen ihnen noch zu geben scheint, nämlich in der gemeinsamen Atmosphäre von Angst, abgrundtiefem Mißtrauen und einer aus diesen archaischen Gefühlen erwachsenden Aggressivität sind sie dabei, beide potentielle Tä-

ter und potentielle Opfer zugleich, das Wahnsinnskarussell des nuklearen Rüstungswettlaufs in immer schnellere Bewegung zu bringen.

Es bedarf kaum einer Erklärung, warum in dieser unsere Existenz bedrohenden Situation gerade auch die Naturwissenschaftler davor warnen, den bisherigen Kurs beizubehalten, der uns alle nur in den Abgrund führen kann. Die heute existierenden Vernichtungsmittel, deren Einsatz erstmals in der menschlichen Geschichte genügen würde, die menschliche Zivilisation insgesamt zu zerstören, sind Formen der praktischen Anwendung naturwissenschaftlicher Erkenntnisse. Allein schon aus diesem Grunde muß ein Naturwissenschaftler sich in der augenblicklichen Situation verpflichtet fühlen, nach Kräften das Seine dazu beizutragen, daß Erkenntnisse seines Arbeitsbereichs nicht zum globalen Massenmord mißbraucht werden.

Heinrich Albertz hat einmal gesagt: »Hitler hat die Vernichtung der Juden, der Ostvölker und allen für ihn unwerten Lebens, also unvorstellbare Verbrechen, angekündigt. Wir haben als Christen dazu geschwiegen. Auch die Szenarios der nuklearen Menschenvernichtung werden heute auf beiden Seiten der Welt offiziell angekündigt. Es wird offen mit ihnen gedroht.« Deshalb, so führt Heinrich Albertz sinngemäß fort, gebe es für einen Christen heute keine Entschuldigung mehr, wenn er wiederum schweigen würde. Dieser Satz ist geeignet, sehr präzis die moralische Verpflichtung auch des Naturwissenschaftlers zum Protest zu definieren.

Der Naturwissenschaftler ist zum Protest gerade in diesen Tagen verpflichtet, in denen die Hochrüstungspolitiker uns mit der Behauptung einzuschüchtern versuchen, es gefährde unsere Sicherheit, auf die neuen amerikanischen Mittelstreckenraketen zu verzichten. Sie wollen die Bürger glauben machen, ein solcher Verzicht sei unrealistisch, weil er unsere Sicherheit aufs Spiel setze. Aber was ist von dem »Realismus«, von der geistigen Verfassung jener zu halten, die die offizielle Doktrin vertreten, der beste Weg, die atomare Katastrophe zu vermeiden, bestehe darin, sie mit allen Mitteln so perfekt wie möglich vorzubereiten? Mit welchem Recht darf sich jemand Realist nennen, der im Begriff ist, mit der Durchsetzung der »Nachrüstung« die Skala nuklearer Untergangsmöglichkeiten um eine weitere Alternative zu bereichern? Ist es etwa realistisch, die Augen davor zu schließen, daß es auch auf der anderen Seite »Realisten« des gleichen Kalibers gibt, die keinen Augenblick zögern werden, mit den gleichen Argumenten, im Banne der gleichen Wahnsinnslogik, als Reaktion auf diesen Schritt im gleichen Stil nachzuziehen – womit wir dem Abgrund wiederum einen Schritt näher gekommen wären.

Realpolitiker dieses Schlages sind eher dazu bereit, Europa bis zum letzten Europäer zu verteidigen, als fähig einzusehen, daß sich Frieden, der eben mehr ist als die bloße Abwesenheit von Krieg, weder herbeiführen noch bewahren läßt, indem man dem potentiellen Gegner die Ausrottung androht. Realistisch ist in der augenblicklichen Situation ausschließlich die Erkenntnis, daß die Beibehaltung des bisherigen Kurses mit Sicherheit in die nukleare Katastrophe führen wird. Es ist lediglich eine Frage der Zeit.

Hochrüstung hat noch niemals in der Geschichte der Menschheit einen Krieg auf Dauer verhindern können. Die Menschen haben als Gattung bisher nur überlebt, weil die Waffen, mit denen sie sich gegenseitig umbrachten, nicht zur Selbstausrottung ausreichten. Heute genügen sie dazu. Das ist der Kern der Situation. Wer das nicht begreifen kann oder nicht begreifen will, der allein ist unrealistisch.

Bei der vorliegenden Möglichkeit eines vielfachen Overkills ist es eine Zumutung für den gesunden Menschenverstand, zu behaupten, ohne die Stationierung neuer Mittelstreckenwaffen sei unsere Sicherheit in Gefahr. Dies gilt insbesondere angesichts der technologischen Neuartigkeit der Pershing 2. Bei ihr handelt es sich um ein Trägersystem mit einem besonders kleinen Sprengkopf, der es mit einer bisher ungeahnten Treffgenauigkeit gestattet, innerhalb weniger Minuten ein Punktziel zu zerstören.

Daraus aber ergeben sich ganz von selbst militärstrategische Optionen, die das bestehende Gleichgewicht, brüchig, wie es ohnehin schon ist, gänzlich aus den Fugen brächten. Denn Waffen dieser Art sind ohne jeden vernünftigen Zweifel potentielle Erstschlagwaffen. Aus diesem Grunde würde die

Aufstellung der Pershing-2-Raketen wie auch der Marschflugkörper nicht, obgleich es offiziell in unübersehbarem Widerspruch zu den objektiv gegebenen Tatsachen behauptet wird, zu einem Akt der »Nachrüstung«. Ihre Stationierung wäre ganz im Gegenteil als ein Schritt der Aufrüstung mit neuartigen Waffensystemen zu beurteilen, der den atomaren Rüstungswettlauf unweigerlich zu neuen, noch furchtbareren Dimensionen antreiben würde. Daß eine Maßnahme, die solche Konsequenzen nach sich zieht, der Sicherung des Friedens und unserer eigenen Sicherheit dienen könnte, kann nur ein Wahnsinniger behaupten.

(1984)

Zur Wahl gestellt

Maximen für ein hypothetisches Umweltministerium

1. Umweltministerium:
   Personell und finanziell so ausgestattet, wie es dem vorhersehbaren Ausmaß der Aufgabe entspricht.
   Beispiel ist das Verteidigungsministerium: Krieg.
   Was eigentlich veranlaßt uns zu der Annahme, auf eine wirksame Verteidigung gegen den drohenden Kollaps der Biosphäre könnten wir verzichten?

2. Umweltschutz:
   ist in der Verfassung zu verankern (hilft beim Umlernprozeß, Neuorientierung der Wertskala und Verhaltensmaßstäbe). Luft, Wasser, Wälder und fruchtbarer Boden haben als unverzichtbare, überlebensnotwendige Grundlage unserer Gesellschaft jeden Anspruch auf Schutz vor Beeinträchtigung durch partikulare Interessen. Dieser Schutz ist den allgemeinen Menschenrechten gleichgestellt, im Grundgesetz festzuschreiben, so daß gegen die Verfassung verstößt, wer vermeidbare Umweltschäden verursacht.

3. Das Umweltministerium beruft ein Gremium von Natur- und Wirtschaftswissenschaftlern, denen die Aufgabe gestellt wird, Wirtschaftsmodelle auszuarbeiten und dem Parlament zur Entscheidung zuzuleiten, die eine stabile Wirtschaft ohne ständigen Wachstumszwang ermöglichen. Es ist unverständlich und absurd, daß bereits vorliegende Vorschläge in dieser Richtung seitens der politisch Verantwortlichen ignoriert werden, obwohl jeder einzusehen vermag, daß jegliches Wachstum früher oder später an einen Punkt gelangt, von dem ab es zerstörende Folgen hat.

4. Wachstum kann, wie aus ökologischen Kreisen vorhergesagt, jedoch noch bei der letzten Bundestagswahl von den etablierten Parteien eindringlich versprochen, auch das Problem der heutigen Arbeitslosigkeit nicht beseitigen. Aufgabe eines Umweltministeriums wäre es daher auch, in Kooperation mit dem Arbeitsministerium endlich einmal die strukturellen Ursachen der Massenarbeitslosigkeit zu analysieren und gleichzeitig Vorschläge auszuarbeiten, wie durch dringend notwendige ökologische Projekte neue Arbeitsplätze geschaffen werden können. Auch dazu gibt es längst detailliert ausgearbeitete Modelle, die von den regierenden Parteien bisher geflissentlich übersehen werden, weil man blind und lernunfähig an alten Rezepten auf Biegen und Brechen festhält.

   Wachstum war in aller Geschichte erfolgreich. So sehr, daß wir uns nunmehr umbringen würden, wenn wir auf diesem Wege fortführen. Es fehlt eben an biologisch-ökologischem Grundwissen, sonst würde man sich dort vielleicht doch gelegentlich einmal die Frage vorlegen, warum es wohl in der ganzen Natur keinen einzigen Fall unbegrenzten Wachstums gibt.

5. Die Planung und Konzipierung einer rationalen Energiepolitik ist aus den Händen der interessierten Gruppen (z.B. Kraftwerksbetreiber) in die Zuständigkeit des Umweltministeriums zu übertragen.

6. Das Umweltministerium und sein wissenschaftlicher Beirat sind verpflichtet, den permanenten Kontakt mit der *gesellschaftlichen Basis* zu pflegen und auszubauen (institutionalisierte Anhörungen, Volksbefragungen usw.). *Grund:* Erfahrungen zeigen, daß ökologisches Krisenbewußtsein *von unten* wach geworden ist.

(1984)

Der Kurs der Lemminge

Warum ich die Grünen unterstütze

Ich werde in diesen Wochen wieder einmal von Freunden, Bekannten und Kollegen gefragt, warum um Himmels willen ich mich, nicht einmal Mitglied dieser Partei, eigentlich für die Grünen und ihre Ziele einsetze – für eine Partei, die durch ihr Auftreten und ihre innere Zerrissenheit in Gefahr sei, ihre Glaubwürdigkeit nach außen zu verspielen und ihre innere Stabilität und Arbeitsfähigkeit ganz allein, ohne daß der politische Gegner auch nur eine Hand zu rühren brauchte, zu ruinieren. Ob ich das nicht sähe? Ich sehe es, natürlich, ich sehe es genauso deutlich wie jeder andere. Und nicht nur das: Weil auch mein Harmoniebedürfnis nicht geringer entwickelt ist als das anderer Menschen, schmerzt mich der Anblick, den die Grünen immer wieder bieten: Mißtrauen, mangelhafte Toleranz, Formen einer internen Aggressivität, die innerhalb dieser Partei sichtbar werden, die doch angetreten war, alles ganz anders, besser und vor allem friedfertiger zu betreiben als die bestehenden, die »etablierten« Parteien, und die damit für uns alle zu einer so großen Hoffnung geworden war. Ich will gar nicht verschweigen, daß diese Entwicklung auch mich irritiert und mit Sorge erfüllt.

Trotzdem engagiere ich mich auch in diesem Wahlkampf wieder mit Nachdruck und aus Überzeugung für die Grünen und ihre Ziele. Trotzdem werde ich wiederum nicht nur selbst für die grünen Kandidaten stimmen, sondern auch alles dazu beitragen, daß möglichst viele andere Wähler das auch tun. Warum? Ich will meine Antwort auf diese verständliche Frage hier gern öffentlich geben. Sie besteht aus einer allgemeinen Vorbemerkung und einigen konkreten Beispielen.

Die allgemeine Vorbemerkung: Die verbreitete Kritik an bestimmten uns allen bekannten Formen grüner Aktionen und Äußerungen artikuliert sich, gewissermaßen als Meßgrundlage, vor dem Hintergrund der politischen Verhaltensweisen, die in unserem Gemeinwesen sozusagen als »normal« gelten. Sie zieht stillschweigend und selbstverständlich das Erscheinungsbild anderer Parteien zum Vergleich heran und qualifiziert dann das, was sie an den Grünen stört, also etwas, das in anstößiger Weise aus diesem Rahmen politischen Normalverhaltens herausfällt.

Da das so ist, bleibt nichts übrig als das, was hier als Normalverhalten im politischen Raum zugrunde gelegt wird, unter die Lupe zu nehmen: das heißt, sich nicht mit der äußerlichen Fassade verbindlicher Umgangsformen, adretter Bekleidung und ritualisiert angepaßter Verhaltensweisen zufriedenzugeben, die bei den Mitgliedern der etablierten Parteien eine stillschweigend akzeptierte Norm bilden. Sobald man das ernstlich tut, sobald man also hinter diese Fassade äußerlich gesitteten Verhaltens schaut, kommt man aus dem Kopfschütteln nicht mehr heraus. Da muß man feststellen, daß wir zur Zeit zum Beispiel von einem Innenminister* mitregiert werden, der seinerzeit wegen eines nachgewiesenen Meineids in politischer Funktion rechtskräftig verurteilt wurde und der nur deshalb davonkam, weil man ihm nachträglich vorübergehende Unzurechnungsunfähigkeit bescheinigte. Es mag ja sein, daß damals alles mit rechten Dingen zuging. Aber wer kann sich in Westeuropa einen Staat vorstellen, außer leider dem eigenen, in dem man einem Politiker mit dieser Vorgeschichte die regierungsamtliche Verantwortung für Fragen der Meinungsfreiheit, des Datenschutzes, des Demonstrationsrechts oder des Minderheitenschutzes anvertrauen würde? Wenn man sich einmal näher betrachtet, was in unserem Gemeinwesen offenbar als politische Normalität gilt, stößt man weiter auf einen Familienminister**, der nichts dabei findet, Pazifisten als mitverantwortlich für Auschwitz zu bezeichnen, und der es offenbar mit seiner demokratischen Grundüberzeugung – und wie oft führt er sie doch im Munde! – für vereinbar hält, eine demokratische Oppositionspartei, nämlich die SPD, als »fünfte Kolonne Moskaus« einzustufen. Da stößt man dann, aktuellstes Beispiel, auf

* Friedrich Zimmermann (CSU); d. Red.
** Heiner Geißler (CDU); d. Red.

einen Verteidigungsminister*, dem zur Erhaltung der eigenen Machtposition offenbar jedes, aber auch wirklich jedes Mittel recht ist und der daher notfalls auch nicht vor dem Versuch zurückschreckt, sich fehlende Beweismittel durch persönliche Vernehmung polizeibekannt zwielichtiger Figuren aus der Halbwelt zu beschaffen – um schließlich, wenn auch das nichts fruchtet, dem Verdächtigten** in einer offiziellen Abschlußerklärung, verlesen auf der Bundespressekonferenz, ungerührt zu versichern, daß er dessen Ehre niemals in Zweifel gezogen habe. Und über alldem, dies alles verantwortend, dann noch ein Bundeskanzler***, der seinen Wählern und allen anderen Mitbürgern wiederholt und nicht ohne ergriffene Feierlichkeit versprochen hat, eine »geistig-moralische Wende« herbeizuführen. Ich will das gar nicht näher analysieren und auf seine Ursachen zurückführen. Sagen will ich mit diesen wenigen Beispielen nur eins: Wer bereit ist, derartige Sachverhalte und Vorfälle als politische Normalität anzusehen und zu tolerieren, der möge doch bitte aufhören, sich über unbestreitbare Ungeschicklichkeiten, Konflikte oder Provokationen oder auch Fehler im grünen Lager zu erregen und pharisäerhaft so zu tun, als gefährdeten sie unsere Demokratie. Der drohen wirklich Gefahren, aber sie kommen aus einer ganz anderen Ecke. Darauf will ich jedoch, wie gesagt, nicht näher eingehen. Mir ging es nur darum, hier die Proportionen zurechtzurücken.
Soweit die allgemeine Vorbemerkung. Jetzt zu den konkreten Beispielen. Als erstes möchte ich an den Ablauf der Diskussion über die Sicherheitspolitik erinnern. Daß die politisch Verantwortlichen in unserem Lande, was diesen Punkt betrifft, seit einigen Wochen plötzlich von einer fast totalen Sprachlosigkeit befallen sind, ist ja nicht die Folge davon, daß die bundesdeutschen und europäischen Sicherheitsprobleme etwa gelöst seien oder sich aus irgendeinem anderen Grunde in Wohlgefallen aufgelöst hätten.
Im Gegenteil. Diese Sprachlosigkeit ist in Wirklichkeit sehr beredt. Sie ist nichts anderes als die Folge der Einsicht in das to-

* Manfred Wörner (CDU); d. Red.
** Bundeswehrgeneral Günter Kießling; d. Red.
*** Helmut Kohl (CDU); d. Red.

tale, im wahrsten Sinne des Wortes furchtbare, nämlich allen Anlaß zur Furcht gebende Versagen der eigenen, aller Einwände zum Trotz stur bis zum bitteren Ende durchgehaltenen Sicherheitspolitik – und der Unfähigkeit (oder Unwilligkeit), diesen totalen, von den Grünen und der Friedensbewegung immer wieder vorhergesagten Fehlschlag einzugestehen.

Wie war das doch noch bis zum Ende des erst wenige Monate zurückliegenden »heißen Herbstes«? Originalton Helmut Kohl: »Es ist eine unerträgliche Anmaßung, wenn jemand vorgibt, einen besseren Weg zum Frieden zu wissen.« So der Bundeskanzler auf dem CSU-Parteitag 1983 an die Adresse der Grünen und der Friedensbewegung. Regierungsoffiziell gab es da bekanntlich nur einen einzigen Weg der Friedenssicherung: das unbeirrbare Festhalten an dem Entschluß, Pershing 2 und Cruise Missiles aufzustellen, wenn die Russen ihre SS 20 nicht bis zu einem bestimmten Termin wieder abgebaut hätten. Wer es wagte, an der Weisheit des Lehrsatzes zu zweifeln, daß Aufrüstung der einzige Weg sei, die Russen zur Abrüstung zu veranlassen und damit »Frieden mit weniger Waffen zu schaffen« – eine gleichfalls stereotyp wiederkehrende Versicherung –, der mußte sich den Vorwurf gefallen lassen, er falle der westlichen Verhandlungsposition in den Rücken und mache sich damit zum »Handlanger sowjetischer Interessen«. Wer auf die Wahrscheinlichkeit hinwies, daß ein solcher Kurs dazu führen mußte, die Aufrüstungsspirale in Gestalt einer russischen Nach-Nach-Rüstung erneut in Gang zu setzen, sah sich als irrationaler Bangemacher verteufelt.

Inzwischen hat sich mit erschreckender Deutlichkeit herausgestellt, wer recht behalten hat: nicht die offiziellen Sicherheitspolitiker, die jeden Andersdenkenden damals, ohne mit der Wimper zu zucken, moralisch disqualifizierten. Zitat: »Kein nuklearer Staat teilt seine Entscheidung über den Einsatz einer Waffe, von der seine eigene Existenz abhängt, mit irgendeinem anderen Staat, schon gar nicht mit einem nichtnuklearen. Konsultationen wird es daher im Ernstfall nicht geben. Konsultationen sind Märchen zur Beruhigung nichtnuklearer Kinder.« Diese Sätze schrieb Egon Bahr in den letzten Wochen! Es ist ein kleiner Trost, daß sich die Einsicht zu verbreiten beginnt.

Zitat: »In früheren Zeiten galt die Definition, daß Völker, über deren Existenz andere Staaten entscheiden, Kolonialgebiete sind.« Auch dieser Satz stammt von Egon Bahr, ebenfalls aus den letzten Wochen. Die Grünen, die schon vor Jahren genau das gleiche sagten – zu der Zeit, in der Bahrs Partei selbst noch einen konsequenten Nachrüstungskurs steuerte –, nämlich daß das Nachrüstungskonzept die Gefahr mit sich bringe, die Bundesrepublik zu einer US-amerikanischen Kolonie werden zu lassen, mußten sich sagen lassen, sie hetzten zu antiamerikanischen Ressentiments auf, und sie mußten sich den Verdacht gefallen lassen, womöglich würden sie dafür sogar von Moskau bezahlt.

Warum wärme ich diese alte Sache auf? Nicht aus Rechthaberei. Obwohl die Versuchung groß ist nach all den Beschimpfungen und Verdächtigungen, denen noch vor kurzem jeder ausgesetzt war, der es wagte, an der Weisheit des Nachrüstungsbeschlusses zu zweifeln, daran, daß allein dieser Entschluß dazu führen werde, die Russen abrüsten zu lassen. Ich erinnere an diesen Ablauf vor allem deswegen, weil er typisch ist und weil wir aus ihm lernen und unsere Schlüsse ziehen sollten.

Oder wie war es denn beispielweise im Falle des »Waldsterbens«? Während sich noch im Sommer 1982 als »ökologischer Spinner« verspotten lassen mußte, wer das Wort auch nur in den Mund nahm, spricht man heute in Stuttgart immerhin schon von »notwendigen Gegenmaßnahmen«. Noch 1981 wurde ein Antrag der Grünen im baden-württembergischen Landtag, Maßnahmen zu ergreifen, um die Stickoxid- und Schwefelemissionen herabzusetzen, um so das Waldsterben zu bekämpfen, von Ministerpräsident Lothar Späth höchstpersönlich abgeschmettert mit der Begründung, daß ein ursächlicher Zusammenhang keineswegs erwiesen und nach Ansicht der Landesregierung sogar unwahrscheinlich sei. In seiner letzten Regierungserklärung Anfang dieses Jahres behauptete der gleiche Ministerpräsident dann kühn, daß die von ihm geführte Landesregierung die erste politische Kraft in diesem Lande gewesen sei, die sich der Gefahren des Waldsterbens angenommen hätte. So etwas grenzt an Wählerbetrug.

Dabei bleibt es bei den Vertretern der etablierten Parteien ohnehin bei schönen Worten und halbherzigen Maßnahmen. Tatsache ist, daß im Sommer 1982 die sichtbaren Waldschäden in der Bundesrepublik noch bei knapp acht Prozent der gesamten Forstfläche lagen. Nur ein Jahr später, nämlich im Sommer 1983, waren es bereits mehr als dreißig Prozent, in Baden-Württemberg stellenweise sogar mehr als vierzig Prozent! Und was geschieht dagegen? Es wird eine Großfeuerungsanlagen-Verordnung erlassen, unter gebührendem Eigenlob selbstverständlich, welche die Stickoxidemissionen der sogenannten Altanlagen – das sind im Klartext alle bereits existierenden Anlagen – bis 1993 praktisch überhaupt nicht und die Schwefeldioxidemissionen allenfalls um dreißig Prozent verringert.

So ist der Wald nicht mehr zu retten. Zu teuer sind angeblich wirklich wirksame Maßnahmen: der konsequente Einbau von Rauchgasentschwefelungsanlagen, Wirbelschichtverfahren, Brennstoffentschwefelung. Das alles gibt es, und es würde heute noch helfen. Die Behauptung, diese Techniken seien zu teuer, ist nachweislich unwahr. Ich will mich darauf beschränken, auf das Beispiel Japans hinzuweisen. Dort hat man mit den genannten und einigen anderen Maßnahmen die Schwefeldioxidgesamtemission in den Ballungsgebieten in den letzten zehn Jahren auf sage und schreibe ein Siebtel des Ausgangswertes von 1970 gesenkt. Daß darunter die Konkurrenzfähigkeit der japanischen Industrie gelitten hätte, wäre mir jedenfalls neu.

Es geht nicht allein um den Wald. So alptraumhaft die Vorstellung ist, es könnte in zehn oder zwanzig Jahren keinen Schwarzwald mehr geben, so realistisch ist sie. Man braucht sich nur einmal die Bilder aus dem Erzgebirge anzusehen, um einen Begriff davon zu bekommen, wie schnell das gehen kann und wie fürchterlich das Ergebnis ist. Aber beim Tod des Waldes allein bleibt es nicht. Wenn weiter soviel geschieht wie bisher, nämlich gar nichts, dann werden die badischen Winzer und Landwirte in zehn oder zwanzig Jahren anfangen müssen, sich für ihre Kinder nach neuen Berufen umzusehen. Denn die Grundwasserabsenkungen, die klimatischen Konsequen-

zen und die Änderungen der Begleitvegetation, die das Verschwinden eines Waldgebietes unweigerlich nach sich zieht, machen Landwirtschaft im gewohnten Rahmen unmöglich.
Auch das ist noch nicht alles. Vor etwa zwei Jahren habe ich darauf hingewiesen, daß man damit rechnen müsse, daß Schadstoffanreicherungen in der Luft, die ausreichen, um Bäume umzubringen, die Frage aufwerfen, wie lange der Mensch die gleiche Luft noch wird atmen können, ohne ebenfalls Schäden davonzutragen. Die Warnung brachte mir damals prompt den Vorwurf der Bangemacherei ein. (In der offiziellen Politik darf man, das habe ich inzwischen gelernt, bei ökologischen Themen erst dann Alarm schlagen, wenn das Kind bereits im Brunnen liegt.) Inzwischen aber haben wir von den Untersuchungen im Ruhrgebiet gelesen, bei denen herausgekommen ist, daß die sogenannten Pseudokrupperkrankungen – das sind nächtliche Erstickungsanfälle bei Kleinkindern – dort in den letzten Jahren erschreckend zugenommen haben, und zwar nachweislich in Abhängigkeit vom Schadstoffgehalt der Atemluft. In den letzten Wochen war dann zu lesen, daß es hier bei uns inzwischen auch schon soweit ist: Kinder- und Hautärzte in Südbaden haben eine erschreckende Zunahme von Infekten der Atemwege und von allergischen Hauterkrankungen festgestellt als Folge davon, daß die Atemluft auch in unserem Land bereits zur Krankheitsursache zu werden beginnt. Wenn die Verantwortlichen es weiterhin bei schönen Worten oder konsequentem Wegsehen belassen, werden wir alle noch erleben, daß sich Asthma und Bronchitis hier als Volksseuche ausbreiten.
Es tut mir leid, aber ich muß mit der »Bangemacherei« fortfahren. Es bleibt einem doch gar nichts anderes übrig, wenn man sieht, wie die Risiken sich von Jahr zu Jahr vermehren, ohne daß einer der Verantwortlichen aktiv wird. Manchmal gewinnt man den Eindruck, daß wir von Menschen regiert werden, die ernstlich zu glauben scheinen, daß eine Gefahr sich dadurch beseitigen läßt, daß man sie konsequent verschweigt. Solche Leute aufzurütteln wird inzwischen schon zum Akt der Notwehr.
Ich habe hier einen Brief des Bürgermeisteramtes der Stadt Heitersheim, in dem einem jungen Ehepaar zur Geburt eines Kin-

des gratuliert wird. Das ist aber nicht der eigentliche Anlaß dieses vervielfältigen Schreibens, das seit mindestens einem Jahr offenbar routinemäßig an alle neuen Eltern abgeht. Darin werden sie davor gewarnt, ihren Kindern Wasser aus dem Wasserhahn zu trinken zu geben. Weit haben wir es gebracht! Ist irgend jemandem etwas über ernstzunehmende Projekte oder wenigstens Planungen bekannt, mit denen die für die Bürger dieses Bundeslandes verantwortlichen Politiker wenigstens versuchen, darauf zu reagieren, daß jetzt auch schon das Trinkwasser zur Gefahrenquelle für unsere Gesundheit zu werden droht? Erst in der vorigen Woche äußerte der Ortsvorsteher von Bischoffingen die Sorge, daß die Trinkwasserversorgung der Gemeinde als Folge eines zu hohen Nitratgehalts »auf die Dauer im jetzigen Zustand nicht aufrechterhalten werden könne«. Ja, was denn dann? Sollen die Bischoffinger alle dazu übergehen, Mineralwasser zu trinken und mit Mineralwasser zu kochen? Bei Säuglingen gefährdet eine zu hohe Nitrataufnahme die Sauerstoffversorgung der inneren Organe. Bei Erwachsenen besteht die Gefahr, daß die Nitrate sich im Körper in Nitrite umwandeln und mit den im Organismus vorhandenen Aminen zu Nitrosaminen verbinden. Nitrosamine aber gehören zu den stärksten krebserregenden Substanzen, die der Medizin bekannt sind. Will man höheren Ortes auch in diesem Fall mit den Händen im Schoß so lange warten, bis die Krebsstatistik in einigen Jahren die Realität dieser Gefahr unwiderleglich beweist?

Auch wer gern Nierchen oder Leber sauer ißt, lebt in diesem Lande gefährlich. Denn seit Jahren verfolgen die Gesundheitsbehörden mit Sorge eine Zunahme des Schwermetallgehalts in allem tierischen Fleisch und insbesondere von Cadmium in Nieren und Lebern von Schlachttieren. Beim Verzehr von 200 Gramm Rinder- oder Schweinenieren nimmt man heute bereits die Cadmiummenge zu sich, die die Weltgesundheitsorganisation als Höchstdosis für ein Vierteljahr angibt. Cadmium verursacht Nierenschäden, Bluthochdruck, Knochenerkrankungen und Krebs. Es ist, wie die Nitrate und alle anderen Schadstoffe, die sich in unserer Umwelt seit Jahren langsam, aber sicher anreichern, ein typisches Produkt unserer

Industriegesellschaft, in der, bisher jedenfalls, jeder Produzent fast nach Belieben seine Abfälle per Schornstein oder durch den Abwasserkanal dadurch möglichst billig loszuwerden trachtet, daß er sie der Allgemeinheit auflädt.

Schon 1980 gab das Bundesgesundheitsamt die Empfehlung ab, Nierchen oder Leber möglichst nicht mehr als einmal im Monat zu essen. Das ist so gut wie alles, was den offiziellen Stellen bisher zum Thema eingefallen ist. Sollen wir uns damit zufriedengeben?

Das Ganze ist im Grunde nicht zu verstehen. Das Ausbleiben entschiedener, durchdachter und konsequent durchgeführter Gegenmaßnahmen in allen diesen und unzähligen gleich gelagerten Fällen wirkt schon deshalb geradezu irrational, weil die politischen Entscheidungsträger selbst mit ihren Familien von den Gefahren ja ebenfalls bedroht sind. Welches Wasser wollen die Herren in Stuttgart eigentlich in Zukunft trinken, wenn nicht die aus den Leitungen der Städtischen Wasserwerke stammende Flüssigkeit? Die aber ist, wenn man es genau nimmt, auch schon bis zur Untrinkbarkeit verseucht. Ein halbes Jahr lang wurden die Hinweise der grünen Landtagsfraktion auf den Übelstand hartnäckig bestritten. Ein halbes Jahr lang hat man auch in diesem Fall versucht, der Gefahr dadurch zu begegnen, daß man ihr Vorhandensein leugnete. Dann endlich bequemte man sich – es ist hier, wohlgemerkt, vom Verhalten einer Landesregierung die Rede! –, den Sachverhalt zuzugeben.

Wie ist diese eigentümliche Lethargie gegenüber den unsere Umwelt und damit uns selbst bedrohenden Gefahren zu erklären? Es gibt sicher mehrere Gründe. Der wichtigste scheint mir darin zu bestehen, daß unsere heutige Generation eine radikale Wandlung der gesellschaftlichen und zivilisatorischen Situation durchzustehen hat. Einen Wandel, der so radikal ist, daß er viele der bisher erfolgreichen Rezepte für gesellschaftliches Verhalten außer Kraft setzt, wenn nicht sogar schädlich werden läßt.

Ein einziges Beispiel: Wachstum in vielerlei Form – hinsichtlich der Bevölkerungszahl, der Industrieproduktion, der Nahrungserzeugung, der Ausnutzung von Rohstoffen und Energieträgern – war jahrtausendelang wahrscheinlich ein für das Überleben menschlicher Gesellschaften gebotenes Erfolgsrezept. Es

war so erfolgreich, daß es uns in die heutige Situation gebracht hat, in der eine technisch sozusagen »bewaffnete« und an die Grenze des Erträglichen angewachsene Menschheit die Möglichkeiten der Erde und der natürlichen Umwelt zu überfordern begonnen hat. In dieser Situation würde eine Fortsetzung des bisherigen Kurses zwangsläufig in die Katastrophe führen.
Aus Gründen, deren Erörterung hier zu weit führen würde, ist nun aber das gedankliche Beharrungsvermögen innerhalb der Welt der etablierten Politik offensichtlich zu groß, als daß ihre Repräsentanten – von Ausnahmen abgesehen – den Mut aufbrächten, von den bisherigen Erfolgsrezepten abzulassen, und die Phantasie, sich nach neuen Verhaltensstrategien umzusehen. Anstatt in dem unverdrossenen Drang nach immer mehr einmal einzuhalten, sich umzusehen und die eigene Orientierung selbstkritisch zu überprüfen, setzt man hier unbeirrbar und unbelehrbar auf die Rezepte der Vergangenheit. Niemand bestreitet, daß diese erfolgreich waren – eben in der Vergangenheit. Daß aber ihre Gültigkeit für die Gegenwart und die Zukunft aufgehoben sein könnte, an diese Möglichkeit auch nur zu denken erweist sich für einen Berufspolitiker, der in den seit Generationen eingefahrenen politischen Routinebetrieb eingespannt ist, offenbar als fast ausgeschlossen.
Von außen gesehen, erinnert der Drang dieser Politiker zum unbeirrbaren Weitermarsch auf dem bisherigen Kurs daher an den Zug von Lemmingen, die einem Abgrund zustreben, den niemand sehen will. Wer als Außenstehender auf die drohende Gefahr hinweist, wird als Bangemacher verschrien. Man will sich nicht beunruhigen lassen und versichert sich bei dem gemeinsamen Marsch gegenseitig unaufhörlich, daß alles in bester Ordnung sei.
Nun: Ich habe nicht die Absicht, mich in die Marschkolonne dieser Lemminge einzureihen. Wenn man einmal erkannt hat, welche neuartigen Probleme heute überlebenswichtig geworden sind, geht einem auf, daß mit den Rezepten der Vergangenheit nicht mehr viel auszurichten ist. Ich gehöre auch nicht zu denen, die zu glauben scheinen, daß die unsere Existenz heute bedrohenden Risiken sich dadurch beseitigen lassen, daß man es konsequent vermeidet, über sie zu sprechen.

Man kann gegen die Grünen allerlei vorbringen, eines aber kann man nicht bestreiten: nämlich daß sie die einzige politische Kraft darstellen, die begonnen hat, außerhalb des Kurses der Lemminge nach Antworten auf die Fragen zu suchen, die wir heute lösen müssen, wenn wir in der uns gewohnten Landschaft und Umwelt auch in Zukunft leben und gesund leben wollen und wenn wir Wert darauf legen, auch unseren Kindern diese Möglichkeit zu erhalten. Es ist ja sehr schön und lobenswert, wenn die Regierungspartei im jetzigen Wahlkampf nicht müde wird, den Wert der Heimat und ihre Liebe zu ihr herauszustreichen. Nur müßten zu den schönen Worten auch die Taten kommen. Denn was nutzen einer Heimat alle offiziellen Lobgesänge, wenn man sie gleichzeitig aus Phantasielosigkeit und mangelhafter Entschlußkraft vor die Hunde gehen läßt.
Ich kann mir die Grünen, das nimmt mir hier hoffentlich niemand übel, beim besten Willen nicht als Regierungspartei vorstellen, weder hier in Baden-Württemberg noch in einem anderen Land oder gar im Bund. Das wäre ohnehin eine angesichts der Realitäten als utopisch zu bezeichnende politische Situation. In einer ganz bestimmten Funktion aber halte ich diese grüne Bewegung, die mir manchmal wie eine gesunde instinktive Reaktion unserer Gesellschaft auf die angedeuteten Mißstände erscheinen will, für geradezu unentbehrlich, ja für überlebensnotwendig: Als besorgter Staatsbürger wünsche ich mir, daß die Grünen auch in den kommenden Jahren weiterhin unüberhörbar dafür sorgen, daß die in unserer heutigen Situation wirklich wichtigen Fragen nicht unter den Teppich gekehrt, sondern ins Bewußtsein aller Mitbürger und in die offizielle politische Diskussion gerückt werden. Deshalb versuche ich nach Kräften dazu beizutragen, daß die Grünen aus der bevorstehenden Wahl stark genug hervorgehen, um diese Aufgabe in unser aller Interesse mit Nachdruck wahrnehmen zu können.

(1984)

Die Kosten des wirtschaftlichen Erfolgs

Eine Ansprache vor Industriemanagern

Jedes funktionell rückgekoppelte System, das unter dem – steuernden und korrigierenden – Einfluß seiner eigenen Zwecke entstanden ist, ist in sich schlüssig, optimal richtig und unwiderlegbar. Das gilt ganz unabhängig davon, um was für eine Art von System es sich handelt – um ein biologisches oder ein organisches oder ein gesellschaftliches System. Es gilt daher sowohl für das von der Evolution hervorgebrachte Lebensganze, das wir »Natur« nennen. Auch dieses ist ja unter dem ständig selektierenden Einfluß seines Zwecks, nämlich der Optimierung der Überlebensfähigkeit biologischer Organismen, entstanden. Und diese innere Schlüssigkeit und Unwiderlegbarkeit gilt ebenso auch für das soziale System der freien Marktwirtschaft, als deren Selektionsprinzip die Optimierung der Überlebensfähigkeit des einzelnen industriellen Produzenten unter Marktbedingungen angesehen werden kann.
Wer einem solchen System selbst in irgendeiner Funktion angehört, wird daher – mit einer sich aus dieser »inneren« logischen Unwiderlegbarkeit geradezu zwangsläufig ergebenden Unausweichlichkeit – dazu neigen, jeglicher von »außen«, von außerhalb des Systems kommende Kritik mit Mißtrauen zu begegnen und sie als Auswuchs mangelhafter Kenntnis, wenn nicht unsachlicher Motive bis hin zu Mißgunst und Böswilligkeit abzuweisen. Dieser sehr einfache und dabei in der gesellschaftlichen Realität äußerst wirksame psychologische Mechanismus bildet eine schier unerschöpfliche Quelle von mitunter ärgerlichen und in aller Regel höchst überflüssigen Mißverständnissen. Von einem, wie mir scheint besonders aktuellen, dieser Mißverständnisse soll hier die Rede sein.
Ich will es einmal aus Ihrer Perspektive beschreiben, so, wie ich glaube, daß es sich in Ihren Köpfen und Ihrer täglichen beruflichen Erfahrung niederschlägt. Ich muß dazu – da selbst nicht in

das spezifisch industrielle Produktionssystem integriert, also »Außenstehender« – den Versuch machen, mich in Sie hineinzudenken, was mir in diesem Fall gar nicht besonders schwer zu sein scheint.

Ich gehe also davon aus, daß Sie alle auf ihrem ureigenen beruflichen Feld hochqualifizierte Könner sind. Wären Sie das nicht, dann hätten Sie nicht die Position inne, die Sie sich errungen haben. Sie alle beherrschen die Gesetze und Spielregeln des Marktes, von denen jeder einzelne von ihnen sehr viel mehr in seinem kleinen Finger hat als ich zum Beispiel in meinem ganzen Kopf. Aber nicht nur das. Sie haben die Fähigkeit erworben (oder als Naturtalent von Hause aus mitgebracht), mit Menschen umzugehen und sie zu effektiver Teamarbeit zu erziehen. Aber Sie üben ihren Beruf nicht nur im Gefühl der Befriedigung aus, das sich einstellt, wenn man Erfolg hat. Sie arbeiten alltäglich auch in dem Bewußtsein, daß das, was Sie und ihre Mitarbeiter tun, positiv zu bewerten ist, nützlich, nicht nur für das Unternehmen, in dem Sie arbeiten, sondern nützlich darüber hinaus auch für die Gesellschaft insgesamt. »Aber natürlich haben wir ein gesundes Selbstbewußtsein«, sagte mir in einer Diskussion über diese Frage kürzlich ihr oberster Kriegsherr, »denn wovon leben wir alle schließlich, wenn nicht von unserer Industrie?«

Die Ungebrochenheit, das »gute Gewissen« des damit beschriebenen Selbstverständnisses wird nun seit einigen Jahren von verschiedenen gesellschaftlichen Gruppen außerhalb von Industrie und Wirtschaft mit zunehmender Vehemenz kritisiert und in Frage gestellt. Ich brauche mich jetzt gar nicht mit einer Auflistung konkreter Beispiele aufzuhalten, das Phänomen ist ihnen allen nur allzugut bekannt. Obwohl es in unserer Gesellschaft nach wie vor niemanden gibt, der seinen Lebensstandard nicht wenigstens indirekt der beruflichen Tüchtigkeit derer verdankt, die in Industrie und Wirtschaft arbeiten, wächst gleichzeitig, so scheint es jedenfalls, die Zahl derer, die dieser Industrie und dieser Wirtschaft kritisch, mißtrauisch und sogar unverhüllt feindselig gegenüberstehen.

Dem Vokabular der Kritiker gebricht es bekanntlich nicht an Deutlichkeit. Da ist von »hemmungslosem Profitstreben« die

Rede, von »Konsumterror« und der »Ausbeutung von Natur und Ressourcen auf Kosten der Allgemeinheit« und wie die gängigen Redensarten noch lauten, an die Sie und ihre Kollegen in anderen Wirtschaftzweigen sich in den vergangenen Jahren haben gewöhnen müssen. Ich verstehe sehr gut, daß Sie alle, die Sie mit großem persönlichem Einsatz und in der Gewißheit, eine nützliche und sinnvolle Arbeit zu leisten, in Wirtschaft und Industrie tätig sind, sich angesichts dieser von »außen«, aus der Gesellschaft kommenden Vorwürfe und Schuldzuweisungen ungerecht behandelt fühlen und darauf mit Verständnislosigkeit oder sogar Verbitterung reagieren. Er komme sich als Industrieller auf derartigen Veranstaltungen immer häufiger so vor, als ob er an den Pranger gestellt würde, sagte mir Otto Wolff von Amerongen vor einigen Jahren, spürbar verärgert, auf einem Kongreß zum Thema »Ökonomie und Ökologie«.
Was hat ihn und die von ihm repräsentierte Branche in den Augen der Öffentlichkeit eigentlich in diese Rolle geraten lassen? Was ist da in den letzten Jahrzehnten passiert? Mancher macht sich die Antwort allzu leicht und erklärt die ganzen Attacken einfach als zeitgenössische Variante der alten orthodoxmarxistischen Kapitalismuskritik. Die gibt es selbstverständlich auch nach wie vor (wenn auch seit dem Anbruch von Glasnost und Perestroika wohl doch in eher abnehmender Lautstärke). Sie ist aber, so behaupte ich (und ich stehe damit nicht allein), gar nicht die entscheidende Antriebskraft für die aktuelle Welle von Industriekritik und emotionaler Industriefeindlichkeit, die sich in den vergangenen zehn oder zwanzig Jahren entwickelt hat.
Auch wenn man die im Kern wirklich marxistisch begründeten Attacken einmal beiseite läßt, bleibt immer noch der unabweisbare Eindruck, daß in unserer Gesellschaft eine spürbare Unsicherheit um sich gegriffen hat angesichts bisher als fraglos positiv angesehener Begriffe wie Leistung, Wettbewerb, Wirtschaftswachstum oder Fortschritt in Gestalt von materiellem Wohlstand und steigendem Lebensstandard. Wenn aber das Gewürz, das so vielen Mitbürgern heute den Appetit auf diese und ähnliche bis vor kurzem noch allgemein akzeptierten Werte vergällt, nicht von den Marxisten zusammengerieben worden ist, aus welcher Küche stammt es dann?

Um den eigentlichen Hintergrund der Skepsis verstehen zu können, den ein wachsender Teil unserer Gesellschaft gegenüber der Institution »Industrie« empfindet, muß man, das ist meine Überzeugung, in einer ganz anderen Richtung suchen. Die erste Einsicht, die es bei dieser Suche zu berücksichtigen gilt, ist die, daß die heutige Gesellschaft sich in den Trümmern eines zusammengebrochenen utopischen Weltbildes einzurichten hatte. Wie tief der Sturz gewesen ist, den ihre Mitglieder miterlebt haben, und wie kurz – in geschichtlichen Zeiträumen gedacht – der Fall erst zurückliegt, läßt sich anschaulich und zweifelsfrei belegen. Ich brauche dazu nur einige Sätze aus einer Festrede zu zitieren, die ein berühmter und verdienstvoller Erfinder und Industrieller vor fast genau hundert Jahren vor einer nicht weniger berühmten und illustren wissenschaftlichen Gesellschaft gehalten hat.
Werner von Siemens ist es gewesen, der 1886 in Berlin vor der heute noch existierenden »Gesellschaft deutscher Naturforscher und Ärzte« feststellte, es liege kein Grund vor, daran zu zweifeln, daß der weitere Fortschritt der naturwissenschaftlich-technischen Entwicklung »die Menschheit höheren Kulturstufen zuführt, sie veredelt und idealen Bestrebungen zugänglicher macht, daß das hereinbrechende naturwissenschaftliche Zeitalter ihre Lebensnot, ihr Siechtum mindern, ihren Lebensgenuß erhöhen, sie besser, glücklicher und mit ihrem Geschick zufriedener machen wird«. Das haben unsere Großväter vor hundert Jahren noch wirklich geglaubt. Werner von Siemens war schließlich kein Dummkopf, und seine damaligen Zuhörer, die den zitierten Sätzen begeistert applaudierten, waren es auch nicht.
Uns kommen diese Aussagen heute, nur drei Generationen später, in ihrem fast schrankenlosen Optimismus bereits nahezu unseriös vor. Wir wissen nämlich, was bei der Entwicklung wirklich herausgekommen ist. Zugegeben: Nicht alle Hoffnungen blieben unerfüllt. Das Siechtum der Menschen ist in der Zwischenzeit tatsächlich »gemindert«, und der allgemeine Lebensstandard (Siemens sprach von der Minderung der »Lebensnot«) nachhaltig verbessert worden. Aber wer würde heute noch auf den Gedanken kommen, daß technischer Fortschritt

die Menschen »edler« und »idealen Bestrebungen« zugänglicher hätte werden lassen, daß er die Menschen »besser« gemacht hätte? Hat nicht vielmehr der Träumer Hölderlin recht behalten, der die seinerzeit von niemandem ernstgenommene Prophezeiung aussprach, daß die Erde rasch zur Hölle werden könne, wenn der Mensch den Versuch unternehmen sollte, sie mit Hilfe von Wissenschaft und Technik zu seinem Himmel zu machen? Als ob Hölderlin von dem Grauen zweier Weltkriege etwas geahnt hätte, die eben infolge des Fortschritts von Wissenschaft und Technik höllischer verliefen als alle Kriege zuvor, oder von den Risiken einer nuklearen Rüstung, dem bisher letzten Produkt des Fortschritts in diesem Bereich der Technik. Zu Zeiten eines Robert Koch und auch noch eines Gerhard Domagk, der zwischen den beiden Kriegen die Sulfonamide erfand und damit die Chemotherapie begründete, konnte man noch ernstlich darauf hoffen, daß es eines Tages gelingen werde, die Krankheiten des Menschen endgültig zu besiegen. In Einzelfällen ist das ja auch geschehen. Die Pocken zum Beispiel sind verschwunden. Aber dafür bekommen wir es plötzlich mit ganz anderen, neuen Seuchen zu tun, mit Pilzinfektionen und einem schillernden Spektrum viraler Erkrankungen bis hin zu Aids. Und aus den Laboratorien, mit deren Hilfe man einst die Krankheiten abzuschaffen versprach, hören die Menschen heute von Experimenten mit manipulierten Genen und Mikroorganismen im Dienste wieder einmal eines Fortschritts, über dessen Endergebnis ihnen keiner der Experten über Mutmaßungen hinaus gesichert etwas sagen kann.

Bitte mißverstehen Sie mich nicht. Ich möchte hier und bei dieser vorweihnachtlichen Gelegenheit kein düsteres Zukunftsbild entwerfen. Ich will auch keinen Pessimismus säen. Ich versuche lediglich, das psychische Trauma zu beschreiben, von dem das Lebensgefühl der heutigen Generation geprägt ist infolge des Unerfülltbleibens der utopischen Verheißungen, die zu Beginn des wissenschaftlichen Zeitalters wie gültige Währung gehandelt wurden. Das spielt sich unterhalb der Ebene bewußter Reflexion ab. Das wird vom einzelnen gewiß nicht bewußt registriert. Aber der Zusammenbruch des utopischen Fortschrittsglaubens, der noch die Generation unserer Väter er-

füllte, hat dennoch ein Vakuum in der Psyche der heute Lebenden hinterlassen, eine psychische Narbe, die immer noch schmerzt.
Das sollte niemanden verwundern. Denn das alles hat sich in einem unglaublich kurzen Zeitraum abgespielt. Noch Ernst Bloch, der aus Ludwigshafen stammende marxistische Metaphysiker, hat in seinem erst 1959 abgeschlossenen berühmten Werk »Das Prinzip Hoffnung« einer schier grenzenlosen Fortschrittsgläubigkeit mit aller ihm zu Gebote stehender Sprachgewalt das Wort geredet. Teil seiner Zukunftsvision ist die Vorstellung eines mit technischen Mitteln durchgeführten »Umbaus des Sterns Erde«, eine »Übernaturierung der gegebenen Natur«. Ihre Verbesserung also durch menschliche Eingriffe. Ja eine Art Befreiung des Menschen von dieser angesichts seiner Ansprüche als höchst unvollkommen anzusehenden Natur, konkretisiert oder mit Blochs eigenen Worten: »gipfelnd in der Vision eines Kornfeldes, wachsend in der nackten Hand« des technisch weit über die Möglichkeiten der Natur hinausgreifenden Menschen.
Wir haben heute, spät genug, erkannt, daß wir uns selbst die Lebensgrundlage entziehen würden, wenn es uns jemals gelänge, die ganze Erde zu einer auf die Bedürfnisse allein des Menschen maßgeschneiderten Nutzplantage »umzubauen«. Nach kaum dreißig Jahren haben wir die Blochsche Verheißung als Gefährdung unserer Existenz durchschaut. Darf es uns eigentlich überraschen, wenn sich angesichts solcher Erfahrungen in unserer Gesellschaft heute Skepsis und Unsicherheit rühren, sobald die Rede auf wissenschaftlichen oder technischen Fortschritt kommt? Ich will hier gar nicht werten oder Stellung nehmen. Der Versuch hätte sehr differenziert zu erfolgen, wozu mir die Zeit fehlt. Das schadet aber nichts. Denn mir kommt es nur darauf an, das allgemeine psychologische Fundament zu beschreiben, das die noch ganz unspezifische Grundlage bildet für die gesellschaftlichen Reaktionen, die mein eigentliches Thema sind.
Sensibilisiert durch diese wahrhaft säkulare Enttäuschung werden die Menschen heute nun immer deutlicher eines für alle industrielle Betätigung charakteristischen Phänomens gewahr,

auf das sie mit wachsender Irritation und Furcht zu reagieren beginnen: In der Gesellschaft breitet sich die Sorge aus, daß wirtschaftlicher Erfolg möglicherweise mit Opfern auf Kosten des Allgemeinwohls erkauft werden muß. Es ist genau diese Befürchtung, die hinter dem häufig zu hörenden Vorwurf steckt, daß die Industrie einem »hemmunglosen Gewinnstreben« verfallen sei. In dieser Form ist der Vorwurf natürlich viel zu undifferenziert. Das zeigt sich spätestens dann, wenn man, wie ich das bei Diskussionen häufig erlebt habe, jemandem, der ihn äußert, die Frage entgegenhält, wie er sich denn eine funktionsfähige Wirtschaft ohne Gewinnstreben eigentlich vorstelle. Dann herrschen nämlich in aller Regel Ratlosigkeit und Funkstille. Trotzdem macht man es sich auch in diesem Fall wieder zu leicht, wenn man den Vorwurf damit für erledigt und, vor allem, für widerlegt hält. Denn aller Undifferenziertheit der üblichen Formulierungen zum Trotz enthält er einen ernstzunehmenden Kern.

Dieser Kern zielt auf das aller unternehmerischen Initiative unleugbar innewohnende egoistische Element. Mir liegt auch hier wieder sehr viel daran, nicht mißverstanden zu werden. Ich meine nicht etwa den billigen Vorwurf persönlicher Bereicherung oder, neutraler formuliert, Vorteilsnahme, mit dem eine unsachliche, nämlich von primitivem Neid getriebene Industriekritik heute häufig operiert. Ich meine vielmehr den ganz sachlich und objektiv zu registrierenden Sachverhalt, daß jedweder wirtschaftliche Betrieb aufgrund innerer Gesetzlichkeiten ganz unvermeidlich dazu tendiert, allen seinen Überlegungen und Entscheidungen ausschließlich seine interne Interessenlage zugrunde zu legen. Aus dieser sozusagen systemimmanenten Tendenz ergibt sich in logischer Konsequenz nun ein in der Tat für alle industriellen Tätigkeiten spezifisches Prinzip: nämlich die Strategie einer möglichst weitgehenden »Externalisierung interner Betriebskosten«, wie die Wirtschaftswissenschaftler das genannt haben.

Mir ist bewußt, daß ich damit von einem Ihnen allen wohlbekannten Phänomen rede und daß ich mich dabei insofern auf Glatteis begebe, als Sie alle davon wieder sehr viel mehr verstehen dürften als ich. Erlauben Sie mir bitte trotzdem, einige Anmerkungen dazu zu machen. Denn mir geht es um den Versuch, Ihnen einmal zu schildern, wie diese systemimmanente Tendenz sich von »außen« gesehen, in den Augen der Öffentlichkeit also, ausnimmt und in welcher Weise dieser äußere Anblick zu der gesellschaftlichen Kritik beiträgt, von der hier die Rede ist. Ich kann zur Rechtfertigung übrigens auch darauf hinweisen, daß nicht nur die Öffentlichkeit, sondern selbst die Wirtschaftswissenschaftler auf die gesellschaftliche Bedeutung dieses seit der Erfindung der Dampfmaschine für alle industrielle Tätigkeit charakteristischen Phänomens erst erstaunlich spät aufmerksam geworden sind. Ihre erste eingehende Beschreibung stammt meines Wissens von dem Wirtschaftswissenschaftler William Kapp. Sie trägt den Titel »Volkswirtschaftliche Kosten der Privatwirtschaft« und erschien erst 1958 in Tübingen.

Die Profitorientierung eines Wirtschaftsbetriebes ist nicht vorwerfbar, sondern Vorbedingung seines Überlebens, darin sind wir uns ohne weitere Begründung einig. Die Existenz eines Betriebes, dessen Führungskräfte ihre Entscheidungen nicht an den Gewinnaussichten orientieren würden, könnte man nur noch der unmittelbaren Gnade himmlischer Mächte anvertrauen. Aber die Selbstverständlichkeit dieser Grundeinstellung veranlaßt einen Manager gerade dann, wenn er gut ist, eben auch dazu, seine innerbetriebliche Kalkulation dadurch möglichst günstig zu gestalten, daß er einen möglichst großen Anteil seiner innerbetrieblich entstehenden Kosten »externalisiert«. Konkret heißt das nichts anderes, als daß er versucht, sie nach »außen«, auf die Welt außerhalb des eigenen Betriebes, abzuwälzen.

Das geschieht denn auch von jeher und alltäglich bis heute auf vielfältige Weise und ohne daß sich, bis vor kurzem jedenfalls, irgend jemand darum scherte. Abgewälzt wird, um nur einige Beispiele zu nennen, auf die Umwelt, indem man ungereinigte Abwässer, deren Reinigung erhebliche interne Kosten entstehen ließe, einfach in Flüsse abführt oder gas- und staubförmige Schadstoffe in die Atmosphäre. Abgewälzt wird auf den Steuerzahler, indem man stillschweigend davon ausgeht, daß der Staat das verunreinigte Wasser wieder bis zu trinkbarer Qualität aufzubereiten die Pflicht hat oder daß er die Lehrlingsausbildung übernimmt, die man selbst nicht mehr finanzieren möchte. Abgewälzt wird auf den Konsumenten, indem man diesem Dienstleistungen, die einem nicht mehr gewinnbringend erscheinen, im Selbstbedienungsverfahren zuschiebt – im Kaufhaus oder Restaurant, an der Tankstelle usw. Das alles ist grundsätzlich uneingeschränkt legal und im Rahmen der heute geltenden Wirtschaftsordnung sogar legitime Managerpflicht. Das alles ist ein so selbstverständlicher Bestandteil wirtschaftlichen Handelns, daß diese und andere Methoden der Abwälzung betriebsinterner Kosten bis vor einigen Jahren von niemandem bewußt registriert worden sind.

Wir alle wissen, daß sich das neuerdings grundlegend geändert hat. Die von jeher selbstverständliche Übung der »Externalisierung interner Kosten« ist in den letzten Jahren ins Gerede gekommen. Die Gesellschaft hat begonnen, der Industrie diese für alle Wirtschaftsunternehmen spezifische Usance übelzunehmen und vorzuwerfen. Wir alle wissen auch, daß sich die Beurteilung vor allem deshalb geändert hat, weil inzwischen die ökologisch verheerenden Folgen dieser Externalisierungs-Strategie entdeckt worden sind. Unter ihrem Einfluß ist die marktwirtschaftliche Intelligenz blind gewesen für die in der Welt außerhalb des eigenen Betriebs von ihr angerichteten Schäden.

Der Stuttgarter Wirtschaftswissenschaftler Gerhard Scherhorn hat den Kern der Angelegenheit zusammengefaßt in der Aussage, die Natur sei innerhalb des marktwirtschaftlichen Gesellschaftssystems gleichsam rechtlos: Sie brauche nicht entlohnt zu werden wie die Arbeiter oder Geldgeber, sie könne nicht einmal den Anspruch auf pflegliche Behandlung erheben, den wir toten Objekten wie Werkzeugen und Maschinen ganz selbstverständlich zubilligen. Die Natur habe im Verständnis unserer marktwirtschaftlich organisierten Gesellschaft bisher gleichsam als »vogelfrei« gegolten.

Eine solche Betrachtung konnten wir uns aber nur so lange leisten, wie die »Natur« als relativ unermeßlich im Vergleich zu dem Ausmaß menschlicher und insbesondere industrieller Aktivitäten angesehen werden konnte. Die Zeiten, in denen das

noch möglich war, sind jedoch ein für allemal vorbei. Die Zahl der Menschen in unserem Wirtschaftsraum, das Ausmaß ihrer Bedürfnisse und Ansprüche sowie die mit dieser Entwicklung einhergehende Vervielfachung des Volumens aller Sparten industrieller Produktion machen heute die Berücksichtigung auch der externen Konsequenzen innerbetrieblicher Entscheidungen zur unabweisbaren Pflicht eines verantwortlich handelnden wirtschaftlichen Entscheidungsträgers. Sowohl in zeitlicher Hinsicht (die zukünftigen Folgen seiner Entscheidungen betreffend) als auch räumlich (was die geographische Reichweite ihrer Konsequenzen angeht) hat sich der Rahmen seiner Verantwortlichkeit heute sprunghaft und, das ist das entscheidend Neue: weit über die Grenzen des eigenen Betriebes hinaus erweitert.
Die Gesellschaft hat für diese Zusammenhänge seit einigen Jahren intuitiv, zum Teil aber auch schon aufgrund eines bemerkenswerten Informationsstandes, ein sehr waches Gespür entwickelt. Hierin ist eine ganz wesentliche Wurzel ihrer unleugbaren sogenannten »Industriefeindlichkeit« zu sehen. Denn es ist dieser Gesellschaft selbstverständlich nicht entgangen, daß dieses Gespür im Reiche der Wirtschaft bisher noch besorgniserregend unterentwickelt ist.
An diesem Punkt pflegen Diskussionspartner aus der Industrie erfahrungsgemäß mit dem Hinweis auf die in der Tat respektheischenden Milliardenbeträge zu widersprechen, die in den letzten Jahren zur Rauchgasentschwefelung, zur Abwasserreinigung und für vergleichbare Investitionen im Interesse der Umwelterhaltung aufgewendet worden sind. Dieser Einwand beruhigt nun aber die Öffentlichkeit keineswegs, und darüber sollte sich eigentlich niemand wundern. Ich will hier gar nicht in die Erörterung einsteigen, ob denn eigentlich schon genug geschehen ist, und auch nicht in die unerfreuliche Diskussion darüber, inwieweit es sich in bestimmten Fällen bisher lediglich um kosmetische Maßnahmen zum Zweck der Imagepflege gehandelt hat. Die Begleitumstände der Brandkatastrophe bei Sandoz, die seit Jahren schwelenden Abwasserquerelen im Umkreis der Farbwerke Höchst und neuerdings der auch von mir für möglich gehaltene Skandal in Buschhaus berechtigen da zu allerlei Zweifel.

Der springende Punkt ist ganz anderer, grundsätzlicher Natur. Was die Öffentlichkeit nach wie vor beunruhigt, ist der Umstand, daß die Einsicht in die objektiv über die eigenen Betriebsgrenzen hinausreichende Verantwortung in die Etagen der wirtschaftlichen Entscheidungsträger noch immer nicht wirklich Einzug gehalten hat. Nehmen Sie als Beispiel doch einmal den soeben erwähnten Hinweis auf das Ausmaß der ökologisch bedingten Investitionen. Ist etwa daran zu zweifeln, daß er in dem Tenor vorgetragen wird, hier habe die Industrie im Interesse der Allgemeinheit »Opfer« gebracht, die dankbar als solche anzuerkennen seien? Oder denken Sie an die Strompreisdiskussion im Zusammenhang mit dem seit Jahren anhaltenden Streit um die Entschwefelung von Kohlekraftwerken. Da wird doch zur Abwehr ökologischer Auflagen immer aufs neue das Argument ins Feld geführt, daß die für die notwendigen Filter erforderlichen Millioneninvestitionen eine »zusätzliche Belastung« der Strompreiskalkulation bedeuten würden mit der Folge einer Erhöhung der Energietarife.

Daran freilich ist nun nicht zu zweifeln. Aber was taugt das Argument eigentlich bei dem Versuch, die »ökologische Zumutung« abzuwehren? Preisaufschläge im Zusammenhang mit Umweltinvestitionen sind in Wahrheit grundsätzlich keine »zusätzlichen« Belastungen. Das kann nur glauben, wer seinen Blick als Energieproduzent so hartnäckig auf seine interne Kalkulation eingeengt hat, daß er blind geworden ist für alle außerhalb seines Betriebs von ihm verursachten Kosten. Strompreise, in deren Kalkulation die durch Schadstoffemissionen hervorgerufenen Schäden nicht eingegangen sind, müssen als fiktiv bezeichnet werden. Diese Schäden werden allein für die Bundesrepublik an Gebäuden, in den Wäldern und im Gesundheitsbereich auf jährlich mindestens sechzig Milliarden Mark geschätzt. Investitionen, die derartigen Folgeschäden vorbeugen, sind in Wahrheit eben nicht als »zusätzliche Belastungen« anzusehen, sondern, unter volkswirtschaftlichem Aspekt, ganz im Gegenteil als kostensenkende Maßnahmen. Sie werden mir zugeben, daß diese Betrachtungsweise in der Industrie noch nicht sehr weit verbreitet ist. Auch dieser Umstand trägt verständlicherweise bei zu der mißtrauischen und gereizten Einstel-

lung der Industrie gegenüber, die sich in unserer Gesellschaft ausbreitet und deren Ursachen ich hier zu beschreiben versuche.
Zuletzt möchte ich noch einen weiteren Grund erörtern, der zu dem in unserer Gesellschaft um sich greifenden Unbehagen angesichts industrieller Aktivitäten meines Erachtens wesentlich beiträgt. Wieder handelt es sich um ein ursprünglich weder kritikwürdiges noch überhaupt (womöglich noch in bösartig-hinterhältiger Kapitalistenmanier bewußt) herbeigeführtes, sondern um ein systemimmanentes Phänomen. Damit will ich auch hier sagen, daß das Phänomen aus der inneren Struktur ökonomischer Funktionszusammenhänge mit einer, rückblickend betrachtet, fast unvermeidlichen Zwangsläufigkeit entstanden ist. Es ist im Grunde nur die Folge des berufsspezifischen Wissensvorsprungs der in Wirtschaft und Industrie tätigen Experten. Desungeachtet ist es in der Tat besorgniserregend. Denn dieser Wissensvorsprung zieht, wie immer deutlicher erkennbar wird, die Tendenz nach sich, daß immer häufiger Entscheidungen und vor allem Entscheidungen mit langfristigen Wirkungen, aus dem politisch-parlamentarischen Raum, in den sie nach Verfassung und demokratischem Selbstverständnis eigentlich gehörten, in die Gremien wirtschaftlicher Entscheidungsträger und Interessengruppen wandern.
Jeder weiß, wovon die Rede ist. Trotzdem einige Beispiele. Am deutlichsten sichtbar liegen für den Laien heute die Karten im Bereich der Energiepolitik auf dem Tisch. Im Laufe mehrjähriger, manchmal mehr, mitunter auch weniger sachlich geführter Diskussionen und Auseinandersetzungen hat er, Schritt für Schritt, Informationen zur Kenntnis nehmen müssen, die ihn staunen lassen und zornig machen, zu Recht, wie mir scheint.
Es begann mit der Energiebedarfsschätzung für die Zukunft. Sie erinnern sich der Geschichte sicher noch. Ende der sechziger Jahre hielt »alle Welt« in unserer Republik und unisono mit ihr auch die damalige Bundesregierung den Bau von mindestens 65 Kernkraftwerken im Biblis-Format bis zum Jahr 1990 für eine unverzichtbare Voraussetzung zum Erhalt der Lebensfähigkeit unserer Industriegesellschaft. Ein bekannter bayerischer

Spitzenpolitiker* malte vor der Öffentlichkeit das Schreckensgemälde an die Wand, daß die Verhinderung eines Ausbaus in dieser Größenordnung die Bundesrepublik »auf die Stufe eines Entwicklungslandes zurückwerfen« würde. Heute stimmt das alles schon nicht mehr. Der Schöpfer des größten europäischen Technologiekonzerns, der Unternehmer Ludwig Bölkow, ursprünglich ebenfalls engagierter Fürsprecher eines forcierten Ausbaus der Kernkraftwerke, räumt heute freimütig ein, daß er sich geirrt habe. Auf die Frage eines Reporters, warum ihm das passieren konnte, antwortete er kürzlich: »Was sollte ich denn machen. Da verläßt man sich halt auf die Angaben aus der Stromwirtschaft.«

Wenn schon ein Mann wie Bölkow das sagt, wie abhängig muß sich der sprichwörtliche »Mann auf der Straße« dann eigentlich fühlen? Da liegt in der Tat der Knüppel beim Hund. Wen soll man denn um die für eine Entscheidung benötigten Informationen bitten? Den mit dem erforderlichen Sachverstand ausgestatteten Spezialisten selbstverständlich. Und wo findet man den? In dem mit dem jeweiligen Problem beschäftigten Industriezweig, ebenso selbstverständlich. Der dort tätige Spezialist aber kann nun aus auf der Hand liegenden psychologischen Gründen nicht so objektiv und unparteiisch sein, wie eine das Interesse der Gesamtgesellschaft berührende Entscheidung es wünschenswert erscheinen ließe. Er kann es nicht, selbst wenn er es will und sich nach bestem Gewissen darum bemüht. Dies von ihm zu verlangen geht über Menschenkraft. Denn er kann gar nicht umhin, sich mit den Zielen zu identifizieren, die den Zweck des Betriebes definieren, dem seine Loyalität gilt.

Und so kommt es dann eben dazu, daß in der offiziellen Diskussion über den weiteren Weg der Energiepolitik Strompreisangaben auftauchen, die zugunsten des Atomstroms zu sprechen scheinen, weil bei der Kalkulation die Kosten für so gravierende Faktoren wie Transportsicherung, Entsorgung und Endlagerung schlicht »vergessen« wurden, wie sich aber erst herauszustellen beginnt, nachdem langfristig wirkende Ent-

* Franz Josef Strauß (CSU); die Red.

scheidungen sich längst in unaufhebbare Sachzwänge verwandelt haben.
Ganz zu schweigen von den Prämien für den Fall einer Haftung nach einem Reaktorunfall. Wobei, ein ironischer Begleitumstand, diese Prämien vorerst tatsächlich nur für eine total unrealistisch vereinbarte Deckungssumme von in der Regel nicht mehr als 500 Millionen Mark anfallen. Mithin wird, Gipfel aller Paradoxien, dem Bürger die atomare Energieproduktion mit Hilfe eines Preisarguments schmackhaft gemacht, das seine optische Attraktivität unter anderem auch der Tatsache verdankt, daß man diesem Bürger als Steuerzahler im Falle des Eintritts des ominösen »Restrisikos« stillschweigend dessen reale finanzielle Konsequenzen aufzubürden gedenkt.
Ich will hier nicht in die irritierenden Widersprüchlichkeiten der seit Jahren schwelenden Kernenergiedebatte einsteigen. Sie wird uns noch für weitere Jahre begleiten. Ich wollte mit diesem anschaulichen und bekannten Beispiel nur daran erinnern, wie schnell und scheinbar unaufhaltsam auf dem für den Politiker immer undurchschaubarer werdenden Gebiet der modernen Hochtechnologie heute Expertenurteile zu Entscheidungen führen, deren langwirkende Konsequenzen auf Jahrzehnte hinaus »Sachzwänge« entstehen lassen, angesichts deren der von der demokratischen Gesellschaft eigentlich zur gesellschaftlichen Kursbestimmung berufene Volksvertreter dann nur noch ja und amen sagen kann.
Ich will hier auch gleich offen einräumen, daß ich nicht die leiseste Ahnung habe, wie sich dieser ärgerliche, sich immer aufs neue wiederholende Ablauf ändern ließe. Jene Ursachenkette, die dazu führt, daß das gigantische und folgenschwere Projekt der Wiederaufarbeitungsanlage Wackersdorf offenbar bis zum bitteren Ende realisiert werden wird, obwohl alle Experten inzwischen einräumen, daß der ursprüngliche Anlaß des Unternehmens, nämlich die seinerzeit befürchtete Verknappung von Natururan, längst entfallen ist. Die ebenso dazu führt, daß das naturzerstörende Projekt des Rhein-Main-Donau-Kanals bis zum genauso bitteren Ende fortgesetzt wird, obwohl seine verkehrspolitischen Voraussetzungen nach dem Urteil der Fachleute heute gleichfalls überholt sind. Die verhindert, daß

Straßenbau und Automobilproduktion ihren beliebig fortsetzbaren, objektiv niemals abzuschließenden Wettlauf endlich abbrechen, mit der Folge, daß die Oberfläche unserer Republik immer weiter »versiegelt«, unsere Luft immer ungesunder wird und daß der (Auto fahrende) Bürger für das zweifelhafte Vergnügen, immer häufiger verstopfte Autobahnen vorzufinden, gleich zweimal geschröpft wird: einmal für den Straßenbau und zum zweiten zur Subventionierung der durch diese Entwicklung in die roten Zahlen getriebenen Bundesbahn.
Das alles sind Ärgernisse, die niemand leugnen wird. Es scheint aber auch niemanden zu geben, der sich für zuständig hält für den Versuch, sie zu beheben. Der Politiker nicht, weil ihm – direkt und brutal formuliert – in der Regel der notwendige Sachverstand fehlt. Er läuft, objektiv betrachtet, der ihm unaufhaltsam erscheinenden Entwicklung nur immer hinterher, indem er sich nach Kräften bemüht, politische Entscheidungen wenigstens innerhalb des ständig schrumpfenden Freiheitsraums zu treffen, den ihm die von allen Seiten vordringenden Sachzwänge noch lassen.
Aber auch der Wirtschaftsführer fühlt sich in aller Regel nicht zuständig für die Lösung des Problems. Denn er hat, allen Festtagsreden zum Trotz, aufgrund berufsspezifischer Tradition und fachlichen Trainings im Streß der alltäglichen Geschäfte, »wenn es darauf ankommt«, nicht das Allgemeinwohl im Blick, sondern vor allem anderen, wenn er denn ein »guter und loyaler Manager« ist, das Wohl des Betriebs, für dessen Erfolg er geradezustehen hat.
Ich wiederhole, daß ich hier weder urteilen noch »schwarze Peter« verteilen will, daß ich lediglich das Bild zu beschreiben versuche, das sich dem an der Entwicklung unbeteiligten, wenn von ihren Konsequenzen freilich auch betroffenen Betrachter »von außen« darbietet. Bitte erlauben Sie mir, dieses Bild abschließend in verdeutlichend-anschaulicher Vereinfachung folgendermaßen zusammenzufassen: Der »Mann auf der Straße« gewinnt heute den Eindruck, daß immer häufiger ihrem Wesen nach politische Entscheidungen (der Kurs der zukünftigen Energiepolitik, die Entscheidung zwischen Schiene und Straße, die Prioritäten bei langfristigen und zukunftsweisenden For-

schungsprojekten usw. usf.) aus den Parlamenten der von ihm gewählten Repräsentanten in die Führungsgremien der auf den jeweiligen Problemkreis fachlich spezialisierten Industriezweige wandern.

Diese Entwicklung aber irritiert den Zuschauer in wachsendem Maße. Keineswegs etwa deshalb, weil er an der fachlichen Kompetenz oder der Durchsetzungskraft der Industrie zur Lösung des jeweils anstehenden Problems den geringsten Zweifel hätte. Der Grund seiner sich inzwischen auf vielfältige Weise artikulierenden Befürchtungen ist ein ganz anderer. Sie entspringen dem kaum zu widerlegenden Verdacht – vielleicht sollte ich hier noch wertneutraler einfach formulieren: der Entdeckung – des eigentlich ja selbstverständlichen Umstands, daß eine in einem industriellen Gremium gefallene Entscheidung nicht nur kompetent ist, sondern zwangsläufig und ganz unvermeidlich immer auch geprägt von der spezifischen Interessenlage des Betriebs, den das betreffende Gremium vertritt.

Daraus aber resultiert für den Betrachter ein Anblick, bei dem sich die Gesellschaft insgesamt mehr und mehr in eine Art Puzzlebild verwandelt, das sich zusammensetzt aus einer Vielzahl miteinander unverbundener Steine, deren jeder dem mehr oder weniger isolierten partikularen Teilinteresse eines bestimmten Wirtschaftszweiges entspricht. Um eine altbekannte scherzhafte Definition als Vergleich heranzuziehen: So wie ein Paläontologe, ein Urzeitforscher, aus professioneller Einseitigkeit dazu neigt, uns alle in erster Linie als »zukünftige Fossilien« zu betrachten, so drückt sich in den von der Kompetenz etwa der Automobilindustrie geprägten Entscheidungen das Bild einer »automobilen Gesellschaft« aus, deren Mitglieder den Erfolg ihres Staatswesens an der Zahl der neu zugelassenen Autos und ihren Lebensstandard an den jährlich neugebauten Straßenkilometern zu messen pflegen. Analog dazu sieht die Energiewirtschaft uns alle in erster Linie als Stromverbraucher. Die Tourismusbranche geht von Bürgern aus, für die Bäume in Hanglagen vor allem eine potentielle Unfallursache bei Abfahrtsläufen darstellen. Und für die hier versammelte Runde sind wir alle nur vorläufig noch scheinbar gesunde Mitmenschen.

Die Zahl der Puzzlesteine, aus denen sich unsere Gesellschaft aus dieser wirtschaftlichen Perspektive zusammensetzt, läßt sich fast beliebig vergrößern. Sie können das Bild aber durch noch so viele Steine erweitern: Bei dieser Betrachtungsweise taucht das übergeordnete Ganze, die Gesellschaft selbst oder der Begriff des Gemeinwohls, niemals auf. Wenn alle Einzelgruppen auch versichern, daß sie zu ihm beitrügen. »Wozu denn?« muß man da zurückfragen, wenn auf diesem Wege grundsätzlich gar nicht zu ermitteln ist, was als Gemeinwohl gelten soll. Die ganze Gesellschaft verwandelt sich bei dieser Sichtweise in einen einzigen Markt. Alle Beziehungen werden nach ihren Gewinnaussichten beurteilt. Selbst die zwischenmenschlichen Beziehungen drohen in den Sog dieses Maßstabes zu geraten: Nutzt mir diese oder jene Bekanntschaft? Oder umgekehrt: Könnte der Umgang mit diesem Menschen, der mir an sich nicht unsympathisch ist, womöglich meiner Karriere schaden?

Materiell fahren wir alle nicht schlecht dabei. Niemand bestreitet das. Ich pflichte außerdem all denen ohne Einschränkung bei, die, mit dem Wirtschaftsnobelpreisträger Friedrich August von Hayek an der Spitze, die Ansicht vertreten, daß die Effektivität und »Intelligenz« des in einer freien Marktwirtschaft vielfach rückgekoppelten Kräftespiels unübertrefflich sind. Aber ich rechne mich andererseits auch zu denen, deren Überzeugung es ist, daß der Mensch nicht vom Brot allein lebt.

Und daher teile ich das Unbehagen derer, die irritiert registrieren, daß die den Kurs unserer Gesellschaft bestimmenden Faktoren zunehmend Sachzwängen entspringen, welche die Folge primär wirtschaftlicher Entscheidungen sind. Auch mir erscheint es bedenklich und möglicherweise als Alarmsignal beginnenden kulturellen Niedergangs, daß unsere Gesellschaft die Kraft zu verlieren scheint, diese ihren Zukunftskurs bestimmenden Daten in souveräner Freiheit aufgrund eigener, das gesellschaftliche Ganze umfassender Wertvorstellungen festzulegen und sie der Wirtschaft als Orientierungsdaten vorzugeben. Die Gesellschaft hat das Recht und sogar die Pflicht, die Wirtschaft in ihren Dienst zu nehmen. Nicht umgekehrt. Die Unruhe in der Gesellschaft, von der ich hier die ganze Zeit rede,

hat auch den Grund, daß der Eindruck entstanden ist, die aktuelle Entwicklung könnte diese Maxime auf den Kopf stellen.
Eine letzte Anmerkung zum Schluß. Ich hoffe sehr, daß es mir gelungen ist, die Bereitschaft in Ihnen zu stimulieren, es für möglich zu halten, daß die sich heute ausbreitende öffentliche Industriekritik, so polemisch, verzerrt und undifferenziert sie häufig auch auftritt, dennoch einen wahren Kern enthält. Nur wer sich weigert, diesen Kern zur Kenntnis zu nehmen, kann auf den von vornherein verfehlten Gedanken kommen, daß sich diese Kritik mit PR-Aktionen und Imagepflege auf Dauer beikommen ließe. Ich bin demgegenüber der Überzeugung, daß die sich hier ankündigenden gesellschaftlichen Spannungen in Zukunft weiter eskalieren werden, wenn es nicht gelingen sollte, ihre Ursachen durch grundsätzliche Strukturreformen zu beheben. Ich wiederhole mein Eingeständnis, daß ich kein Lösungsrezept weiß. Aber ich traue dem in Wirtschaft und Industrie versammelten Sachverstand die Kraft zu, zur Lösung auch dieses Problems entscheidend beitragen zu können – nicht zuletzt im wohlverstandenen vorausschauenden Eigeninteresse.

(1987)

Zeigen, wer Herr im Hause ist

Brief an die Volkszählungsstelle Staufen

Sehr geehrter Herr G.

besten Dank für Ihr Schreiben vom 19.08.87, mit dem Sie mich an die Ausfüllung des Volkszählungsfragebogens erinnern. Als Antwort auf Ihren Brief möchte ich Ihnen mitteilen, daß ich keinerlei Einwände habe, den dafür zuständigen Behörden die Daten zu überlassen, die sie nach eigener Angabe zum Zwecke kommunaler Planung benötigen. Angesichts der Banalität der Daten, um die es sich handelt, bin ich auch bereit, über grundsätzlich noch bestehende Datenschutzbedenken hinwegzusehen. Gleichzeitig teile ich Ihnen aber auch mit, daß ich nicht die Absicht habe, den mir zugesandten Fragebogen auszufüllen. Bitte erlauben Sie mir, diese Entscheidung kurz zu begründen.
Alle in Frage kommenden Daten sind Ihnen resp. Ihren beamteten Kollegen in unserer kleinen Gemeinde tatsächlich längst bekannt bzw. mit geringer Mühe innerhalb des Rahmens Ihrer dienstlichen Tätigkeit aus den dort vorliegenden Unterlagen zu ersehen. Ich will Ihnen dabei aber gern durch zusätzliche Hinweise behilflich sein, wobei ich im folgenden in der Reihenfolge vorgehe, in der die Fragen in den mir zugeschickten Formularen aufgeführt sind.

Zum Wohnungsbogen:
Name und Anschrift sind Ihnen bekannt (sonst hätte Ihr Brief vom 19.08. mich nicht erreichen können). Die Eigentumsverhältnisse hinsichtlich unseres Hauses sind der Eintragung im hiesigen Grundbuchamt zu entnehmen, das Datum des Einzugs den Unterlagen des hiesigen Einwohnermeldeamts. Die Art der Beheizung ist der Gemeinde ebenfalls bekannt, da alle einschlägigen Angaben bereits vor Jahren anläßlich der Verlegung einer

öffentlichen Erdgasleitung von mir gemacht wurden. Obwohl auch diese Angaben der zuständigen hiesigen Behörde seit langem bekannt sind, will ich zur Erleichterung Ihrer Arbeit gern angeben, daß unser Haus 1970 bezugsfertig war und daß eine zur komfortablen Unterbringung von drei bis vier Personen ausreichende Zahl von Räumen mit mehr als sechs Quadratmetern zur Verfügung steht. Alle sonst noch angeführten Fragen erübrigen sich angesichts des Charakters eines vom Eigentümer selbst bewohnten Einfamilienhauses.

Zum Personenbogen:
Meine Geburtsdaten liegen dem hiesigen Meldeamt vor. Mein Geschlecht ist vom Ansehen her nicht fraglich (wobei ich insbesondere auf den offen von mir zur Schau getragenen Bart hinweisen darf). Daß ich verheiratet bin, dürfte stadtbekannt sein, da meine Ehefrau der hiesigen Kommune als Stadträtin zu Diensten ist. Wiederum zur Arbeitserleichterung die Angabe, daß ich keiner Religionsgemeinschaft angehöre (was beiden Pfarrämtern in Staufen bekannt ist). Meine Staatsangehörigkeit siehe Meldeamt Staufen. Darüber, ob es sich bei der von Ihnen angeschriebenen Adresse um unseren Hauptwohnsitz handelt, wird Ihnen unser Briefträger, Herr Gr., Postamt in Staufen, Hauptstraße 1, jederzeit Auskunft geben können. Die Art meiner beruflichen Tätigkeit ist in Staufen (und, wie ich Grund habe anzunehmen, z. T. auch darüber hinaus) weitgehend bekannt. Vorsorglich (und in der Hoffnung, Ihnen damit vielleicht eine kleine Freude bereiten und Ihnen signalisieren zu können, daß sich die aus diesem Brief bei aufmerksamer Lektüre herauszulesende Kritik keineswegs etwa gegen Sie persönlich richtet) lege ich zur Erinnerung mein letztes Buch mit einer persönlichen Widmung für Sie bei. Die Art meines Schulabschlusses ergibt sich zwanglos aus dem im Briefkopf (und im Telefonbuch) verzeichneten akademischen Titel. Die restlichen Fragen erübrigen sich angesichts der Art meiner beruflichen Tätigkeit.

Ich hoffe, daß die nicht unbeträchtliche Arbeit, die ich mit der Zusammenstellung dieser Hinweise auf mich genommen habe, für sich spricht, das heißt, daß aus ihr ohne weiteres meine Loyalität als die eines Staatsbürgers ersichtlich wird, dem es nicht einmal im Traum einfiele, seinem Staat Daten vorzuenthalten, die dieser zum Zwecke seiner Zukunftsplanung benötigt. Wenn ich es gleichwohl ablehne, den mir übersandten Fragebogen auszufüllen, so hat das einen ganz anderen Grund, den ich abschließend noch kurz erläutern möchte.

Aus gewissen Begleitumständen, mit denen die Vorgeschichte der »Volkszählung 1987« einherging, leite ich den für mich offenkundigen Verdacht ab, daß diese Zählaktion nicht allein, und wahrscheinlich nicht einmal in erster Linie, den Zweck der Erhebung notwendiger sozialer Daten verfolgt. Ich habe das in einem Aufsatz mit dem Titel »Warum ich nicht gezählt zu werden wünsche« (»Spiegel«, Nr. 21 v. 18.05.87, S. 34) detailliert begründet und möchte mich hier nicht wiederholen. (Eine Kopie dieses Aufsatzes stelle ich auf Wunsch gern zur Verfügung.) Mir scheint vielmehr die Vermutung wohlbegründet zu sein, daß die Obrigkeit angesichts der bekannten Bedenken in weiten Kreisen unserer Gesellschaft und der Tatsache, daß eine schon für 1983 geplante Zählungsaktion an dem von diesen Bedenken motivierten Widerstand der Öffentlichkeit scheiterte, diesmal auch eine Art Exempel statuieren wollte.

Sowohl die Vorgeschichte als auch die Art und Weise des staatlichen Vorgehens gegen »Volkszählungsgegner« rechtfertigen in meinen Augen den Verdacht, daß es der Obrigkeit diesmal (auch) darauf ankam, zu »zeigen, wer Herr im Hause« ist resp. wer sich als »gehorsamspflichtiger Untertan« zu verstehen hat. Eine solche Einstellung aber würde einen Rückfall in eine demokratiewidrige obrigkeitliche Mentalität signalisieren, für den seit etlichen Jahren leider auch zahlreiche andere gesellschaftliche Symptome sprechen und dem man gerade als engagierter und loyaler Staatsbürger nicht früh und nicht entschieden genug entgegentreten kann.

Nicht zuletzt am weiteren Verlauf dieser Korrespondenz wird sich erweisen, ob der Verdacht aus der Luft gegriffen ist. Denn dem regierungsamtlichen Verlangen nach den zur Planung benötigten Daten ist mit diesem Brief ohne Zweifel Genüge getan. Sollten sich die zuständigen Behörden damit nicht zufriedengeben, so würde das folglich den Schluß zulassen, daß die Datenbeschaffung allein in der Tat nicht der einzige Zweck gewesen ist, der mit der Volkszählungskampagne erreicht werden soll.

(1987)

Warum ich nicht gezählt zu werden wünsche

Plädoyer wider die Volkszählung

Ich kann die Argumente nicht mehr hören, mit denen man mich zu überreden versucht, der uns gesetzlich auferlegten Zählung willig Folge zu leisten. Keines von ihnen widerlegt die Gründe meiner Abneigung auch nur annähernd. Das Volkszählungsgesetz sei »verfassungsgemäß«, versichert man mir. Das möchte ich aber auch hoffen. Es wäre ja noch schöner. Nur: Schließlich erwärme ich mich ja auch für einen Politiker nicht allein schon – soweit haben wir es denn doch noch nicht gebracht –, wenn es ihm gelingt, mich davon zu überzeugen, daß er nicht korrupt ist.

Ich hätte nichts zu befürchten, heißt es weiter, denn es sei »strengstens verboten«, die bei der Zählung erhobenen Daten in anderen Verwaltungsbereichen (Versorgungsamt, Wohnungsamt und so weiter) zu verwenden. Ich muß unwillkürlich daran denken, wie lange Mord und Diebstahl bei uns ebenfalls schon »strengstens verboten« sind und wie wenig denen damit geholfen ist, die es dann doch trifft. Aber gut, ich bemühe mich ernsthaft darum, mir meinem staatsbürgerlichen Ansehen zuliebe das Argument Morgensterns zu eigen zu machen. Ich gehe also voller Zuversicht davon aus, daß nie sein wird (auch unter keiner zukünftigen Regierung!), was nicht sein darf (weil es eben strengstens verboten wurde).

Ich gehe sogar noch einen Schritt weiter und gestehe den in den kleineren Kommunen zur Zählung eingeteilten Beamten die Fähigkeit zu, sich auf Wunsch ihrer Obrigkeit nach Belieben in einen Zustand der Schizophrenie zu versetzen (obwohl das, wie man zugeben wird, ziemlich schwierig ist). Ich schließe also voller Vertrauen auch die Möglichkeit aus, daß ein Beamter, der als Volkszähler etwa von einer bestimmten Nebenerwerbsquelle erfuhr, sich daran noch erinnern könnte, wenn er später über die Neufestsetzung der Rente eines solchen Nebenherverdieners dienstlich zu befinden hätte. Alle diese Bedenken will ich großzügig für nichtig erachten.

Auch dann aber werde ich immer noch nicht des Gedankens froh, dem Staat Einzelheiten aus meiner privaten Sphäre vorbehaltlos und schriftlich (also zur zeitlich unbegrenzten Verwendung) offenbaren zu sollen. Woher speist sich meine Scheu? Sind die Fragen, die zu beantworten mir auferlegt ist, nicht tatsächlich »völlig harmlos und banal«? Haben wir sie etwa nicht, wie der Herr von Lojewski es im Bayerischen Rundfunk so beschwörend unterstrich, aus vielfältigen früheren Anlässen bereits bei den verschiedensten Ämtern und Behörden zu Protokoll gegeben?

Auch handle es sich, so hält man mir entgegen, um ein demokratisch zustande gekommenes, mit satter parlamentarischer Mehrheit verabschiedetes Gesetz. Drohe etwa nicht die totale Anarchie, der Zusammenbruch der Gesellschaft, wenn es jeder Minderheit freigestellt würde, darüber zu befinden, welche Gesetze sie zu respektieren beliebt? Soll es der ehrbaren Vereinigung der Hausbesitzer etwa anheimgestellt werden, ob sie das Mieterschutzgesetz für zulässig ansieht oder nicht? Soll der Bund Deutscher Jäger von nun an kraft eigener Befugnis darüber entscheiden, ob und wann Schonzeiten gelten und ob und welche Arten geschützt werden sollen? Mit diesen Fragen nähern wir uns dem Kern der Sache.

Als erstes soviel: Selbst wenn gruppenspezifische Beliebigkeit dieser Art tatsächlich jemals für Rechtens erklärt würde (woran niemand auch nur im Traum denkt, obgleich es den Zählungsgegnern in der aktuellen Diskussion listigerweise unterstellt wird), dann hätte das zwar gewiß chaotische Konsequenzen. Total wäre das Chaos aber selbst dann nicht. Denn plebiszitär unantastbar blieben auch dann noch die fundamentalen und deshalb im Grundgesetz festgeschriebenen Rechtssetzungen. Keine vom Mord an einem Kollegen aufgebrachte Taxifahrer-Innung hätte Aussichten, die Wiedereinführung der Todesstrafe durchzusetzen. Keiner um ihre völkische Identität bangenden Bürgerschaft wäre es in die Hand gegeben, Abstriche am Asylrecht vorzunehmen. Wohlweislich sind die Hürden für Änderungen dieser und anderer Grundrechte dazu viel zu hoch angesetzt.

Anders bei Gesetzen minderen Ranges, insbesondere bei Fragen des Ordnungsrechts. Da handelt es sich um Straßenverkehrsordnung, Wettbewerbsrecht, Ladenschlußgesetz und so weiter, um gesetzliche Regelungen, die aufgrund pragmatischer, politischer und wirtschaftlicher Nützlichkeitserwägungen getroffen werden. Dementsprechend wird ihre Verletzung auch nicht mit Hilfe der Strafprozeßordnung geahndet, sondern nach Maßgabe des Ordnungswidrigkeiten-Gesetzes.

Hier herrscht nicht mehr die Aura absoluter Schutzbedürftigkeit wie angesichts eines Grundrechts. Hier geht es um Verbote und Forderungen, die aus Gründen praktischer Opportunität formuliert wurden. Um Entscheidungen nicht grundsätzlicher, sondern ephemerer Natur, die stets gleich wohlbegründet auch ganz anders hätten getroffen werden können. Wer sich über sie hinwegsetzt, mag formal ein Rechtsbrecher sein. Als kriminell aber kann er nicht gelten. Bestimmte gesellschaftliche Gruppen, womöglich gar eine Majorität, mögen ihn mit Vorwürfen überschütten, weil er in ihren Augen gegen Interessen der Allgemeinheit verstößt. Ihn auch moralisch anzugreifen aber hat niemand das Recht.

Deshalb ist es – zurückhaltend formuliert – bloß eine zu Einschüchterungszwecken ersonnene demagogische Übertreibung, wenn potentielle Zählungsverweigerer von Vertretern des Regierungslagers systematisch zu Staatsfeinden hochstilisiert werden. Wieder war es der Bayerische Rundfunk, der sich besonders hervortat: Mit Grabesstimme trug der Moderator, unterbrochen von hilfeheischend-verzweifelten Augenaufschlägen Richtung Zuschauer, aus dem Pamphlet irgendeiner wild gewordenen Extremisten-Gruppe deren infantile Forderung vor, daß es allein darauf ankomme, »das ganze System zu zerschlagen«. Ob nun ohne oder wider besseres Wissen: Der Mann unterstellte ganz ernsthaft, man habe es mit einer »typischen« Bekundung aus dem Lager der Volkszählungsgegner zu tun.

Verleumdungen solchen Kalibers heizen die Atmosphäre tüchtig auf. In ihrem Bannkreis hält mancher, scheint es, selbst die Razzien für berechtigt, mit denen die Polizei vorbeugend (nach dem Motto: »Gefahr im Verzuge!«) die Büros und Wohnungen boykottverdächtiger Mitbürger überfallartig heimsucht. Nicht einmal durch das Angebot, den Schlüssel zu beschaffen, ließ ein solches Kommando sich davon abhalten, die Tür zum Büro der grünen Bundestagsabgeordneten aufzubrechen, wodurch es ihm gelang, sich der Restauflage eines Flugblatts zu bemächtigen, das schon seit Wochen öffentlich verteilt worden war.

Die für solche demokratieschädigenden Absurditäten Verantwortlichen sollten zur Wiedererlangung einer normalen psychischen Verfassung unsere Klassiker einmal etwas sorgfältiger lesen, auf die sie in ihren Sonntagsreden so gern Bezug nehmen. Die Lektüre würde sie vielleicht auf heilsame Weise daran gemahnen, daß Gesetze von ordnungsrechtlichem Charakter unmittelbar dem Bürger dienen sollen – nicht umgekehrt. »Es erben sich Gesetz und Rechte wie eine ew'ge Krankheit fort...« Fertig geworden ist die Gesellschaft mit dieser ihrer »ew'gen Krankheit« seit je nur durch die laufende Anpassung aller Ordnungsnormen an die sich kontinuierlich wandelnden Vorstellungen ihrer Bürger. Allein deren Zustimmung oder Widerstand entschieden auf Dauer über Fortbestand oder Erneuerung der jeweiligen Gesetzesfassung. Mit staatsbürgerlicher Loyalität hatte das alles nichts zu tun.

Deshalb darf der Jäger öffentlich gegen die Einbeziehung der Rabenvögel in den Naturschutz protestieren und der Hausbesitzer ebenso unbeschadet gegen den aus seiner Sicht übertriebenen Mieterschutz. Ob die beiden Erfolg damit haben, steht auf einem anderen Blatt. Zu Recht aber hält das Publikum ihren Protest für zulässig, obwohl er sich gegen gesetzliche Bestimmungen richtet. Solange diese gelten, hätten sie für deren Übertretung freilich Bußgelder zu entrichten (wenn auch schwerlich in Höhe von 10000 Mark). »Vorbeugende« polizeiliche Zwangsmaßnahmen jedoch blieben ihnen mit Sicherheit erspart.

Warum dann ausgerechnet im Falle der Volkszählung so schrille Töne? Warum um alles in der Welt reagiert die Obrigkeit hier schon vorbeugend, auf den bloßen Verdacht der Ermunterung zum Boykott, mit maßlos überzogenen polizeilichen Gewaltaktionen? Warum bemühen sich die regierungsamtlichen PR-Strategen unter Einsatz aller Gremien mit solchem Eifer, jeden Zählungsunwilligen als Staatsfeind, als Gegner des demokratischen Gesellschaftssystems, gar als Gesinnungsgenossen des konspirativen terroristischen Untergrundes hinzustellen? So daß man es behördlicherseits offenbar für recht und billig hält, ein derartiges Subjekt mit einer Bußgelddrohung wahrlich horrenden Ausmaßes zu disziplinieren? Mit einem Abschreckungsbetrag, der – um die Proportionen einmal in das rechte Licht zu rücken – zum Beispiel ein groteskes Vielfaches der Summe ausmacht, mit der ein Autofahrer im schlimmsten Fall zu rechnen hätte, der seine Vordermänner auf der Autobahn im Tempo eines Formel-I-Rennfahrers rechts überholt und dabei mutwillig Menschenleben aufs Spiel setzt.

Von wannen kömmt diese obrigkeitliche Raserei? Ich nehme meine Zuflucht abermals zu einem Klassiker (Heinrich Heine gehört für mich dazu): »Ich kenne die Weise, ich kenne den Text/Ich kenn auch die Herren Verfasser...« In der Tat, bei näherer Betrachtung nichts Neues. Das Geräusch, das wir da über unseren Köpfen hören, ist nichts anderes als das Niedersausen der altbekannten Fliegenklatsche, mit der reaktionäre Regenten seit je versucht haben, jedwede von der eigenen abweichende Meinung als »staatsgefährdend« zu erschlagen.

Es ist just diese Reaktion, auf die der Bürger gefaßt sein muß, wenn es ihm in den Sinn kommt, seine ihm in Festtagsreden vollmundig attestierte Mündigkeit dann im Alltag auch einmal zu praktizieren. Wer Widerspruch riskiert, sieht sich da rasch »als Communist gebranntmarkt«, wie Albert Schweitzer in einem Brief aus Lambarene seufzend (und in eigenwilliger Orthographie) schon 1961 notierte.

Bleibt als letztes die Frage nach den Motiven, welche den alteingefahrenen obrigkeitlichen Reflex ausgerechnet im Falle der Volkszählung – der angeblich »selbstverständlichsten Sache von der Welt« – so extrem geraten lassen. Die Sorge um das Schicksal der Nation kann es kaum sein. Dafür sind die Daten in der Tat zu trivial. Außerdem hat alle amtliche Propaganda bisher der Möglichkeit entraten müssen, uns auch nur einen einzigen Staat zu nennen, der zusammenbrach, weil er seine Bürger ungezählt ließ.

Handelt es sich dann womöglich um die Entäußerungen eines

bis zur Besessenheit übersteigerten Verlangens nach absoluter Makellosigkeit des Resultats? Ganz ausgeschlossen scheint mir das nicht. Solche Fälle gibt es. Immerhin soll es ja auch schon vorgekommen sein, daß Hausfrauen es ihren Männern mit dem Küchenmesser in der Hand verwehrten, das frischgebohnerte Parkett mit unabgeputzten Schuhen zu betreten. Gerade einer deutschen Obrigkeit ist in puncto Perfektionismus allerlei zuzutrauen. Dennoch reicht mir das nicht zur Erklärung.

Ich glaube vielmehr, daß in der Auseinandersetzung zwei Motive bislang zu wenig berücksichtigt worden sind, die das absurde Theater blitzlichtartig auszuleuchten vermögen. Das erste besteht in dem obrigkeitlichen Bedürfnis nach einer Wiedergutmachung für die »Schmach von 1983«. Bekanntlich war die Volkszählung schon damals geplant. Und bekanntlich liefen schon damals zahlreiche gesellschaftliche Gruppen Sturm gegen das Projekt. Ihre Einwände waren die gleichen wie heute. Und von vergleichbarer Art waren auch die Anwürfe und Verdächtigungen, mit denen man sie dafür bedachte. Um so vernehmlicher fiel die Schadenfreude aus, als das Karlsruher Gericht den Protesten recht gab, indem es das Projekt stoppte.

Was eine rechte Obrigkeit ist, die verwindet eine solche Niederlage nicht von heute auf morgen. Die empfindet den Widerspruch des obersten Gerichts nicht als Orientierungshilfe, sondern als öffentliche Demütigung. Die uns bis zum Überdruß um die Ohren gehauenen Hinweise auf die garantierte Verfassungsgemäßheit der jetzigen Zählaktion signalisieren verräterisch, wie tief der Stachel sitzt. Im Klartext besagen sie doch nichts anderes als: »Diesmal sind wir im Recht. Diesmal helfen euch keine Ausflüchte. Diesmal habt ihr zu parieren.«

Damit sind wir beim Kern der Sache. Es gibt, glaube ich, ein sehr einleuchtendes Motiv, das die groteske Eskalation verständlich machen kann, deren verblüffte Augenzeugen wir sind. Bei der nur scheinbar banalen Volkszählungsaktion handelt es sich in Wirklichkeit um eine Art Gehorsamsprüfung, die eine verunsicherte Obrigkeit »ihren« Untertanen aufzuerlegen für geboten hält. Aus Gründen, die denen vergleichbar sind, die es einem Turnierreiter zwingend vorschreiben, ein Pferd, das einen Sprung verweigert hat, mit Erfolg über das gleiche Hindernis zu bringen, bevor er den Parcour wieder verläßt, werden auch wir jetzt zum zweiten Male aufgerufen, uns zählen zu lassen.

Die Anhänger beider Lager spüren, daß dies der Punkt ist, um den es in Wirklichkeit geht. Daher die Erbitterung. Wenn man das verstanden hat, wirkt auch die Trivialität des Anlasses nicht länger befremdlich. Gerade weil die Zahlen so »harmlos« sind, eignet sich der uns abverlangte Akt ihrer Preisgabe so unvergleichlich als Symbol einer Unterwerfungshandlung. Und gerade weil für die ganze Staatsaktion zwingende Gründe tatsächlich nicht angegeben werden können (denn die Ergebnisse ließen sich eben auch durch ein republikweites Ämter-Puzzle geräuschlos beibringen) und weil daher keine objektiven Argumente existieren, die eine Entscheidung in dieser oder jener Richtung nahelegten, bietet die Durchsetzung dieses Projekts eine hervorragende Gelegenheit, einmal vorzuexerzieren, wer der Herr im Hause ist.

Für den demokratiebeschädigenden Anachronismus einer solchen Einstellung besteht »bei denen da oben« bedauerlicherweise keine Sensibilität. Bis aufs Blut gereizt durch Anti-Atom-Initiativen, Startbahngerangel und andere Formen bürgerlicher Aufmüpfigkeit, scheinen sie zu unser aller Nachteil die Fähigkeit eingebüßt zu haben, zwischen willfähriger Untertanenmentalität und demokratischer Loyalität noch unterscheiden zu können.

Wann immer Initiativen engagierter Bürger ihnen zu widersprechen wagen, fühlen sie sich bedroht, wittern sie Systemfeindschaft oder antidemokratische Gesinnung und wähnen die Republik in Gefahr. Sie sind außerstande, in diesen Turbulenzen auch jene für die Lebenskraft einer Demokratie unentbehrlichen Signale sehen zu können, an denen allein sich ablesen läßt, wann und wo Ordnungsnormen im Wandel der Zeiten zu Symptomen der von Goethes Mephisto gerügten »ew'gen Krankheit« zu werden drohen.

Diese Regierung, die so hartnäckig auf das Vertrauen pocht, das wir ihr angeblich schulden, hat selbst längst allen demokratischen Mut verloren, ihren Bürgern auch nur das kleinste Quentchen Vertrauen entgegenzubringen. In ihrer Blindheit hält sie jetzt vielmehr die Zeit für gekommen, uns alle auf ihren Pfiff hin als Zählobjekte synchron durch den Reifen springen zu lassen, damit wir Gelegenheit bekommen, uns als verläßliche Untertanen zu erweisen. Ich muß gestehen, daß mein republikanisches Selbstverständnis gegen eine Prüfung dieser Art schlicht revoltiert.

Noch einen letzten Grund gibt es, der mich veranlaßt, den behördlich geforderten Sprung zu verweigern. Wir Deutsche haben unser Land innerhalb von nur zwei Generationen zweimal in Grund und Boden ruiniert (von dem Ausmaß des Schadens außerhalb unserer Grenzen einmal ganz abgesehen), weil wir in einer Untertanenmentalität befangen waren, die uns alles für sakrosankt halten ließ, was »von oben« angeordnet war. Deshalb empfände ich es nicht als Vorzeichen von Gefahr, sondern ganz im Gegenteil als einen Anlaß zur Hoffnung, wenn sich jetzt herausstellen sollte, daß das nicht mehr ohne Einschränkung gilt.

Dafür aber will ich dann auch das fällige (und legitime!) Bußgeld gern entrichten – im Vertrauen darauf, daß mir unabhängige Gerichte notfalls schon dabei helfen werden, daß Maß der Sühne auf den Rahmen der mir grundgesetzlich zugesicherten »Verhältnismaßigkeit« zu beschränken.

(1987)

Was ist ein Fluß?

Uns droht eine Wüste neuer Art

Das Bild ist, eben weil es den entscheidenden Punkt präzise trifft, oft gebraucht worden: Wie ein Raumschiff, so heißt es, treibe die Erde mit dem auf ihrer Oberfläche existierenden Leben durch die Weite des Kosmos. In der Tat ist unser Planet, mitsamt allem, was auf seiner Oberfläche fleucht und kreucht oder auch bloß wächst, das Musterbeispiel eines »geschlossenen Systems«. Seit seiner Entstehung vor vier Jahrmilliarden hat alles irdische Leben mit dem auszukommen, was unser Planet auf seiner Reise mit sich führt.

Die Erdgeschichte lehrt, daß die Aufgabe erfolgreich gemeistert wurde. Das gelang allein deshalb, weil sich vom ersten Anfang an eine Fülle der verschiedensten Arten von Tieren und Pflanzen (in dieser Reihenfolge!) entwickelte mit höchst unterschiedlichen Bedürfnissen und Anpassungen. Das ermöglichte die Entstehung eines sie alle miteinander verbindenden Netzes wechselseitiger Abhängigkeiten, ein Zusammenspiel von Geben und Nehmen, das allen zugute kam: Was der eine als Abfall produzierte, diente einem anderen zum Lebensunterhalt.

Das eindrucksvollste und bekannteste Beispiel ist die existentielle Beziehung zwischen Pflanzen und Tieren. Der Sauerstoff, den eine Pflanze als »Abfallprodukt« ihres spezifischen (»photosynthetischen«) Stoffwechsels an die Luft abgibt, ist für ein Tier der unentbehrliche Brennstoff zum energieliefernden Abbau der aufgenommenen Nahrung. (Aller Sauerstoff in unserer Atemluft stammt ausnahmslos aus dieser Quelle.) Und die als »Asche« dieses inneren Verbrennungsprozesses von Mensch und Tier ausgeatmete Kohlensäure dient jeder Pflanze wiederum als ebenso unverzichtbarer Grundstoff zum Aufbau ihrer Körpersubstanz mit Hilfe des Sonnenlichts und des als Lösungsmittel für alle Stoffwechselvorgänge unentbehrlichen Wassers.

Voraussetzung für das restlose Aufgehen dieses Zusammenspiels in dem aus unzählig vielen derartigen Rückkopplungen geknüpften Netz der »Biosphäre« ist die Existenz einer möglichst großen Zahl möglichst vieler verschiedener Arten. Nur dann besteht die Gewähr, daß sich Verbrauch und Angebot innerhalb des Gesamtsystems über die Zeiten hinweg stetig die Waage halten können. Deshalb ist Artenvielfalt eine unverzichtbare Vorausssetzung der Dauerhaftigkeit allen irdischen Lebens. Und deshalb ist der seit einigen Jahrzehnten zu verzeichnende rapide Artenschwund, das Massenaussterben von Tieren und Pflanzen auf der ganzen Erde, nicht nur, wie die meisten Menschen immer noch anzunehmen scheinen, als ein Verlust anzusehen, den wir lediglich aus sentimentalen und moralischen Gründen zu bedauern haben. Wir müssen endlich begreifen, daß dieser Vorgang eine Abnahme der Kraft signalisiert, mit welcher die Biosphäre bisher Leben hervorzubringen und zu tragen in der Lage war. Es handelt sich folglich um einen Prozeß, der unser aller Existenz von Grund auf bedroht.

Eine der wichtigsten Quellen, aus denen die Biosphäre ihre Kraft bezieht, besteht in der Fähigkeit der Erde, den auf ihren Kontinenten lebenden Kreaturen fortwährend Wasser in ausreichender Qualität und ausreichender Menge zur Verfügung zu stellen. Ein Landbewohner, sei es Tier oder Pflanze, würde die Unterbrechung dieses Nachschubs bekanntlich nur wenige Tage überstehen. Einige an Trockengebiete angepaßte Spezialisten – Kakteen zum Beispiel – mögen etwas länger aushalten. Überleben aber könnte auf den Kontinenten ohne Frischwasser auf Dauer niemand.

Frischwasser allerdings muß es sein. Wasser beliebiger Qualität erfüllt den lebensnotwendigen Zweck nicht. Noch so viele Salzseen oder Ozeane geben nicht die Möglichkeit, einen der dringlichsten aller Triebe zu stillen: Durst zu löschen. Trinkbares Wasser ist für das Überleben so notwendig wie atembare Luft, und das aus demselben Grund: Beide Elemente sind unentbehrlich zur Aufrechterhaltung aller Stoffwechselprozesse. Der Sauerstoff der Atemluft liefert die notwendige Betriebsenergie. Und Wasser ist das einzige existierende Medium, in dem sich die Hunderte oder Tausende biochemischer Reaktio-

nen ungestört abspielen können, die in ihrer Gesamtheit den Stoffwechsel einer lebenden Zelle ausmachen.
Angesichts der Unersetzlichkeit dieses Lebenselixiers wirkt die Gesamtmenge des auf der Erde vorhandenen Süßwassers überraschend klein. Sie macht nicht mehr als etwa drei Prozent aller Wasservorräte unseres Globus aus. Und auch davon steht den Landbewohnern nur ein Bruchteil zur Verfügung. Er reicht nur deshalb aus, weil auch er innerhalb des biosphärischen Kreislaufs ständig wiederverwendet wird. Das Wasser, mit dem wir unseren Durst stillen, ist auch von unseren Vorvätern schon einmal getrunken worden und von unzähligen Generationen anderer Lebewesen, bis zurück zu den Sauriern und anderen Kreaturen vor ihnen in einer noch ferneren Vergangenheit.
Um verstehen zu können, wie das zugeht, darf man sich die Süßwasservorräte der Erde nicht so scharf von den Ozeanen getrennt vorstellen, wie das oft geschieht. Denn auch jeder Tropfen Süßwasser stammt ursprünglich aus den Weltmeeren. Aus ihrer Oberfläche ist er von der Energie der Sonnenwärme herausdestilliert worden, um als Wasserdampf in die Atmosphäre zu gelangen. Unter bestimmten meteorologischen Bedingungen kondensiert er dort zu Wolken, die von atmosphärischen Strömungen transportiert werden, bis sie früher oder später abregnen.
Der größere Teil dieses durch Sonnendestillation gereinigten Wassers fällt dabei gleich wieder in den Ozean zurück. Aber auch, wenn es aufs Festland regnet, trägt wieder nur ein sehr kleiner Teil des Niederschlags zur Auffüllung der für uns lebensnotwenigen Süßwasserreservoire bei. Der größte Teil des in den letzten Jahrtausenden heruntergeregneten Süßwassers ist als gewaltiger, stellenweise kilometerdicker Eispanzer an den Polen des Globus liegengeblieben und dem Kreislauf damit entzogen worden. Etwa die Hälfte des dann noch bleibenden Rests verdunstet sogleich wieder. Ein erheblicher weiterer Prozentsatz wird nicht vom Boden aufgenommen, sondern fließt über Hänge, Bäche und Flüsse auf kürzestem Weg wieder ins Meer. Die Verfestigung immer größerer Anteile der Erdoberfläche durch Erosion oder »Flächenversiegelung« (Asphaltierung), die Regulierung (Begradigung) von Bächen und Flüssen und an-

dere menschliche Eingriffe haben diesen kurzgeschlossenen Kreislauf in den letzten Jahrzehnten so beschleunigt, daß die Wiederauffüllung der wichtigen Grundwasserreservoire sich zu verlangsamen beginnt. Wir lassen dem Boden immer weniger Zeit, das herabgeregnete Frischwasser aufzusaugen.
Nur der kleine Teil aber, für den das gilt, kann durch die oberen Erdschichten langsam in die Tiefe sickern, bis er, auf diesem Wege auf natürliche Weise optimal gefiltert, im Verlauf von Monaten oder gar Jahren in die unterirdischen Grundwasserreservoire gelangt, aus denen die Quellen unserer Bäche und Flüsse gespeist werden. Seine Menge wird auf vier Millionen Kubikkilometer geschätzt. Das klingt gewaltig. Tatsächlich ist es aber nicht mehr als ein Drittelprozent der Wasservorräte unserer Erde. Es reichte bisher dennoch für die Bedürfnisse des Lebens weil jeder Tropfen dieses Vorrats nach seinem Gebrauch, als Körperausscheidung oder auf andere Weise verunreinigt, früher oder später ins Meer gelangte. Von dort aus aber geriet er dann durch Sonnendestillation erneut in den Kreislauf, der ihn wieder in »frisches Wasser« zurückverwandelte.
Vor diesem Hintergrund erst erkennt man, was Flüsse eigentlich sind. Nicht Verkehrswege in erster Linie und auch nicht nur natürliche Abwasserkanäle. Das auch, selbstverständlich. Ihre primäre, für alles irdische Leben unersetzliche Rolle aber kommt ihnen aus einem anderen Grund zu: Ein Flußlauf ist, von seinen Quellen bis zur Einmündung ins Meer, jene einzige Teilstrecke innerhalb des alle Weltmeere, die Atmosphäre und alle Kontinente dieses Planeten umspannenden globalen Wasserkreislaufs, in der das Wasser in immer von neuem gereinigter, trinkbarer Qualität vorliegt.
Unter natürlichen Umständen jedenfalls war das so. Die aber gibt es auf dieser bis in nahezu ihren letzten Winkel von der Aktivität des modernen Menschen veränderten Erde auch in diesem Bereich längst nicht mehr. Es ist, von unserer heutigen Situation aus betrachtet, erstaunlich, wie lange sie auch nach dem Beginn des industriellen Zeitalters immerhin noch angehalten haben. Bis zum Anfang des letzten Jahrhunderts tranken die Menschen in aller Welt und so auch in Europa das Wasser noch so, wie sie es den an ihren Ansiedlungen vorbeiströmen-

den Flüssen entnahmen. Erst um 1820 wurden in England die ersten Sandfilter eingeführt: Man ließ das Flußwasser, bevor man es trank, durch meterdicke Sandschichten sickern. Das ergab Wasser von Brunnenwasserqualität (das seine Reinheit natürlicher Bodenfiltration verdankt).
Anlaß der Neuerung war die Beobachtung, daß in den Städten und Dörfern an den Flußufern, bezeichnenderweise vor allem in den unteren Flußabschnitten, immer häufiger Cholera- und Typhusepidemien auftraten. Zwar wußte man damals noch nichts von der Existenz mikroskopischer Krankheitserreger. Die örtliche Verteilung der befallenen Gebiete ließ aber an eine Verunreinigung des Flußwassers als Seuchenursache denken. In Deutschland war man damals noch generationenlang sorgloser. Es rächte sich auf furchtbare Weise. 1892 brach in Stadtteilen Hamburgs, in denen noch immer ungereinigtes Elbwasser für Haushaltszwecke verwendet wurde, eine Choleraepidemie aus, der innerhalb weniger Wochen über 8000 Menschen zum Opfer fielen.
Seitdem wurde die Entwicklung von immer aufwendigeren, technisch immer raffinierteren Reinigungsstrategien geprägt. Deren Ingeniosität aber ist nichts anderes als die Kehrseite der Maßlosigkeit, mit der die expandierende Industriegesellschaft begann, ihre Flüsse als Kloaken zur Abfallbeseitigung in Anspruch zu nehmen. Die Bequemlichkeit und Billigkeit dieses Weges, sich die ständig anwachsenden Abfallmengen vom Halse zu schaffen, stellte eine unwiderstehliche Versuchung dar. Und die Zahl der Menschen, die diesen Abfall als Verbraucher erzeugen, nahm rasch zu.
Die Vielfalt und Giftigkeit der chemischen Kunstprodukte schließlich, die eine vorrangig an der Minimierung ihrer internen Betriebskosten orientierte Industrieproduktion heute wie beiläufig (klammheimlich oder kaum beachtet) in ihre Umgebung entläßt, überfordert unsere Flüsse inzwischen endgültig. Der Aufwand, mit dem wir ihr Wasser weiterhin in trinkbare Qualität zurückzuverwandeln gezwungen sind, hat die Wasserchemiker und Techniker, denen wir diese Sisyphosaufgabe zugeschanzt haben, an die Grenzen ihrer Möglichkeiten gebracht. Es läßt sich nicht länger vertuschen: Wir sind am Ende des We-

ges angekommen, auf dem wir versucht haben, unsere Flüsse mit Hilfe des Einsatzes wissenschaftlich ausgeklügelter Reinigungsmethoden zugleich als Abwasserkloaken für unsere Industriegesellschaft und als Trinkwasserreservoire für deren Mitglieder zu benutzen.

Trotz aller Anstrengungen und Investitionen ist die Situation unhaltbar geworden. Keine der bisher erlassenen Grenzwertverordnungen oder Abgabenregelungen hat verhindern können, daß wir alle längst Wasser trinken müssen, das unsere Gesundheit und die unserer Kinder auf unabsehbare Weise bedroht. Seit Jahren schon enthält unser tägliches Trinkwasser ein auch für den chemischen Experten nicht mehr übersehbares Gemisch Dutzender, wenn nicht Hunderter von Schadstoffspuren und verschiedenster Stoffklassen, von deren kombinierter Langzeitwirkung auf den menschlichen Organismus kein Toxikologe auch nur die geringste Ahnung hat.

Wir müssen uns etwas grundsätzlich Neues einfallen lassen. Wenn wir uns nicht alsbald dazu aufraffen, werden wir uns immer tiefer in eine Lage manövrieren, die schon jetzt fatal der von Wüstenbewohnern zu ähneln beginnt. Was uns droht, wenn wir den Kurs nicht radikal ändern, ist eine Wüste neuer Art, wie sie nur eine hochentwickelte Industriegesellschaft hervorzubringen in der Lage ist: eine Umwelt, in der es noch genausoviel Wasser gibt wie zuvor. Nur: immer weniger Wasser, das man auch trinken kann.

(1987)

Quellennachweis

Reise zu den Sternen: Rundfunkvortrag (WDR); *Wenn die Welt untergeht:* dito; *Als Modell wird sein Beweisstil gefährlich:* boehringer kreis, Nr. 3/1977; *Ein Renegat rechnet ab:* Der Spiegel, Nr. 51/1982; *Scheintod im Salz:* Die Zeit, Nr. 49/1961; *Risiko und Intelligenz:* Rundfunkvortrag (WDR); *Nur vierzig Moleküle:* dito; *Die Chemie unserer Existenz:* dito; *Abwehr und Aberglaube:* dito; *Leben ohne Sauerstoff:* dito; *Programme aus der Steinzeit:* Claire Russell u. W.M.S. Russell, Unsere Vettern, die Affen. Ursprung und Erbe der Gewalt, Hamburg 1971; *Der Mensch – Krone der Schöpfung?:* dito; *Blick durch die Röhre:* Der Spiegel, Nr. 19/1977; *Wie die Erde Falten bekam:* Bruno Moravetz (Hg.), Das Große Buch der Berge, Hamburg 1978; *Das magische Fenster:* Geo, Nr. 9/1981; *Ein gespenstisches Rezept:* Der Spiegel, Nr. 24/1973; *Ein Meer von Schweigen:* Deutsche Rundschau, Nr. 5/1950; *Die Planwirtschaft der Seele:* Die Zeit, Nr. 19/1960; *Eine neue Epoche in der Psychiatrie:* Rundfunkvortrag (SFB); *Der Sinn der Sterblichkeit:* dito; *Die Idee des Dr. Fuchs:* Rundfunkvortrag (WDR); *Noch einmal das Problem Ernst Jünger:* Deutsche Rundschau, Nr. 4/1948; *Und das am grünen Holze ...:* Die Zeit, Nr. 39/1961; *Nur noch Stehplätze frei:* Rundfunkvortrag (WDR); *»Global 2000« und die Politik:* Grüne Hessen Zeitung, Januar 1983; *Verteidigung bis zum letzten Europäer?:* Verantwortung für den Frieden. Naturwissenschaftler gegen Atomrüstung, Spiegel-Buch, Reinbek bei Hamburg 1983; *Warum ich nicht gezählt zu werden wünsche:* Der Spiegel, Nr. 21/1987; *Was ist ein Fluß?:* Jutta Ditfurth/Rose Glaser (Hg.), Die tägliche legale Verseuchung unserer Flüsse und wie wir uns dagegen wehren können, Hamburg 1987

Irenäus Eibl-Eibesfeldt
Und grün des Lebens goldner Baum
Erfahrungen eines Naturforschers

Leinen. Mit zahlreichen, zum Teil farbigen Abbildungen.

Die autobiographische Zwischenbilanz eines der renommiertesten Biologen der Gegenwart ist ein Dokument der Zeit- und Wissenschaftsgeschichte ersten Ranges. In ihm verbindet sich die autobiographische Betrachtung eines Forschers mit der Schilderung der historischen und politischen Ereignisse einer schicksalhaften Epoche. Es eröffnet dem Leser einen tiefen Einblick in eine Wissenschaftsdisziplin, deren Forschungsgegenstand wir selbst sind.